EHS管理系列

职业健康与安全管理体系理论与实践

Occupational Health and Safety Management System: Theory and Practice

黄林军　编著

暨南大學出版社
JINAN UNIVERSITY PRESS
中国·广州

图书在版编目（CIP）数据

职业健康与安全管理体系理论与实践/黄林军编著．—广州：暨南大学出版社，2013. 12（2018. 9 重印）
ISBN 978－7－5668－0868－4

Ⅰ．①职…　Ⅱ．①黄…　Ⅲ．①劳动保护—劳动管理—体系—研究—中国②劳动卫生—卫生管理—体系—研究—中国　Ⅳ．①X92②R132

中国版本图书馆 CIP 数据核字（2013）第 278614 号

职业健康与安全管理体系理论与实践
ZHIYE JIANKANG YU ANQUAN GUANLI TIXI LILUN YU SHIJIAN
编著者：黄林军

出 版 人：徐义雄
策划编辑：余泓颖
责任编辑：庄黄倩
责任校对：曹　军
责任印制：汤慧君　周一丹

出版发行：暨南大学出版社（510630）
电　　话：总编室（8620）85221601
　　　　　营销部（8620）85225284　85228291　85228292（邮购）
传　　真：（8620）85221583（办公室）　85223774（营销部）
网　　址：http：//www. jnupress. com
排　　版：广州良弓广告有限公司
印　　刷：虎彩印艺股份有限公司
开　　本：787mm×1092mm　1/16
印　　张：21. 125
字　　数：374 千
版　　次：2013 年 12 月第 1 版
印　　次：2018 年 9 月第 3 次
印　　数：2501—3000 册
定　　价：49. 80 元

前　言

随着经济的发展和环境问题的出现，可持续发展问题成为国际社会共同关注的大课题。企业如何为可持续发展问题承担必要的社会责任也成为关注的焦点。企业可持续发展的主要问题可概括为企业活动给环境的影响、生产活动对企业员工的安全和健康的影响，即企业环境、健康和安全（Environment，Health 和 Safety，简称 EHS）三个方面的问题。EHS 管理帮助企业减少危害事故发生所带来的经济损失和人身伤害，减轻由于环境污染给国家和社会带来的巨大负担。企业的环境健康安全管理水平已成为衡量企业履行社会责任及实现可持续发展能力的关键，而可持续发展能力也渐渐演变为企业核心竞争力的重要基石。

EHS 问题是社会发展到一定阶段的客观产物，企业在发展过程中逐渐发现其需要在社会、经济、环境的发展关系中求得平衡。西方社会工业较我国更早进入发达时期，他们也更早地关注到企业活动对社会和环境带来的影响。随着经济国际化的发展，EHS 管理能力将作为我国企业的核心竞争力之一，在更加广阔的国际竞争和合作中发挥作用。同时，企业做好 EHS 管理也符合我国发展和谐社会的理念。

目前，国内企业意识到环境、健康和安全管理的重要性，EHS 管理体系逐渐成为国内企业管理的组成部分，企业 EHS 部门的设立也将成为一种常态，而 EHS 管理正在成为一个新的职业。广大企业和从业人员急需提高 EHS 管理水平，本书也是在这样的背景下从理论和技能学习的角度为 EHS 从业人员提供参考。尤其是对初次接触 EHS 管理体系的学生和从业者，编者希望本书能够为他们提供直接、实用的 EHS 管理理论和实践知识。

本书在编写过程中，得到了中山大学工学院安全工程中心梁栋教授的大力支持和指导，王雅丽协助整理本书的资料，编者还从中山大学岭南学院 EHS 中心举办的活动中获得许多帮助，在此表示衷心感谢！

此外，本书还得到中山大学广东省消防科学技术重点实验室的支持，特此鸣谢。

因为写作时间较早，此书引用的《中华人民共和国职业病防治法》属于2012年之前的版本。此外，由于EHS管理的知识体系庞大广博，编者水平有限，疏漏之处恳请广大读者批评指正。

编者

2013年12月

目　录

第二编 EHS 法律法规体系

第三编 EHS 危害的识别与评价

第四编 EHS 的风险控制

第一编　EHS 管理体系基础知识

第一章 EHS 管理体系

第一节 EHS 管理体系的发展

整合的 EHS 管理体系的形成和发展，是国际产业多年管理工作经验积累的成果，它体现了完整的一体化管理思想。在工业发展初期，人类只专注于对自然资源的开采和利用，没有意识到落后的生产技术和盲目的索取给人类社会造成的重大隐患。后来发生的墨西哥石油液化城事故、英国北海油田的帕玻尔·阿尔法平台火灾爆炸以及 EXXON 公司的 VALDEZ 泄油事故等一系列损失惨痛的教训，使人类逐渐认识到石油石化行业是高风险的行业，并开始不断地深化和完善健康、安全、环境管理系统，以减少或避免安全健康事故和难以挽回的环境污染事件的发生。

国外有的专家曾这样评述过 EHS 工作的发展过程，20 世纪 60 年代以前主要是体现安全方面的要求，在装备上不断改善对人们的保护，利用自动化控制手段使工艺流程的保护性能得到完善；70 年代以后，重视对人的行为的研究，注重考察人与环境的相互关系；80 年代以后，逐渐发展形成了一系列 EHS 管理的思想和方法；90 年代以后，ISO 和 EHS 管理体系形成并得以应用；21 世纪以来呈现企业社会责任、可持续发展、综合管理/运作体系形成和应用的趋势。纵观 EHS 的发展历程，大致可分为以下几个阶段：

一、EHS 管理体系的开端

作为 EHS 管理的先锋，壳牌（Shell）石油公司于 1985 年首次在石油勘探开发领域提出了强化安全管理（Enhance Safety Management）的构想和具体操作方法。1986 年，将之形成手册，以文件的形式被确定下来，EHS 管理体系初见端倪；随后，壳牌于 1987 年、1988 年分别发布了环境管理指南与职业健康管理导则。

二、EHS 管理体系的开创发展期

1987 年的瑞士 SANDEZ 大火，1988 年英国北海油田的帕玻尔·阿尔法平台

事故以及 1989 年的 EXXON 公司 VALDEZ 泄油事故等引起了国际工业界的普遍关注，极大地推动了 EHS 管理体系的发展和完善。1991 年，在荷兰海牙召开了“第一届油气勘探、开发的健康、安全、环保国际会议”，EHS 这一理念逐步为大众所接受。许多大石油公司相继提出了自己的 EHS 管理体系，其中最突出的是壳牌公司：1990 年，制定出自己的安全管理体系（SMS）；1991 年，壳牌公司委员会颁布环境、健康与安全（EHS）方针指南；1992 年，正式出版安全管理体系标准 EP 92—01100；1994 年 9 月，壳牌石油公司制定的《健康、安全与环境管理体系导则》正式颁布。从此，EHS 作为一个整合的一体化管理体系首先出现在石油工业中。

三、EHS 管理体系的蓬勃发展期

1994 年，在印度尼西亚的雅加达召开了油气开发的安全、环保国际会议。由于这次会议由 SPE（国际石油工程师协会）发起，并得到 IPICA（国际石油工业保护协会）和 AAPG（美国石油地质学家协会）的支持，全球各大石油公司和服务厂商均积极参与，EHS 的活动在全球范围内迅速展开。

1996 年 1 月，ISO/TC 67 的 SC 6 分委会发布 ISO/CD 14690《石油和天然气工业健康、安全与环境管理体系》，成为 EHS 管理体系在国际石油业普遍推行的里程碑，EHS 管理体系在全球范围内进入了一个蓬勃发展时期。

四、EHS 管理体系的未来发展趋势

从当前的发展状况来看，未来的 EHS 管理体系有以下几方面的发展趋向：

（1）世界各国石油石化公司 EHS 管理的重视程度普遍提高，EHS 管理成为世界性的潮流与主题，建立和持续改进 EHS 管理体系将成为国际石油石化公司 EHS 管理的大趋势。

（2）作为管理核心的“以人为本”的思想得到充分的体现。

（3）EHS 管理体系的审核向标准化迈进。

（4）世界各国的环境立法更加系统，环境标准更加严格。

EHS 管理体系是石油石化工业发展到一定阶段的必然产物，是此行业积累多年的工作经验的结晶。作为一个一体化的管理体系，EHS 正在为人类的安全健康以及与我们息息相关的环境贡献力量，其自身也在实践中不断改进和完善。

第二节　职业健康安全管理体系

OHSMS（Occupation Health Safety Management System，职业健康安全管理体系）是20 世纪 80 年代后期在国际上兴起的现代安全生产管理模式，它与ISO 9000和 ISO 14000 等标准化管理体系一样被称为后工业化时代的管理方法。该体系以系统安全的思想为核心，采用系统化、结构化的管理模式，通过职业危害因素、危险源辨识、风险评价、制定目标指标、制定并实施职业健康安全管理方案等活动，以达到预防、控制事故的发生，保障企业劳动者和相关方的安全与健康的目的。

一、相关术语及定义

相关术语及定义见表 1－1。

表 1－1　相关术语及定义

术语	定义
事故	造成死亡、疾病、伤害、财产损失或其他损失的意外事件
审核	为获得证据和客观评价所确定的准则是否被满足的系统、独立和文件化的验证过程
持续改进	不断加强职业安全健康管理体系工作，以全面改进用人单位职业安全健康绩效的过程，该过程不必同时发生于所有的活动领域
危害	可能造成人员伤亡、疾病、财产损失、工作环境破坏的根源或状态
危害辨识	识别危害的存在并确定其性质的过程
事件	造成或可能造成事故的事情
相关方	关注用人单位的职业安全健康绩效或受其影响的个人或团体
承包方	在用人单位的作业现场按照双方协定的要求、期限及条件向用人单位提供服务的个人或组织
不符合	任何能够直接或间接造成人员伤亡、疾病、财产损失或工作环境破坏的违背作业标准、惯例、程序、规章或管理体系要求的行为或偏差
目标	在职业安全健康绩效方面，用人单位自身确定要达到的目的
职业安全健康	为建立职业安全健康方针和目标并实现这些目标所制定的一系列相互联系或相互作用的要素

（续上表）

术语	定义
用人单位	具有自身职能和行政管理的企业、事业单位或社团
员工代表	员工代表是指工会代表，即由工会或其成员指定的或推选的代表；或选举代表，即依照国家法律法规或集体决议，由员工自由选举出的代表
员工的安全健康代表	员工根据国家法律法规和惯例选举或指定的在作业场所职业安全健康问题上代表员工利益的人
绩效	用人单位根据职业安全健康方针和目标，在控制和消除职业安全健康风险方面所取得的可测量的结果
主动测量	根据确定的标准检查危害和风险预防与控制措施以及为实施职业安全健康管理体系所进行的活动
被动测量	对危害和风险的预防与控制措施、职业安全健康管理体系中的不足，如伤亡、疾病和事件等进行检查、识别的过程
风险	评价风险程度并确定其是否在可承受范围的全过程
安全	免遭不可接受的风险的伤害
可承受的风险	根据用人单位的法律义务和职业安全健康方针，已降至用人单位可接受的风险

二、发展历程

一方面，企业为了提高自己的社会形象和控制职业伤害给企业和员工带来的损失；另一方面，随着世界经济全球化和国际贸易发展的需求，发达国家已经开始采取协调一致的行动，旨在将职业健康安全等社会责任同国际贸易联系起来。于是，作为一套系统化、程序化，同时具有高度自我约束、自我完善机制的科学管理体系，OHSMS 在 20 世纪 80 年代后期兴起于国际安全管理模式的舞台上。

三、适用范围

职业健康安全管理体系旨在使一个组织能够控制职业健康安全风险并改进其绩效。任何一个职业健康安全管理体系的应用程度取决于组织的职业健康安全方针、活动性质、运行的风险与复杂性等因素。职业健康安全管理体系适用于任何有下列愿望的组织：

（1）建立职业健康安全管理体系，消除或减少雇员因组织的活动而使员工和其他相关方面可能面临的职业健康安全风险。

（2）实施、保持及持续改进职业健康安全管理体系。

（3）使自己确信能符合所声明的职业健康安全方针要求。

（4）向外界证实这种符合性。

（5）寻求外部组织对职业健康安全管理体系的认证。

（6）自我鉴定和声明符合体系。

四、体系要求

（一）总要求

标准内容：组织应建立并保护职业安全卫生管理体系。

理解要点：组织应建立一套职业安全卫生的管理体系。

（二）方针

理解要点：

（1）最高管理者批准。

（2）两个承诺。

（3）定期评审。

（4）适合于组织的职业健康与安全风险性质和规模。

（5）形成文件。

（6）传达给所有员工。

（7）为相关方所获取。

（三）策划

1. 标准内容

危害源辨识、危险评价和危险控制的策划

理解要点：

（1）建立并保持程序能够满足确定危险、危害因素，判断其重要程度，并在出现新问题时及时更新其确保体系的要求，保障风险评价和必要控制措施的实施。

（2）此要素流程包括常规活动和非常规活动。

（3）常规活动，如正常的生产活动。

（4）非常规活动，如临时抢修活动等。

（5）所有进入作业场所人员的活动，包括员工、外来访问者等。

（6）作业场所内的设施。

注意事项：

（1）评价方法的选择不是一成不变的。

（2）选择的方法能提供风险级别。

（3）方法要与生产实际相结合。

（4）方法的提供设备要求信息、培训要求的开展运行控制的信息。

（5）要有必要的监测活动，从而保证方法实施的有效性和及时性；对于尚未建立体系的组织，首要任务是进行初始评审，评审内容。

法规要求：

（1）危险危害因素识别评价和重大危险因素的确定。

（2）对所有现行职业安全卫生管理活动与程序的审查。

（3）对以往事件事故调查及反馈意见的评价危险因素的考虑，应包括三种状态、三个时态和七种类型。

三种状态：正常、异常和紧急状态。

三个时态：过去（如遗留的危害）、现在和将来（潜在的法规要求）。

七种类型：物理、化学、生物、心理、生理、行为、其他。

2. 法律及其他要求

理解要点：

（1）建立程序，该程序用于识别和获取应遵守的法规要求。

（2）法规应保持最新。

（3）传达至员工及相关方。

3. 目标

理解要点：

（1）符合方针要求。

（2）体现持续改进的承诺。

（3）各职能和层次上建立目标。

（4）目标文件化。

（5）建立目标时，法规要求、重大风险相关方的观点是关键，同时也要受可选技术方案、财务、运行和经营要求的限制。

4. OSHS 管理方案

理解要点：

（1）管理方案为实现目标而制定。

（2）管理方案的内容包括：规定职责和权限，具体负责人；制定实现目标的方法和时间表；对定期评审方案，修改方案作出规定。

（3）一般来说，对重大危险危害因素应编制管理方案。

（四）实施与运行

1. 机构和职责

理解要点：

（1）明确所有岗位人员的作用、职责和权限，并将其文件化，予以传达。

（2）最终责任由最高管理者承担。

（3）指定一名管理者代表。

（4）提供必要的资源。

（5）管代的职责，对 OHSAS 负责，向最高管理者报告体系绩效。

2. 培训、意识和能力

理解要点：

（1）制定程序并保持，并考虑不同层次和要求。

（2）对人的能力进行鉴定，确定培训需求，并予以实施。

（3）对员工进行安全意识培训，使之意识到：①遵守方针、程序、OHSAS 要求的重要性；②职业安全卫生的改善对个人的效益；③清楚自身的职责和权限；④不按规定做可能带来的后果。

3. 协商与交流

理解要点：

（1）要有程序，用来进行有关职业安全卫生风险和职业安全卫生管理体系的信息交流。

（2）协商与交流分内部和外部进行。

（3）内部交流与协商是各部门、各层次间进行。如各部门与管代交流体系运行情况，体系的监测、审核和管理评审结果传达到各员工，协商的内容主要包括方针、目标、计划、制度的制定，风险辨识、评价与控制，事故调查处理等，交流方式多种多样。还应在文件中规定其员工的权力；方针和程序的制定、评审、修订，员工要参与；改变作业场所的安全卫生情况要与员工商讨；要有员工代表；员工知道管理者代表和员工代表等。

（4）外部协商与交流。

外部信息交流主要是指外部相关方信息的成文接收和答复，外部交流是确定危险因素和评价其重要性的手段之一。

4. 文件

理解要点：管理手册、程序文件、作业文件、提供查询文件的途径（如目录、引用文件等）。

5. 文件和资料的控制

理解要点：

（1）制定程序，包括文件的批准与发布、文件的使用与管理、文件的评审与修订、失效文件的处理与保存。

（2）文件控制的范围，包括体系文件、法规文件、技术标准、检验规范。

6. 运行控制

理解要点：

（1）对于那些可能引发重大事故的活动应制定相应文件，明确规定运行标准和要求。

（2）相关方给组织带来的风险，对其要有成文的管理程序，如提供货物、承包方的服务等。

（3）对新增加的工作项目，要针对其设计和人力配置，建立并保持消除或降低风险的控制程序。

（4）运行控制的内容包括作业场所危险辨识、评价，产品和工艺设计安全；作业许可制度（有限空间、火、挖掘等），设备维护保养，安全设备与个人防护用品，安全标志，物料搬运与贮存，运输安全，采购控制，供应商与承包商评估与控制等。

7. 应急预案与响应

理解要点：

（1）制定并保持处理意外事故和紧急情况的程序。

程序应至少包括：①辨识潜在事故或紧急情况，评价其发生的可能性；②发生后可能产生的影响及如何预防其发生；③发生后可能做出的响应，并减少其影响；④定期试验。

（2）建立一套评价应急预案与响应的计划和程序。

组织对每一个重大危险设施都应有一个现场应急计划，其内容包括：①可能的事故性质、后果；②与外部机构的联系（消防、医院等）；③报警、联络步骤；④应急指挥者，参与者的责任、义务；⑤应急指挥中心地点，组织机构；

⑥应急措施等。

（五）检查与纠正措施

1. 绩效测量与监控

理解要点：

（1）建立程序。程序应告诉工作人员如何进行例行的监测工作；如何对使用的监测设备、仪器进行维护；如何参照标准进行评价；如何上报有关部门。

（2）监测。对组织从事实现目标的活动进行监测；对重大危险因素进行监测，保持其始终处于受控状态；对职业安全卫生法规符合性的监测；对事故、职业病、事件和其他不良的职业安全卫生绩效的历史证据进行保留（即已发生问题的监测）；对监测设备进行校准和维护；对监测结果进行评价并与法规、目标、指标进行比较，以便不断改进。

（3）主动监测与被动监测。主动是超前的积极的预防性监测；被动指反应性的必需的测量，如事故发生后的测量。

2. 事故、事件、不符合、纠正和预防措施

理解要点：

（1）建立程序主要用来控制处理，调查事故、事件不符合，并采取措施减少不良影响，采取纠正措施，避免再次发生，程序中要对纠正措施进行评价，以免带来新的更大的风险，即对新的纠正措施应进行风险评估。

（2）对事故、事件、不符合应做到“三不放过”，查清不符合的原因；采取纠正措施；修改原有程序；对不符合和纠正措施进行记录。

3. 记录和记录管理

理解要点：有程序、规定记录如何标识保存和处置。记录清楚、标识明确，便于查阅，保存完好规划、保存期限。

4. 审核

理解要点：有程序、确定计划（年度）、确定频次、确定方法（集中式、滚动式）、制订具体计划、审核实施及跟踪检查，向最高管理者提交审核报告以供管理评审。

（六）管理评审

理解要点：最高管理者的职责；每年至少一次；要有评审前的信息资料。

评审内容：

（1）评价体系的符合性、充分性、有效性。

（2）内审报告。
（3）方针、目标、计划（方案）及实施情况。
（4）事故调查和处理情况。
（5）不符合纠正预防措施，落实情况。
（6）相关方的投诉、建议及其要求。
（7）实施管理体系的资源是否适宜。
（8）体系要素及相应文件是否要修订。
（9）评审结果、结论或决定都应予以落实。
（10）保存评审记录。
（11）建立新目标，制定新的管理方案。
（12）持续改进。

第三节 环境健康安全管理体系

EHS 是环境（Environment）、健康（Health）和安全（Safety）管理体系的简称，EHS 管理体系是将组织实施健康、安全与环境管理的组织机构、职责、做法、程序、过程和资源等要素有机构成的整体。这些要素通过先进、科学、系统的运行模式有机地融合在一起，相互关联、相互作用，形成动态管理体系。

其中“E”（环境）是指与人类密切相关、影响人类生活和生产活动的各种自然力量或作用的总和，它不仅包括各种自然因素的组合，还包括人类与自然因素间相互形成的生态关系的组合；“H”（健康）是指人身体没有疾病，心理保持一种完好的状态；“S”（安全）是指在劳动生产过程中，努力改善劳动条件、克服不安全因素，使劳动生产在保证劳动者健康、企业财产不受损失和人民生命安全的前提下顺利进行。

一、EHS 管理体系的要素

EHS 管理体系的要素见表 1-2。

表 1－2　EHS 管理体系的要素

一级要素	二级要素	基本内容
领导和承诺	—	自上而下的承诺，建立和维护 EHS 企业文化
健康、安全与环境方针	—	健康、安全与环境管理的意图，行动的原则，改善 EHS 表现和目标
策划（4 个）	（1）对危害因素辨识、风险评价和风险控制的策划 （2）法律法规和其他要求 （3）目标和指标 （4）健康安全与环境管理方案	对活动、产品及服务中健康、安全与环境风险的确定、评价及风险控制的制定。根据法律及其他要求，组织方针确立的目标体系及实现目标的管理方案
组织机构、资源和文件（7 个）	（1）组织结构和职责 （2）管理者代表 （3）资源 （4）能力、培训和意识 （5）协商和沟通 （6）文件 （7）文件控制	人员组织、资料和完善的健康、安全与环境管理的体系文件
实施和运行（8 个）	（1）设施完整性 （2）承包方和（或）供应商 （3）顾客和产品 （4）社区和公共关系 （5）作业许可 （6）运行控制 （7）变更管理 （8）应急准备与响应	工作活动的实施计划，包括通过一套控制程序来对与风险相关的活动进行控制，对设施完整性、承包方和供应方、顾客与产品、社区和公共关系、变更管理实施的控制及制定和更新应急反应措施等
检查和纠正措施（6 个）	（1）绩效测量和监视 （2）合规性评价 （3）不符合、纠正措施和预防措施 （4）事故、事件报告、调查和处理 （5）记录控制 （6）内部审核	对表现和活动的监测及必要时所采取的纠正措施，对体系整体符合性进行的评价
管理评审		对体系执行效果和适应性的定期评价

从结构上来看，EHS 管理体系是按照戴明循环建立的，是一种不断完善、发展和创新的管理系统，按照“计划—实施—检查—持续改进”的结构，是一个持续循环的结构，如图 1 - 1 所示：

图 1 - 1 健康、安全与环境管理体系模式

二、使用范围

EHS 管理体系的范围包括明确的和书面的要求、目标和优先考虑事宜；制定程序并形成文件；进行适当的资源配置；提供适当的培训；定期监测进度；明确指定的、书面的和相互间的职责、义务和权限；适时调整目标和优先考虑事宜；评审管理效果；与相关方交流。

实施活动包括明确负责领导和业主的要求、确认工作程序与要求的差距、明确优先考虑事项、编制规划和任务、分配资源、编制程序、实施规划、衡量效果、进行自我评价、根据经营目标和确认的差距来改进 EHS 的业绩和管理目标，并开始下一个循环。

在编制 EHS 管理体系期间，有跨国企业的组织应保证做到要求简明扼要，可审核且适用性强，不管其文化背景和经营操作如何，在任何国家皆适宜。

第二章　EHS 管理体系文件的编制

第一节　EHS 管理体系文件及其结构

一、EHS 管理体系文件概述

体系文件是描述企业体系结构、工作职责、业务流程及过程控制的一整套文件，形成文件的目的是提供 EHS 管理体系的完整描述和成文的具体操作程序指南，并形成该体系保持和实施的永久记录。体系建立的过程集中体现为体系文件的制定、执行、评价和不断完善。文件的主要作用如下：

（1）有利于明确岗位职责。

（2）有利于系统培训和贯彻执行。

（3）有利于宣传企业的经营目标和方针。

（4）有利于内外部对企业进行管理评价。

文件所记录的应是 EHS 管理的准确信息。文件的主要内容有以下方面：

（1）EHS 管理体系管理手册。

（2）程序文件。

（3）管理作业文件。

（4）项目 EHS 计划。

（5）EHS 作业指导书、EHS 作业计划书及 EHS 检查表。

（6）其他文件。

二、EHS 管理体系文件的结构

建立体系的过程就是结合企业性质和特点，将标准具体化为企业的健康、安全与环境管理体系文件的过程。健康、安全与环境管理体系，是个文件化的体系，按标准要求建立的体系文件是企业实施健康、安全与环境管理的规范。

参照 ISO 10013《质量手册编制指南》附录 A 的描述和体系设计方案中文件

层次的开发，EHS 管理体系可分为三个层次，即：

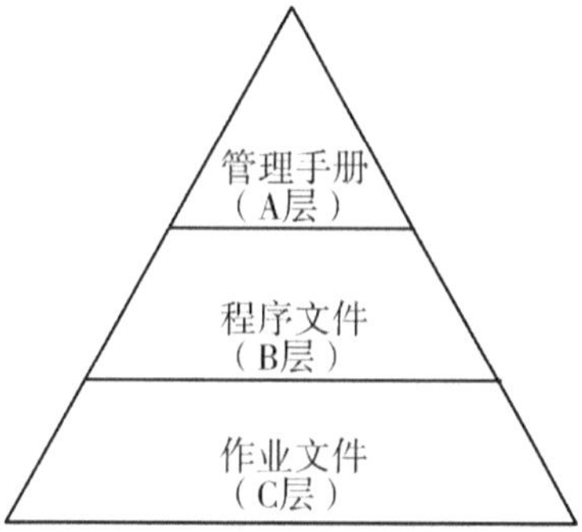

图 2－1　体系文件结构图

（一）管理手册（A 层文件）

管理手册是阐述企业 EHS 方针和描述其 EHS 管理体系整体信息的文件，重点描述为实施体系宗旨、目标及标准要求所做的原则规定，是制定程序文件的依据，也是企业体系运行中应长期遵守的纲领性文件，主要内容有以下方面：

（1）方针、目标、指标和管理方案。

（2）EHS 管理体系中的管理、运行、审核或评审工作的岗位职责、权限和相互关系。

（3）关于程序文件的说明和查阅途径。

（4）关于手册的评审、修订和控制规定。

（二）程序文件（B 层文件）

程序文件是管理手册的支持性文件，是管理手册规定的具体展开；下接作业文件，重点描述实施体系的各职能部门的管理活动，为有效控制危害环境因素创造条件，适用于各职能部门。主要内容及特点如下：

（1）企业内部 EHS 活动的目的、职责和权限、工作流程和活动结果，每个程序文件可包含一个要素，或要素中的一部分，或各要素要求的一组活动，必须具备可操作性和可检查性。

（2）程序文件是企业内部进行 EHS 活动的依据，具有法规性，各部门、各岗位必须严格执行。

（3）通过对程序文件的审核，可以证明企业的 EHS 管理与体系标准的符合程度。

（三）作业文件（C层文件）

作业文件是程序文件的支持性文件，描述具体的工作岗位和工作现场完成某项工作的具体做法，是详细的工作文件，包括管理性作业文件（管理制度）、岗位作业文件、项目EHS计划书等。

（1）作业文件的核心部分是管理内容或作业步骤，应明确“5W1H”原则，即What（做什么工作）；Who（该项工作由谁去做，谁负责检查评价）；Where（该项工作在哪儿做）；When（该项工作什么时候做）；Why（为什么要做该项工作）；How（怎么去做，依据是什么），需要形成哪些记录，出现意外或紧急情况如何处理等，必要时有管理或作业流程图。

（2）作业文件主要供基层单位、个人使用。

第二节　EHS管理体系文件编写的原则和基本要求

一、EHS管理体系文件编写的原则

写你要做的，做你所写的，记你所做的。即标准要求的要写到，文件写到的要做到，做到的要有效。文件写完后一定要下发讨论和修改，达到所写即所做。

二、EHS管理体系文件编写的基本要求

（一）系统性

（1）企业应对其EHS管理体系中采用的全部要素、要求和规定，系统条理地制定各项方针和程序。

（2）所有文件应按统一规定的方法编辑成册。

（3）各层次文件应涉及EHS管理体系一个逻辑上独立的部分。

（4）各层次文件应做到接口明确、结构合理、协调有序。

（二）法规性

（1）体系文件应在总体上符合SY/T 6276—1997标准以及国家或上级有关法规的要求。

（2）文件一旦批准实施，就必须认真执行。

（3）文件修改只能按规定的程序进行。

（三）协调性

（1）体系文件的所有规定应与组织的其他管理规定相互协调。

（2）体系文件应与有关技术标准、规范相互协调。

（3）体系文件之间应相互协调。

（四）见证性

（1）体系文件作为客观证据（适用性证据和有效性证据），管理者、相关方、第三方审核机构证实本组织 EHS 管理体系的运行情况。

（2）对审核来讲，EHS 管理体系文件可作为审核的客观证据。

（五）唯一性

（1）危险因素和环境因素已被识别。

（2）有关活动的程序已被确定并得到批准。

（3）有关活动处于全面的监督检查之中。

（4）程序处于更改控制之中。

（5）对一个企业来说，其 EHS 体系文件是唯一的理解。

（6）通过清楚、准确、全面、简单扼要的表达方式，实现唯一的理解。

（7）决不允许同时使用针对同一事项的相互矛盾的不同文件。

（六）适用性

（1）体系文件应根据企业规模、生产活动的具体性质采取不同的形式。

（2）任何体系文件都应依据标准的要求和符合企业的实际。

（3）所有文件规定都应在实际工作中能得到贯彻。

（4）体系文件的详略程度应与人员的素质、技能和培训等因素相适应。

第三节 EHS 管理体系编写的方式和步骤

一、EHS 管理体系编写的方式

（一）自上而下依次展开的编写方式

按承诺、方针目标、管理手册、程序文件、作业文件的顺序编写，这有利于上一层次文件与下一层次文件的衔接，但对文件编写人员的素质要求较高，文件编写所需时间较长，且必然伴随着反复修改。

（二）自下而上的编写方式

按基础文件、程序文件、管理手册的顺序编写，这适用于原管理基础较好的企业，但如无总体设计方案指导易出现混乱。

（三）从程序文件开始，向两边扩展的编写方式

先编写程序文件，再开始手册和基础性文件的编写，实质是从分析活动，确定活动程序开始，有利于标准的要求与企业实际紧密结合，也可缩短文件编写时间。

二、EHS 管理体系编写的步骤

在完成初始评审工作的基础上，按以下程序来编写：

（1）确定 EHS 管理体系组织机构图。

（2）确定 EHS 管理体系要素职能分配表。

（3）确定 EHS 管理方针。

（4）确定目标、指标及管理方案。

（5）确定体系文件的结构与层次。

（6）确定程序文件的名称及主要内容及作业文件的名称和其主要内容。

（7）编写管理手册、程序文件和作业文件。

第四节　EHS 管理手册的编写

EHS 管理手册是对企业健康、安全与环境管理体系的全面描述，它是全部体系文件的“索引”，对 EHS 管理体系的建立与运行有特殊意义，是 EHS 管理体系中的 A 层文件。

管理手册在深度和广度上可以不同，取决于企业的性质、规划、技术要求及人员素质，以适应企业的实际需要。对于中小型企业，可以把管理手册和程序文件合成一套文件，但大多数企业为了便于管理仍把管理手册与程序文件分开。

一、EHS 管理手册编写要求

（1）手册是政策性文件，应写清楚承诺、方针和目标。

（2）手册应强调宣传性，便于公众接受，不侧重于操作性。

（3）手册力求简明，把主要控制环节描述清楚即可，不必写得太冗长。

二、编制 EHS 管理手册的目的

（1）描述企业的承诺、方针和目标、程序和要求，展示企业 EHS 管理体系重点解决的问题。

（2）总体描述和实施有效的 EHS 管理体系。

（3）向企业各级管理者展示企业健康、安全与环境管理的总框架。

（4）明确各部门的职责与相互关系。

（5）EHS 管理体系情况改变时，保证体系及要求的连续性。

（6）向各级管理人员提供查询所需文件与记录的途径。

（7）按 EHS 管理体系的要求和相应方法培训人员。

（8）为审核 EHS 管理体系提供文件依据。

（9）提供改进的常规控制，促进管理活动。

（10）对外介绍 EHS 管理体系。

（11）证明其自身 EHS 管理体系符合合同中的相关规定。

三、EHS 管理手册编写前的主要准备工作

（1）确定承诺、方针和目标。

（2）确定管理手册结构。

（3）职能完善和职责、权限的确定。

（4）资料收集与分析。

（5）落实手册编写的工作组织。

（6）制订编写手册的工作计划。

四、资料的收集与分析

（一）需要收集的主要资料

（1）企业机构现状。

（2）各部门职责和权限现状（各部门确认的）。

（3）各部门需要解决的工作接口问题和其他问题。

（4）现有的各种技术标准、规范以及各部门执行情况的说明。

（5）现有各种管理制度和作业程序以及各有关部门的执行情况的说明。

（二）资料分析

（1）评价现有机构及职能是否完善，列出需完善的职能清单。

（2）评价工作接口现状，列出需要研究、了解和解决的工作接口问题的清单。

（3）评价现有管理文件和作业文件的有效性，提出需要增加、调整或作废的文件方案。

五、职能的完善和职责、权限的确定

（1）现有部门的职责和权限的调查。

（2）列出需要调整或补充的职责和权限的清单。

（3）提出调整或补充职责和权限的议案。

（4）有关部门讨论，提出修改意见。

（5）由企业最高管理层研究决定。

（6）发布有关明确职责和权限的文件。

六、落实手册编写的组织工作

（1）最高领导层有效介入，以便解决重大问题及跨部门的问题。

（2）各部门领导应参加手册的讨论和审查，以便了解对本职工作的要求。

（3）应有一个熟悉标准、熟悉企业实际、责任心强，文笔好的统稿人。

七、EHS 管理手册的结构与内容

（一）内封面

内封面包括以下内容：

（1）企业名称。

（2）企业标准编号。

（3）手册标题。

（4）符合标准的版次。

（5）手册的发行版本、手册编码及手册发放控制号。

（二）批准页

批准页是最高管理者批准发布实施的命令，含最高管理者签字、批准发布日期和实施日期。声明手册是 EHS 管理体系的纲领性和证实性文件，是全体员工必须遵守的法则。

（三）范围和应用领域

应清楚表明手册和体系文件的适用范围和应用领域，包括组织行政范围、地理范围和应用领域。

（四）目录

应列出手册各章、节的题目和页码，包括章、节、主要附录等。

（五）企业的概况

至少应涉及单位的名称、地址及通讯方法，也可包括如生产经营、地理位置、主要背景、历史和规模等。

（六）手册说明

手册说明涉及手册本身的信息，应包括：

（1）现在发布或有效版本的编号，发布日期或有效期及相应内容。

（2）简述手册的确认和保持，明确内容的审核人和审核周期，更改和批准手册的授权人，可包括修订版的审定方法。

（3）简述标识、分发和控制程序，是内部使用，还是可以对外，是否含有机密内容。

（4）负责手册实施人员的批准签字。

（七）术语和定义

手册应尽量使用公用术语和定义，但需要时可根据本企业实际规定使用不同含义的词，或包含特定术语规定的特定含义。

（八）承诺

明确提出企业的承诺，明确承诺的提出、评价、审定与监督程序。

（九）方针和目标

明确提出企业的方针和目标，方针目标由最高管理者组织制定，并签名批准发布执行。明确方针和目标的策划、提出、评价、发布、实施与考核评审。

（十）组织机构、职责和权限

明确本企业的内部机构设置（可给出企业机构图）、各职能部门的职责权限（可给出职责分配图）与隶属工作关系。

（十一）EHS管理体系要素描述

它是对EHS管理体系七大要素和涉及的形成文件的EHS管理体系管理程序的简要描述，包括程序的适用范围和内容、该程序的主管部门及相关部门的职责与任务、对该程序的控制及要求等；同时为程序文件提供查询途径，即要附上相关程序文件编号和名称。

（十二）支持性资料附录

该附录可含有支持手册的资料，包括程序文件一览表，作业文件一览表，EHS记录一览表和手册更改记录表，EHS管理方案清单，重要危险，危害与环境因素清单，在用法律法规、标准目录等。

八、手册的批准、发布和控制

（一）手册的批准

手册发布前，手册编写责任人应对手册的风格、内容、格式、职责与接口进行审查；各部门领导会签，以确认手册中规定的职责和权限、接口方式和活动原则；由最高管理者对其进行最终的审查，以保证清晰、准确、适用和结构合理。也可请预定使用者对手册的可行性进行评定，然后批准发行，并在所有文件中标出标准的识别标记。

（二）手册的发放

经批准的手册内容发放的办法应保证所有使用者都能适当使用，按序列号为接受者提供文本以保证合理发放和控制，管理部门应保证企业每个使用者熟悉手册中与其有关的内容。

（三）手册的控制

应规定手册编制、控制和更改的办法。文件发行和更改控制对确保手册内容严格经过审批是至关重要的。

第三章　EHS 组织

第一节　组织结构和组织职责

一、组织结构

EHS 管理体系涉及不同部门和不同层次的人员，所赋予他们的权力和职责互不相同，所要求配置的资源也不相同，组织应分层次对实施 EHS 管理所需的机构、责任、权力、义务和相互关系做出明确的规定，合理配备人力、财力和物力资源，广泛开展培训，形成文件，并加以公布。企业应设立 EHS 治理委员会，负责 EHS 治理的日常工作。组织结构的设计应包含管理模式和岗位分布设计。

（一）管理模式

描述组织隶属关系、施工作业（生产）性质以及内部生产管理和 EHS 管理结构，绘制管理组织结构图和 EHS 组织网络图。

（二）岗位分布

描述本基层组织的生产过程、工艺流程、岗位构成以及与生产过程相关的岗位分布，制作生产流程及岗位分布图、危险点源及岗位位置图和岗位构成表。

EHS 管理体系中常见的组织架构有如下类型：

（1）中小企业会设立兼职人员，或附属于行政部、人事部、总经理办等的人员跟进 EHS 事项。

（2）欧美公司会设立专门的部门（EHS 部或安全部、安环部），部门配备一个或多个专职 EHS 人员，从事 EHS 管理工作。

（3）多层次 EHS 组织：EHS 的组织架构及管理人员在公司内分为几个层次。首先是公司内设置了 EHS 部并且配备了专业的 EHS 人员，他们是公司开展 EHS 工作的技术支持力量；公司层面还成立了 EHS 委员会，委员会成员来自各个相关部门，他们负责支持各自部门内的 EHS 工作开展；车间层面有 EHS 工作队，负责具体车间内部 EHS 工作的实施。

二、组织职责

（一）EHS 治理委员会职责

（1）贯彻执行国家、地方政府和上级有关 EHS 方针、政策、法律法规和标准。

（2）负责审定企业 EHS 方针目标，做出 EHS 重大决策。

（3）负责审定年度 EHS 工作计划，并监督实施。

（4）定期听取阶段或年度 EHS 治理情况报告，研究解决 EHS 治理中的重大问题。

（5）决定开展 EHS 检查的方式、方法、时间和内容。

（6）研究重大事故的处理决定并及时结案。

（二）各部门职责

公司对每位员工的工作职责与权限都做了明确规定，该有关规定收录在员工的“职责描述”中，以下的职责范围是针对环保健康安全管理方面所作出的定义：

1. 总经理

总经理负责制订公司的发展政策及方向，制订公司环境健康安全管理体系的方针，并确保其能够达到；任命环境健康安全管理者代表，领导环境健康安全指导委员会进行管理评审；推行总公司的环境健康安全理念，执行国家及地方的环境健康安全方针、政策和各种规章制度。

2. 厂长

全面规划和安排公司的环境健康安全管理工作，确保环境健康安全管理体系以及环境绩效的持续改进；确保提供健康安全管理体系的实施与保持所需的必备资源；领导和督促各部门、车间环境健康安全管理的执行；确保各部门经理都重视公司活动、产品和服务过程的环境健康安全保护工作。

3. 健康安全环境管理者代表

在一家工厂里，总经理可以任命工程部总监为环境健康安全管理者代表，全面负责环境健康安全管理体系在全厂范围内的建立、实施和保持。

环境健康安全管理者代表制订环境健康安全管理目标和指标，并提交环境健康安全指导委员会评审，由总经理/厂长批准后实施；环境健康安全管理者代表直接向总经理汇报，并负责确保环境健康安全管理体系符合 OHSAS 18001 和 ISO

14001标准的要求；负责环境健康安全管理体系内部审核，并负责监督纠正措施的完成；全面规划和安排公司的环境健康安全管理工作；确保环境健康安全管理体系及绩效的持续改进；领导和督促各部门执行环境健康安全管理的有关规定，确定各部门负责人都重视公司活动，产品和服务过程的环境健康安全防护工作。

4. 各部门主管/经理环境健康安全管理

制订并实施本部门的环境健康安全管理目标和环境健康安全管理方案，完成本部门的环境健康安全保护工作并确保符合环境健康安全管理体系的要求；进行员工环境健康安全保护教育，督促员工严格执行公司环保政策，遵守各种环保健康安全法规；组织实施环境健康安全管理运作中不符合项的纠正和预防措施。

5. 各部门EHS协调员

协助部门经理/主管完成本部门的EHS工作和确保符合OHSAS管理体系的要求；协助对本部门的员工进行环境健康安全保护教育，协助督促员工严格执行公司环保政策，遵守各种环保健康安全法规；协助组织实施环境健康安全管理运作中不符合项的纠正和预防措施；传达环保健康安全方面的信息。

6. 职业健康安全员工代表

实施参与健康安全的方针和程序，参加商议影响工作场所卫生与安全的任何变更，参加管理健康与安全事务，收集员工在健康安全方面的意见和建议并反映给健康安全管理者代表。

7. 工程部环境健康安全管理

负责环境健康安全管理体系的建立、实施、监督和审核，确保环境健康安全管理体系的充分性、有效性和持续适宜性；负责组织实施危险源，环境因素识别与评价；负责确定适用的法规要求，建立其获取渠道并评审其适用性；推动管理方针的贯彻、管理目标的实现和管理方案的完成；建立和健全环境健康安全管理体系文件，主导环境健康安全管理体系文件和记录控制；负责对分供方的环境管理绩效施加影响；负责校准并妥善维护环境健康安全设施设备；负责公司设备设施包括消防设施的检查维修保养；负责监督车间劳保用品的使用及管理情况；负责对厂界和车间噪声以及车间内空气质量等进行监测和记录，并监督噪声源的控制情况；负责组织实施环境健康安全管理体系审核，并监督纠正和预防措施的完成；负责汇总各部门向环境健康安全管理委员提供的管理评审会议资料。

8. 生产部环境健康安全管理

负责组织生产线工人的环境健康安全保护教育和培训；负责本部门的有关环

境健康安全管理体系的文件和记录管理；负责本部门的相关环境健康安全操作规程/守则的实施；负责本部门的生产安全环境的检查及提出改善意见；负责生产废料的收集、压碎、摆放；负责本部门区域所使用的化学药品的储存、使用及废弃，确保所使用的化学药品得以妥善处理；负责本部门区域所产生的固体废物的分类、收集及统计工作。

9. 品质管理部环境健康安全管理

参与环境健康安全管理目标的实现和环境健康安全管理方案的完成；参与制订环境健康安全管理体系文件，主导环境健康安全管理体系文件和记录控制；协助工程部、采购部对分供方的环境管理绩效施加影响；负责校准环境健康安全检测设备，并按要求保存校准记录；负责本部门区域所使用的化学药品的储存、使用及废弃；负责本部门实验室操作符合安全规程和守则。

10. 人事/行政部环境健康安全管理

建立并完善各部门职能，明确部门职责，提供所需的人力资源；组织培训工作，确保提高全体员工的质量、环境、安全意识和相应能力，建立培训档案，并配合相关部门做好特种作业人员的环境健康安全保护教育培训和考核工作；负责公司食堂以及车辆的管理；建立员工的健康档案，组织员工体检；负责公司有关的对外信息交流，并将有关要求通报相关方；负责办公文具的采购、管理，并确保节约用纸，防止浪费；负责厂区及办公室的绿化工作。

11. 采购部环境健康安全管理

负责确定那些具有重要环境影响的供应商，并影响其环境管理绩效；在进行供应商选择时，负责对新供应商的环境健康安全管理绩效进行评估，并保持相关记录；在对主要供应商进行绩效评估时，要考虑供应商的环境健康安全因素；与合同方签合同时要考虑合同方的安全管理，尤其需要对运输，餐厅，绿化和施工承包方进行安全评估。

12. 仓储部环境健康安全管理

负责本部门的有关环境健康安全管理体系的文件和记录管理；负责废料的分类、储存、出售和统计工作；负责本部门区域所使用的化学药品的储存、使用及废弃，确保所使用的化学药品得以妥善处理；负责确保仓库环境安全和叉车的运行，货物堆放安全性；负责组织仓库员工的环境健康安全保护教育和培训。

第二节　最高管理者和管理者代表以及全体员工

一、最高管理者

对于最高管理者，可以理解为一个人或一个企业的最高决策层，主要职责如下：

（1）企业最高治理者是企业 EHS 治理的第一责任人，对企业的 EHS 治理负全面责任。

（2）严格执行国家和公司有关 EHS 方针、政策、法律法规、标准和制度；要始终把安全生产的方针、原则、政策把握好，研究安全生产的新情况、新问题，深入落实好本单位安全生产工作。

（3）明确 EHS 分管领导（企业治理者代表），在 EHS 治理事务中代表其行使职权。

（4）主持召开 EHS 治理委员会会议，制定本企业的 EHS 方针目标，主持企业 EHS 治理体系实施程序的治理评审，及时解决企业在 EHS 治理中的重大问题。

（5）负责建立并落实全员 EHS 责任制，做到坚持制度；检查并考核同级副职和所属单位正职 EHS 职责落实情况。

（6）审定 EHS 规划和计划，确定本企业 EHS 目标。签发 EHS 规章制度、安全技术操作规程，主持并批准重大安全技术措施和隐患治理计划，对企业内的重大隐患要做到心中有数，要舍得把资金花在隐患治理上，切实保证 EHS 资金投入，不断改善劳动条件。

（7）负责健全 EHS 治理机构，充实专职 EHS 治理人员，听取 EHS 治理汇报，决定 EHS 治理的重大奖惩。

（8）组织对重大事故的调查处理，落实事故“四不放过”原则，坚持发生重大或特大事故时，向公司汇报的制度。

（9）执行财政部和公司关于安全生产保证基金治理办法，落实安全保证基金的缴纳，审批返回基金的使用，按规定提取安全技术措施经费。

（10）制订最高治理者年度 EHS 治理工作计划，抓好技术改造和基本建设“三同时”，部署 EHS 工作。

二、全体员工

管理职责仅限于最高管理者和职能部门，需要全体员工以负责的态度和方式从事自己的工作，并在自己的岗位上承担有关的责任。组织应根据其工作性质和所涉及的健康、安全和环境因素，对所有的部门和岗位的员工，规定他们所应承担的责任、在管理中应起的作用以及处理有关事务所需的权限和资源。具体内容如下：

（一）岗位条件

根据本岗位的工作实际和法律法规、标准、体系文件中的有关规定，明确从事本岗位工作人员应具备的条件，如文化素质、技能资质、业务水平、工作经验、身体素质和工作表现。

（二）岗位职责

根据岗位工作性质和岗位与岗位之间的关系，对相关岗位的 EHS 职责进行明确界定，对各岗位职责进行详细描述，如对上向谁负责、对下负责什么、EHS 权力和 EHS 义务等。

（三）岗位规定

明确岗位员工在实际工作中应遵守的各项 EHS 管理规定，如法律法规、体系文件、操作规程和合同规定。

（四）操作指南

明确规定在工作现场实施任务的方式，对各岗位在实际工作中的具体操作程序进行详细的描述。

三、管理者代表

管理者代表是根据组织的规模和实际需要设立的，对于中小型企业来说，也可以是兼职的。例如，项目部监督代表管理的主要职责有以下方面：

（1）指导本辖区 EHS 管理工作，并监督实施。

（2）传达贯彻国家、地方、业主、项目部及有关 EHS 的法律法规及规定。

（3）对危及员工生命安全、严重影响安全设施和破坏生态环境的行为，有权制止，并及时向项目部 EHS 管理组反映。

（4）对突发事件 EHS 调查提供帮助。

（5）检查安全防护设备是否处于完好状态。

（6）收集员工提交的隐患报告，提出整改意见，做好事故、事件的调查、分析和统计汇报工作。

第三节　资源和能力

一、资源管理

EHS 管理体系的建立和有效运行，离不开一定的资源做保证，最高管理者及各职能部门管理者应确保 EHS 管理体系的实施和保持所需要的必备资源，包括人力、财力和物力资源，以及所需要的技术支持。资源管理主要有以下内容：

（一）资源配置

1. 资金配置

公司为了满足 EHS 管理体系正常运行的需要，必须提供足够的资金保证。

2. 人力资源配置

公司专职 EHS 监督员的配备比例应不小于千分之七，项目部专职 EHS 监督员的配备比例应不小于百分之一；EHS 监督员必须经过培训，具备必须的 EHS 管理技能，经考核合格后持证上岗。

3. 物力资源配置

公司必须为 EHS 主管部门、EHS 监督员提供办公场所、办公用品，并配备必要的监测仪器、防护用品、通信器材和交通车辆等。

（二）资源的监督和检查

公司 EHS 主管部门（安全环保部）负责组织对各单位（项目部）的 EHS 所需资源的配置情况进行监督检查，并按照 EHS 内部审核程序进行定期审核。

二、能力评价及培训

管理体系的成功实施，有赖于组织内全体员工的参与，这就对组织人员的整体素质提出了更高的要求。组织应建立进行员工教育培训及能力评估的程序，以确定各个岗位员工所需要的知识、经验和技能；建立人员持证上岗制度；制订教育和培训计划；保持培训记录；等等。培训分为课堂培训和现场技能培训两种，采取正面教育和行为示范相结合的方法。具体有以下步骤：

（一）能力评价

（1）由公司 EHS 主管部门（安全环保部）和人事教育部门确定各类人员资

格要求和资格证书的需要范围和程度，验证各岗位人员所需要的资格。

（2）公司应从教育背景、参加培训情况、资历与经验、岗位资格等方面对员工进行相应的资格和能力评价。

（二）培训

1. 培训的组织、计划

公司 EHS 培训工作由人力资源部负责组织、管理，涉外工程施工参加集团公司组织的培训与考核。EHS 培训应在公司年度教育培训计划中做出安排，公司 EHS 主管部门负责对培训计划的实施情况进行监督检查。

2. 培训要求

（1）领导干部和部门负责人应首先接受培训。

（2）施工作业人员、项目管理人员及 EHS 监督员，上岗前必须接受 EHS 培训，并经考核合格后方可上岗。

（3）三级安全教育及复工、转岗、特种作业等人员的安全培训按安全教育制度的规定执行。

（4）培训教师应具有丰富的实践经验，参加过公司认可的正规培训，并经考核合格后方可担任培训教师。

3. 培训内容

（1）国家、当地政府及集团公司有关 EHS 方面的法律法规、标准和规定。

（2）公司 EHS 管理体系、EHS 管理规定、制度。

（3）项目 EHS 实施及业主、相关方的 EHS 管理规定。

（4）岗位 EHS 职责及本岗位 EHS 专业技能、安全操作规程等。

（5）卫生保健、自救、急救和互救的基本知识。

4. 培训记录

对员工进行的各类 EHS 培训应建立培训记录和培训档案。

三、信息交流

管理活动和组织的运行活动密不可分，与其他管理活动也有密切的联系，因此往往需要组织内部部门的互相配合，协同工作。应使有关责任部门了解到体系运行中出现的不符合，以便及时采取纠正措施。当发生紧急情况时，要能迅速传递信息，并做出主动反应。为了确保信息得到及时、畅通的传输，组织必须建立有效的信息交流机制。明确信息收集范围和获取的渠道，针对不同的信息做出相应的管理规定，并定期评审跟踪。主要内容及方法如下：

（一）EHS 管理信息的主要范围

1. 外部信息

（1）国家、地方政府和上级有关 EHS 的方针、政策、法律法规、标准和指令等。

（2）国内外 EHS 的管理信息。

（3）业主及相关方有关 EHS 的管理信息等。

2. 内部信息

（1）EHS 管理体系建立和运行信息。

（2）公司内部标准、规定和制度。

（3）有关 EHS 的基础数据。

（4）有关 EHS 管理的情况反映等。

（二）信息交流网络

公司应建立 EHS 信息交流网络，各级 EHS 主管部门负责 EHS 信息的收集、整理和传递交流工作，并负责收集整理来自各渠道的相关信息。

（三）信息的交流

（1）EHS 管理信息的上行收集实行由二级单位（项目部）逐级收集整理，并逐级上报的办法，由安全环保部统一向公司领导和上级主管部门报告。

（2）EHS 信息的下行传达实行逐级向下传达的方式，并确保其时效性和有效性。

（四）信息交流方式

信息交流可根据实际需要，采用口头、书面或电子方式。

第四章　EHS 的培训与沟通

第一节　EHS 法律法规对企业各级人员 EHS 能力及培训的要求

一、生产经营单位主要负责人

（一）能力要求

生产经营单位的主要负责人属于企业的最高管理层，他们对 EHS 理念的支持和承诺往往是一个企业 EHS 管理成功的关键，甚至成为企业进行可持续发展、具备核心竞争力的重要影响因素。因此，要提高企业的 EHS 管理绩效，必须先保证其主要负责人具备必需的 EHS 意识和相关的 EHS 知识。

EHS 法律法规中对生产经营单位主要负责人及安全生产（职业健康）管理人员的能力要求有以下规定：

第二十条　生产经营单位的主要负责人和安全生产管理人员必须具备与本单位所从事的生产经营活动相应的安全生产知识和管理能力。

危险物品的生产、经营、储存单位以及矿山、建筑施工单位的主要负责人和安全生产管理人员，应当由有关主管部门对其安全生产知识和管理能力考核合格后方可任职。考核不得收费。

——《安全生产法》

第九条　生产经营单位的主要负责人和职业健康管理人员应当具备与本单位所从事的生产经营活动相适应的职业健康知识和管理能力，并接受安全生产监督管理部门组织的职业健康培训。

——《职业病防治法》

（二）培训要求

1. 基本要求

（1）危险物品的生产、经营、储存单位、矿山、建筑施工单位主要负责人必须进行安全资格培训，经安全生产监督管理部门或法律法规规定的有关主管部门考核合格并取得安全资格证书后方可任职。

（2）其他单位主要负责人必须按照国家有关规定进行安全生产培训。

（3）所有单位主要负责人每年应进行安全生产再培训。

2. 培训的主要内容

（1）国家有关安全生产的方针、政策、法律和法规及有关行业的规章、规程、规范和标准。

（2）安全生产管理的基本知识、方法与安全生产技术，有关行业安全生产管理专业知识。

（3）重大事故防范、应急救援措施及调查处理方法，重大危险源管理与应急救援预案编制原则。

（4）国内外先进的安全生产管理经验。

（5）典型事故案例分析。

3. 对培训时间的要求

危险物品的生产、经营、贮存单位、矿山、建筑施工单位主要负责人安全资格培训时间不得少于 48 学时，每年再培训时间不得少于 16 学时。

其他单位主要负责人安全生产管理培训时间不得少于 24 学时，每年再培训时间不得少于 8 学时。

二、安全生产（职业健康）管理人员

（一）能力要求

企业中的安全生产（职业健康）管理人员作为企业中的专业 EHS 管理人员，他们主要负责或参与企业的 EHS 管理，作为企业各部门实施 EHS 措施的技术支持，并为企业最高管理层的决策从 EHS 的角度和方向提供专业的建议。

EHS 法律法规中对安全生产（职业健康）管理人员的能力要求有以下规定：

第二十条　生产经营单位的主要负责人和安全生产管理人员必须具备与本单位所从事的生产经营活动相应的安全生产知识和管理能力。

危险物品的生产、经营、储存单位以及矿山、建筑施工单位的主要负责人和安全生产管理人员，应当由有关主管部门对其安全生产知识和管理能力考核合格后方可任职。考核不得收费。

——《安全生产法》

第九条 生产经营单位的主要负责人和职业健康管理人员应当具备与本单位所从事的生产经营活动相适应的职业健康知识和管理能力，并接受安全生产监督管理部门组织的职业健康培训。

——《职业病防治法》

为确保企业的EHS管理人员能具备相应的能力，国家或某些地方的EHS行政管理部门（安监局、环保厅和卫生厅等）会推出一些资质认定的办法并要求企业相关管理人员通过培训和考试获取这些资质。如国家安监总局的注册安全工程师（《注册安全工程师管理规定》总局2007年第11号）、广东省的注册安全主任（《广东省注册安全主任管理规定》省府令第85号）都是对企业安全管理人员的一种能力的认定。而对于企业中从事环保管理的人员资质，也有一些地方环保局提出了"持证上岗"的要求，如深圳市环保局出台了《深圳市企业环境保护从业人员上岗证管理办法》，要求在企业从事污水处理、废气处理或固体废物处理处置的人员必须经过环保局组织的培训考试并获取相关的上岗证后方可上岗从事相关工作。

（二）培训要求

1. 基本要求

（1）危险物品的生产、经营、贮存单位、矿山、建筑施工单位安全生产管理人员必须进行安全资格培训，经安全生产监督管理部门或法律法规规定的有关主管部门考核合格后并取得安全资格证书后方可任职。

（2）其他单位安全生产管理人员必须按照国家有关规定进行安全生产培训。

（3）所有单位安全生产管理人员每年应进行安全生产再培训。

2. 培训的主要内容

（1）国家有关安全生产的方针、政策、法律和法规及有关行业的规章、规程、规范和标准。

（2）安全生产管理知识、安全生产技术、劳动卫生知识和安全文化知识，有关行业安全生产管理专业知识。

（3）工伤保险的政策、法律法规。

（4）伤亡事故和职业病统计、报告及调查处理方法。

（5）事故现场勘验技术以及应急处理措施。

（6）重大危险源管理与应急救援预案编制。

（7）国内外先进的安全生产管理经验。

（8）典型事故案例分析。

3. 对培训时间的要求

危险物品的生产、经营、贮存单位、矿山、建筑施工单位安全生产管理人员安全资格培训时间不得少于 48 学时；每年再培训时间不得少于 16 学时。

其他单位安全生产管理人员安全生产管理培训时间不得少于 24 学时；每年再培训时间不得少于 8 学时。

4. 再培训的主要内容

再培训的主要内容是新知识、新技术和新本领，包括：

（1）有关安全生产的法律法规、规章、规程、标准和政策。

（2）安全生产的新技术、新知识。

（3）安全生产管理经验。

（4）典型事故案例。

三、一般从业人员

（一）能力要求

生产经营单位其他从业人员（简称“从业人员”）是指除主要负责人和安全生产管理人员以外，该单位从事生产经营活动的所有人员，包括其他负责人、管理人员、技术人员和各岗位的工人以及临时聘用的人员。由于这些从业人员是 EHS 相关规章制度的具体执行者和实施者，因此他们需要具备一定的 EHS 素质及能力，充分了解其工作岗位的危险源及环境因素，熟悉操作规程中关于环境健康安全方面的要求，并掌握紧急情况下的应急处理措施，才能确保 EHS 政策的落实。

在 EHS 法律法规中，如《安全生产法》对一般从业人员的能力要求有以下规定：

第二十一条　生产经营单位应当对从业人员进行安全生产教育和培训，保证从业人员具备必要的安全生产知识，熟悉有关的安全生产规章制度和安全操作规程，掌握本岗位的安全操作技能。未经安全生产教育和培训合格的从业人员，不得上岗作业。

第二十二条 生产经营单位采用新工艺、新技术、新材料或者使用新设备，必须了解、掌握其安全技术特性，采取有效的安全防护措施，并对从业人员进行专门的安全教育和培训。

第三十六条 生产经营单位应当教育和督促从业人员严格执行本单位的安全生产规章制度和安全操作规程；并向从业人员如实告知作业场所和工作岗位存在的危险因素、防范措施以及事故应急措施。

第五十条 从业人员应当接受安全生产教育和培训，掌握本职工作所需的安全生产知识，提高安全生产技能，增强事故预防和应急处理能力。

（二）培训要求

1. 新从业人员

单位对新从业人员，应进行厂（矿）、车间（工段、区、队）、班组三级安全生产教育培训。

（1）厂（矿）级安全生产教育培训内容主要是安全生产基本知识，本单位安全生产规章制度，劳动纪律，作业场所和工作岗位存在的危险因素、防范措施及事故应急措施，有关事故案例等。

（2）车间（工段、区、队）级安全生产教育培训内容主要是本车间（工段、区、队）安全生产状况和规章制度，作业场所和工作岗位存在的危险因素、防范措施及事故应急措施，事故案例等。

（3）班组级安全生产教育培训内容主要是岗位安全操作规程，生产设备、安全装置、劳动防护用品（用具）的正确使用方法，事故案例等。

新从业人员安全生产教育培训时间不得少于 24 学时。危险性较大的行业和岗位，教育培训时间不得少于 48 学时。

2. 调整岗位或离岗一年以上重新上岗的从业人员

从业人员调整岗位或离岗一年以上重新上岗时，应进行相应的车间（工段、区、队）级安全生产教育培训。

单位实施新工艺、新技术或使用新设备、新材料时应对从业人员进行有针对性的安全生产教育培训。

3. 全员培训

对在岗的从业人员应进行经常性的安全生产教育培训，其内容主要是：安全生产新知识、新技术；安全生产法律法规；作业场所和工作岗位存在的危险因素、防范措施及事故应急措施；事故案例等。

第十条 生产经营单位应当对从业人员进行上岗前的职业健康培训和在岗期间的定期职业健康培训，普及职业健康知识，督促从业人员遵守职业危害防治的法律法规、规章、国家标准、行业标准和操作规程。

——《职业病防治法》

第十四条 单位应当根据本单位的特点，建立健全消防安全教育培训制度，明确机构和人员，保障教育培训工作经费，按照下列规定对职工进行消防安全教育培训：

（一）定期开展形式多样的消防安全宣传教育；

（二）对新上岗和进入新岗位的职工进行上岗前消防安全培训；

（三）对在岗的职工每年至少进行一次消防安全培训；

（四）消防安全重点单位每半年至少组织一次、其他单位每年至少组织一次灭火和应急疏散演练。

单位对职工的消防安全教育培训应当将本单位的火灾危险性、防火灭火措施、消防设施及灭火器材的操作使用方法、人员疏散逃生知识等作为培训的重点。

——《社会消防安全教育培训规定》（公安部 109 号令）

四、特种作业人员

特种作业是指在劳动过程中容易发生伤亡事故，对操作者本人，尤其对他人和周围设施的安全有重大危害的作业，从事特种作业的人员称为特种作业人员。

《安全生产法》规定：

第二十三条 生产经营单位的特种作业人员必须按照国家有关规定经过专门的安全作业培训，取得特种作业操作资格证书，方可上岗作业。

特种作业人员的范围由国务院负责安全生产监督管理的部门会同国务院有关

部门确定。

国家安全生产监督管理局规定的特种作业的范围（11 大类、51 个工种）包括：

（一）电工作业

指对电气设备进行运行、维护、安装、检修、改造、施工、调试等作业（不含电力系统进网作业）。

（二）焊接与热切割作业

指运用焊接或者热切割方法对材料进行加工的作业（不含《特种设备安全监察条例》规定的有关作业）。

（三）高处作业

指专门或经常在坠落高度基准面 2 米及以上有可能坠落的高处进行的作业。

（四）制冷与空调作业

指对大中型制冷与空调设备运行操作、安装与修理的作业。

（五）煤矿安全作业

（六）金属非金属矿山安全作业

（七）石油天然气安全作业

（八）冶金（有色）生产安全作业

（九）危险化学品安全作业

指从事危险化工工艺过程操作及化工自动化控制仪表安装、维修、维护的作业。

（十）烟花爆竹安全作业

指从事烟花爆竹生产、储存中的药物混合、造粒、筛选、装药、筑药、压药、搬运等危险工序的作业。

（十一）安全监管总局认定的其他作业

国家质量技术监督管理局规定的特种作业的范围包括：锅炉（含水质化验）、压力容器（含气瓶，下同）、压力管道、电梯、起重机械、客运索道、大型游乐设施和场（厂）内专用机动车辆（包括叉车驾驶人员）。

特种作业人员上岗作业前，必须进行专门的安全技术和操作技能的培训教育，增强其安全生产意识，获得证书后方可上岗。特种作业人员的培训推行全国统一培训大纲、统一考核教材、统一证件的制度。

特种作业人员安全技术考核包括安全技术理论考试与实际操作技能考核两部分，以实际操作技能考核为主。《特种作业人员操作证》由国家统一印制，地、市级以上行政主管部门负责签发，特种作业操作证有效期为六年，在全国范围内有效。离开特种作业岗位达 6 个月以上的特种作业人员，应当重新进行实际操作考核，经确认合格后方可上岗作业。

取得《特种作业人员操作证》者，每两三年进行一次复审。特种作业人员在特种作业操作证有效期内，连续从事本工种十年以上，严格遵守有关安全生产法律法规的，经原考核发证机关或者从业所在地考核发证机关同意，特种作业操作证的复审时间可以延长至每六年一次。

复审的内容包括健康检查、违章记录、安全新知识和事故案例教育和本工种安全知识考试。未按期复审或复审不合格者，其操作证自行失效。

五、危险化学品从业人员

由于危险化学品作业具有较大的风险，因此危险化学品的从业人员必须充分了解危险化学品的性质并熟练掌握危化品的相关操作和紧急情况下的应急处理方法。在《危险化学品安全管理条例》中分别对以下两类人员的能力要求进行了规定：

（一）危险化学品储存、使用与管理人员

《危险化学品安全管理条例》规定：

第四条 危险化学品单位从事生产、经营、储存、运输、使用危险化学品或者处置废弃危险化学品活动的人员，必须接受有关法律、法规、规章和安全知识、专业技术、职业卫生防护和应急救援知识的培训，并经考核合格，方可上岗作业。

（二）危险化学品运输与管理人员

《危险化学品安全管理条例》规定：

第三十七条 危险化学品运输企业，应当对其驾驶员、船员、装卸管理人员、押运人员进行有关安全知识培训；驾驶员、船员、装卸管理人员、押运人员必须掌握危险化学品运输的安全知识，并经所在地设区的市级人民政府交通部门

考核合格（船员经海事管理机构考核合格），取得上岗资格证，方可上岗作业。危险化学品的装卸作业必须在装卸管理人员的现场指挥下进行。

六、其他专业人员

（一）自动消防系统操作人员

《中华人民共和国消防法》规定：

第二十一条 禁止在具有火灾、爆炸危险的场所吸烟、使用明火。因施工等特殊情况需要使用明火作业的，应当按照规定事先办理审批手续，采取相应的消防安全措施；作业人员应当遵守消防安全规定。进行电焊、气焊等具有火灾危险作业的人员和自动消防系统的操作人员，必须持证上岗，并遵守消防安全操作规程。

（二）食堂餐饮人员

《中华人民共和国食品安全法》规定：

第三十四条 食品生产经营者应当建立并执行从业人员健康管理制度。患有痢疾、伤寒、病毒性肝炎等消化道传染病的人员，以及患有活动性肺结核、化脓性或者渗出性皮肤病等有碍食品安全的疾病的人员，不得从事接触直接入口食品的工作。

食品生产经营人员每年应当进行健康检查，取得健康证明后方可参加工作。

（三）辐射工作人员

《放射性同位素与射线装置安全和防护条例》规定：

第二十八条 生产、销售、使用放射性同位素和射线装置的单位，应当对直接从事生产、销售、使用活动的工作人员进行安全和防护知识教育培训，并进行考核；考核不合格的，不得上岗。

辐射安全关键岗位应当由注册核安全工程师担任。辐射安全关键岗位名录由国务院环境保护主管部门商国务院有关部门制定并公布。

（四）急救人员

《工业企业设计卫生标准》（GBZ1－2010）规定：

8.1　生产或使用有毒物质的、有可能发生急性职业病危害的工业企业的劳动定员设计应包括应急救援组织机构（站）编制和人员定员。

8.1.1　应急救援机构（站）可设在厂区内的医务所或卫生所内，设在厂区外的应考虑应急救援机构（站）与工业企业的距离及最佳响应时间。

8.1.2　应急救援组织机构急救人员的人数宜根据工作场所的规模、职业性有害因素的特点、劳动者人数，按照0.1%～5%的比例配备，并对急救人员进行相关知识和技能的培训。有条件的企业，每个工作班宜至少安排1名急救人员。

在急救人员的配比上，很多跨国企业或集团会参考其总部所在国家的法规要求制定自己相应的集团要求，并贯彻到其国内企业甚至是供应商的 EHS 管理当中。在国内，通常是由当地红十字会等有资质的医疗机构组织急救培训，培训内容包括心肺复苏、创伤救护和常见突发意外伤害的处置和急救以及避险逃生等方面的知识。在培训过程中，学员在授课老师的指导下，借助教学模拟人演练心肺复苏、止血包扎等救护技能。只有在通过培训并获取相关的培训证书后才可以成为企业的急救人员。

（五）应急救援人员

《国家安全生产事故灾难应急预案》规定：

6.4.2　培训　有关部门组织各级应急管理机构以及专业救援队伍的相关人员进行上岗前培训和业务培训。

有关部门、单位可根据自身实际情况，做好兼职应急救援队伍的培训，积极组织社会志愿者的培训，提高公众自救、互救能力。

第二节 EHS 管理体系对企业各级人员 EHS 能力及培训的要求

目前国内很多的企业实施了 EHS 管理体系的认证（ISO 14001，OHSAS 18001），在体系中对企业各级人员的 EHS 能力并未做出详细的规定，但体系标准中提到需要通过培训使处于每一相关职能与层次的人员具有相关的意识（如 ISO 14001 的 4.4.2 条款要求组织应建立并保持适当的程序，使各相关部门及阶层的人员，对环境管理体系及成功地执行环境管理体系有所意识）。此外，标准也提到相关人员要具备一定的知识基础和相关技能，方能避免安全事故、职业病和环境污染的发生。（如 ISO 14004 的 4.3.2.5 条款中要求："为实现环境方针、目标及指标，组织应对所有员工提供适当的培训。员工须具备适当的知识基础，包括高效率完成其各项任务所需方法与技能之培训，并认识到因工作不当对环境造成的影响。"）因此，针对标准的一些要素，我们提取出企业安全教育培训常用各类参考样表供大家参考。

一、企业安全教育培训常用各类参考样表

企业安全教育培训常用各类参考样表详见表 4－1、4－2、4－3、4－4、4－5、4－6、4－7。

表 4－1 安全教育计划一览表

<table>
<tr><th colspan="2">课程</th><th>学习内容</th><th>课时</th><th>时间安排</th><th>主办部门</th><th>教育形式</th></tr>
<tr><td colspan="2">全员教育</td><td>安全生产教育</td><td>8</td><td>第三季度
（定期：一年）</td><td>劳资部门
教育部门
安技部门</td><td>电化教育录像</td></tr>
<tr><td colspan="2">新工人进厂
三级教育</td><td>安全生产和
上岗教育</td><td>20</td><td>第一二季度</td><td>劳资部门
教育部门
安技部门</td><td>授课实习</td></tr>
<tr><td rowspan="2">中层以上
干部教育</td><td>厂外</td><td rowspan="2">安全管理知识</td><td colspan="4">由各主管部门安排的专题培训</td></tr>
<tr><td>厂内</td><td>12</td><td>第三季度
（定期：一年）</td><td>干部部门
安技部门</td><td>办学习班</td></tr>
</table>

（续上表）

课程		学习内容	课时	时间安排	主办部门	教育形式
班组长安全教育		安全基础管理知识	12	第三季度（定期：　）	劳资部门 教育部门 安技部门	办学习班
复训安全教育	普通工种	安全技术教育	由厂内有关部门按有关规定，定期安排培训教育			
	特殊工种		由厂或外送有关部门，按规定复训			
复工安全教育		安全生产知识	14	根据实际时间定	劳资部门 安技部门	办学习班
特种作业人员安全教育	发证	安全技术知识	按规定送有关部门培训			
	经常性		结合厂实际情况自定			
变换工种教育		岗位安全生产知识	16	根据实际时间定	劳资部门 安技部门	办学习班

表 4-2　新职工三级安全教育卡

姓名		性别		出生年月		文化程度	
参加工作时间		工种		备注			
教育形式	厂级教育		车间教育		班组教育		
时 间	年 月 日		年 月 日		年 月 日		
教育内容	（1）国家劳动保护意义和任务 （2）本厂有关安全生产的规定及安全生产基本知识 （3）本厂的生产大概情况 （4）工伤事故教训 （5）希望和要求		（1）本车间的生产特点及安全规章制度 （2）本工种的安全生产操作规程 （3）本车间要害部门及设备分布情况 （4）安全生产、文明生产的要求		（1）本班组特点、危险区设备状况、注意问题 （2）本工种安全生产制度、安全操作规程及岗责任制 （3）正确使用劳动保护用品、防护装置工具 （4）实际安全操作示范及安全防护知识		
授 课 人							
受教育人							
考试成绩							
评　　语							

表 4－3　变换工种安全教育卡

<table>
<tr><td rowspan="2">姓名</td><td rowspan="2">性别</td><td rowspan="2">年龄</td><td rowspan="2">变动时间</td><td colspan="2">变动前</td><td colspan="2">变动后</td><td></td><td></td></tr>
<tr><td>单位</td><td>工种（职务）</td><td>单位</td><td>工种（职务）</td><td>成绩</td><td>备注</td></tr>
<tr><td></td><td></td><td></td><td></td><td></td><td></td><td></td><td></td><td></td><td rowspan="7"></td></tr>
<tr><td colspan="3">一级（厂）教育内容</td><td colspan="3">二级（分厂、处室）教育内容</td><td colspan="3">三级（二段、班组）教育内容</td></tr>
<tr><td colspan="3">（1）劳动保护方针、意义、任务
（2）厂内安全规章制度和工厂安全须知
（3）伤亡事故报告规程
（4）常见事故剖析</td><td colspan="3">（1）新部门生产特点、危险、区域、要害部位及设备分布情况
（2）新部门的安全生产组织机构、信息管理体系
（3）新部门的安全生产责任制</td><td colspan="3">（1）新工种（岗位）特点及操作规程
（2）本班组发生事故剖析
（3）对新工种（岗位）有害隐患的预防措施和方法
（4）正确使用个人防护用品</td></tr>
<tr><td>教育者签字（印）</td><td colspan="2"></td><td>教育者签字（印）</td><td colspan="2"></td><td>教育者签字（印）</td><td colspan="2"></td></tr>
<tr><td>受教育者签字（印）</td><td colspan="2"></td><td>受教育者签字（印）</td><td colspan="2"></td><td>受教育者签字（印）</td><td colspan="2"></td></tr>
<tr><td>教育日期</td><td colspan="2">年 月 日</td><td>教育日期</td><td colspan="2">年 月 日</td><td>教育日期</td><td colspan="2">年 月 日</td></tr>
</table>

表 4－4　复工安全教育卡　　　　　No.

<table>
<tr><td>姓名</td><td>休工类别</td><td>原工种</td><td>现工种</td><td>休工时间</td><td>复工时间</td></tr>
<tr><td></td><td></td><td></td><td></td><td></td><td></td></tr>
<tr><td colspan="6">（单位教育内容：
本岗位生产变化
收心教育
本工种安全技术操作规程）

单位领导：
年　　月　　日　　　　　教 育 者：</td></tr>
</table>

（续上表）

（受教育者的认识） 年　　月　　日　　　　　　受教育者：
注：复工者取卡到单位进行教育后，将卡片卷纸及安全教育通知单一并返安技科。
（此联由安技科存档）

表4－5　特种作业人员情况登记表

序号	姓名	部门	工种	从事年月	现工种工龄	操作证编号	健康档案号	发证部门	发证日期	复训日期	备注
1											
2											
3											
4											
5											

表 4－6　员工安全状况卡

<table>
<tr><td colspan="2">工号</td><td colspan="2">姓名</td><td colspan="2">性别</td><td colspan="2">年龄</td><td colspan="2">进厂日期</td><td colspan="2">人员来源</td><td colspan="2" rowspan="2">分配情况</td><td colspan="2">部门</td><td colspan="2"></td><td colspan="2" rowspan="2">调动情况</td><td colspan="2">部门</td><td colspan="2"></td></tr>
<tr><td colspan="2"></td><td colspan="2"></td><td colspan="2"></td><td colspan="2"></td><td colspan="2"></td><td colspan="2"></td><td colspan="2">工种</td><td colspan="2"></td><td colspan="2">工种</td><td colspan="2"></td></tr>
<tr><td colspan="2" rowspan="5">三级安全教育</td><td colspan="6">公司级教育</td><td colspan="8">车间级教育</td><td colspan="8">班组级教育</td></tr>
<tr><td colspan="6">（1）劳动保护的意识和义务
（2）安全生产的方针、任务、政策与管理体制
（3）常见工伤与工伤事故处理
（4）公司安全生产有关规定
（5）消防知识</td><td colspan="8">（1）车间生产情况、危险区域、要害部位及设备分布情况
（2）安全技术基础知识
（3）车间安全生产组织和制度</td><td colspan="8">（1）班组生产特点、作业环境、危险区域、设备状况和消防设施
（2）本工种安全操作规程和岗位责任
（3）正确使用劳保用品和文明生产要求
（4）实际安全操作</td></tr>
<tr><td colspan="3">受教育者签名</td><td colspan="3"></td><td colspan="3">受教育者签名</td><td colspan="5"></td><td colspan="3">受教育者签名</td><td colspan="5"></td></tr>
<tr><td colspan="3">教育者签名</td><td colspan="3"></td><td colspan="3">教育者签名</td><td colspan="5"></td><td colspan="3">教育者签名</td><td colspan="5"></td></tr>
<tr><td colspan="2">教育日期</td><td colspan="1"></td><td colspan="2">成绩</td><td colspan="1"></td><td colspan="2">教育日期</td><td colspan="2"></td><td colspan="2">成绩</td><td colspan="2"></td><td colspan="2">教育日期</td><td colspan="2"></td><td colspan="2">成绩</td><td colspan="2"></td></tr>
<tr><td colspan="2" rowspan="9">安全考核、事故与违章记录</td><td colspan="1">考核记录</td><td colspan="5">考核日期</td><td colspan="4">考核内容</td><td colspan="6">成绩</td><td colspan="6">备注</td></tr>
<tr><td colspan="1"></td><td colspan="5"></td><td colspan="4"></td><td colspan="6"></td><td colspan="6"></td></tr>
<tr><td colspan="1"></td><td colspan="5"></td><td colspan="4"></td><td colspan="6"></td><td colspan="6"></td></tr>
<tr><td colspan="2" rowspan="3">事故记录</td><td colspan="4">事故发生时间</td><td colspan="7">简要经过</td><td colspan="5">伤害部位</td><td colspan="4">处理意见</td></tr>
<tr><td colspan="4"></td><td colspan="7"></td><td colspan="5"></td><td colspan="4"></td></tr>
<tr><td colspan="4"></td><td colspan="7"></td><td colspan="5"></td><td colspan="4"></td></tr>
<tr><td colspan="2" rowspan="2">违章记录</td><td colspan="4">违章日期</td><td colspan="7">违章内容及处理意见</td><td colspan="5">违章日期</td><td colspan="4">违章内容及处理意见</td></tr>
<tr><td colspan="4"></td><td colspan="7"></td><td colspan="5"></td><td colspan="4"></td></tr>
</table>

表 4－7 员工培训一般流程图

序号	流程	责任部门	工作输出	说明
1	培训需求调查	人事行政	部门年度培训需求表	
2	年底考核 培训计划制订	各部门	员工素质考核结果	
3	费用预案	人事行政	年度培训计划表	
4	审	人事行政	培训费用预算表	
5	培训准备工作	总经理		
6	内部培训　外部培训	人事行政		
7	费用是否达2 000以上	人事行政	培训反馈与评价表	
8	签订合同	人事行政		
9		人事行政	培训合同	
10	培训准备工作	人事行政	培训通知	
11	培训实施	人事行政 相关部门	培训签到表、培训反馈与评价表	
12	效果	人事行政 相关部门	培训计划执行情况跟踪表	
13	记录归档保管	资料室	员工培训记录卡、员工履行表	

第五章　EHS 技术基本知识

第一节　安全管理

一、安全管理基础

20 世纪初，现代工业兴起并快速发展，重大生产事故相继发生，造成了大量的人员伤亡和巨大的财产损失，给社会带来了极大的危害，这使人们不得不在一些企业设置专职安全人员从事安全管理工作。进入 20 世纪 50 年代，经济的快速增长，人们的生活水平迅速提高，工人强烈要求除了有工作机会，还要有安全与健康的工作环境。一些工业化国家进一步加强了安全生产法律法规建设，在安全生产方面投入大量的资金进行科学研究，产生了一些安全生产管理原理、事故致因理论和事故预防原理等风险管理理论，以系统安全理论为核心的现代安全管理方法、模式、思想、理论基本形成。到了 20 世纪末，随着现代制造业的飞速发展，人们对职业安全问题的认识也发生了很大的变化，安全成本成为产品成本的重要组成部分，职业安全问题成为非官方贸易壁垒的利器。在这种背景下，“持续改进”、“以人为本” 的健康安全管理理念逐渐被企业管理者所接受，以职业健康安全管理体系为代表的企业安全生产风险管理思想开始形成，现代安全管理的内容更加丰富。

（一）重要的事故致因理论

事故致因理论是安全原理的主要内容之一，用于揭示事故的成因、过程与结果，所以有时又叫“事故机理或事故模型”。它暂时避开了危险源的具体特点和事故的具体内容与形式，而只是抽象、概括地考虑构成系统的人、机、物和环境，因此它更贴近本质，更具普遍意义。当它和具体的危险源及具体的事故结合时，就可以更科学、更实际、更生动地把可能的事故成因、过程和结果展现在人们面前，故而它是进行危险性的分析、安全性评价、对策制定、监控管理以及事故调查分析的有力武器。

到目前为止，人们已提出了十多种事故致因理论，这里我们介绍其中常用的几种。

（一）事故因果连锁理论

1. 海因里希因果连锁理论

海因里希最早提出事故因果连锁理论，他用该理论阐明导致伤亡事故的各种因素以及这些因素与伤害之间的关系。该理论的核心思想是：伤亡事故的发生不是一个孤立的事件，而是一系列原因事件相继发生的结果，即伤害与各原因相互之间具有连锁关系。如图 5 - 1 所示：

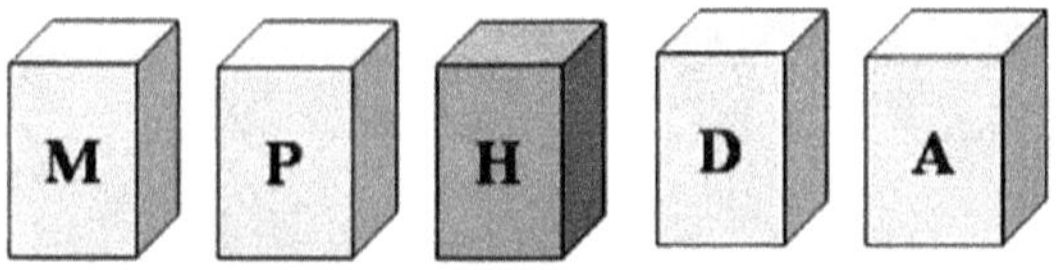

M—遗传及社会环境；P—人的缺点；D—发生事故；
H—人的不安全行为和物的不安全状态；A—受到伤害

图 5 - 1　海因里希因果连锁理论模型

如上图所示，海因里希提出的事故因果连锁过程包括如下五种因素：

（1）遗传及社会环境（M）：遗传及社会环境是造成人的缺点的原因。遗传因素可能使人具有鲁莽、固执、粗心等对于安全来说属于不良的性格；社会环境可能妨碍人的安全素质培养，助长不良性格的发展。这种因素是因果链上最基本的因素。

（2）人的缺点（P）：即由于遗传和社会环境因素所造成的人的缺点。人的缺点是使人产生不安全行为或造成物的不安全状态的原因。这些缺点既包括诸如鲁莽、固执、易过激、神经质、轻率等性格上的先天缺陷，也包括诸如缺乏安全生产知识和技能等的后天不足。

（3）人的不安全行为或物的不安全状态（H）：这二者是造成事故的直接原因。海因里希认为，人的不安全行为是由于人的缺点而产生的，是造成事故的主要原因。

（4）事故（D）：它是一种由于物体、物质或放射线等对人体发生作用，使人员受到或可能受到伤害的、出乎意料的、失去控制的事件。

（5）伤害（A）：即直接由事故产生的人身伤害。

上述事故因果连锁关系，可以用五块多米诺骨牌来形象地加以描述。如果第一块骨牌倒下（即第一个原因出现），则发生连锁反应，后面的骨牌相继被碰倒（相继发生）。如图5-2所示：

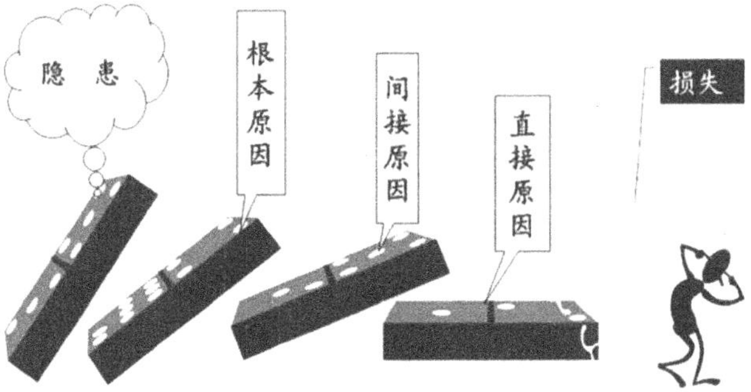

图5-2 多米诺骨牌理论——事故链

该理论积极的意义就在于，如果移去因果连锁中的任一块骨牌，则连锁被破坏，事故过程被中止。海因里希认为，企业安全工作的中心就是要移去中间的骨牌——防止人的不安全行为或消除物的不安全状态，从而中断事故连锁的进程，避免伤害的发生。

海因里希的理论有明显的不足，如它对事故致因连锁关系的描述过于绝对化和简单化。事实上，各个骨牌（因素）之间的连锁关系是复杂的、随机的。前面的牌倒下，后面的牌可能倒下，也可能不倒下。事故并不全都造成伤害，不安全行为或不安全状态也并不是必然造成事故等。尽管如此，海因里希的事故因果连锁理论促进了事故致因理论的发展，成为事故研究科学化的先导，具有重要的历史地位。

2. 博德事故因果连锁理论

博德在海因里希事故因果连锁理论的基础上，提出了与现代安全观点更加吻合的事故因果连锁理论。

博德的事故因果连锁过程同样为五个因素，但每个因素的含义与海因里希的都有所不同。

（1）管理缺陷。对于大多数企业来说，由于各种原因，完全依靠工程技术措施预防事故既不经济也不现实，只能通过完善安全管理工作，经过较大的努力，才能防止事故的发生。企业管理者必须认识到，只要生产没有实现本质安全化，就有发生事故及伤害的可能性，因此，安全管理是企业管理的重要一环。

安全管理系统要随着生产的发展变化而不断调整完善，十全十美的安全管理系统不可能存在。由于安全管理上的缺陷，致使能够造成事故的其他原因出现。

（2）个人及工作条件的原因。这方面的原因是由于管理缺陷造成的。个人原因包括缺乏安全知识或技能，行为动机不正确，生理或心理有问题等；工作条件原因包括安全操作规程不健全，设备、材料不合适，以及存在温度、湿度、粉尘、气体、噪声、照明、工作场地状况（如打滑的地面、障碍物、不可靠支撑物）等有害作业环境因素。只有找出并控制这些因素，才能有效地防止后续原因的发生，从而防止事故的发生。

（3）直接原因。人的不安全行为或物的不安全状态是事故的直接原因。这种原因是安全管理中必须重点加以追究的。但是，直接原因只是一种表面现象，是深层次原因的表征。在实际工作中，不能停留在这种表面现象上，而要追究其背后隐藏的管理上的缺陷原因，并采取有效的控制措施，从根本上杜绝事故的发生。

（4）事故。这里的事故被看作是人体或物体与超过其承受阈值的能量接触，或人体与妨碍正常生理活动的物质的接触。因此，防止事故就是防止接触。可以通过对装置、材料、工艺等的改进来防止能量的释放，或者操作者提高识别和回避危险的能力，佩带个人防护用具等来防止接触。

（5）损失。人员伤害及财物损坏统称为损失。人员伤害包括工伤、职业病、精神创伤等。

在许多情况下，可以采取恰当的措施使事故造成的损失最大限度地减小。例如，对受伤人员进行迅速正确地抢救、对设备进行抢修以及平时对有关人员进行应急训练等。

3. 亚当斯事故因果连锁理论

亚当斯提出了一种与博德事故因果连锁理论类似的因果连锁模型，该模型以表格的形式给出，见表 5－1。

表 5－1 亚当斯事故因果连锁模型

管理体系	管理失误		现场失误	事　故	伤害或损坏
目标 组织 机能	领导者在下述方面决策失误或者没做决策： 方针政策 目标 规范 责任 职级 考核 权限授予	安技人员在下述方面管理失误或疏忽： 行为 责任 全县范围 规则 指导 主动性 积极性 业务活动	不安全行为 不安全状态	伤亡事故 损坏事故 无伤害事故	对人 对物

在该理论中，事故和损失因素与博德理论相似。这里把人的不安全行为和物的不安全状态称作“现场失误”，其目的在于提醒人们注意不安全行为和不安全状态的性质。

亚当斯理论的核心在于对现场失误的背后原因进行了深入的研究。操作者的不安全行为及生产作业中的不安全状态等现场失误，是由于企业领导和安技人员的管理失误造成的。管理人员在管理工作中的差错或疏忽，企业领导人的决策失误，对企业经营管理及安全工作具有决定性的影响。管理失误又由企业管理体系中的问题所导致，这些问题包括：如何有组织地进行管理工作，确定怎样的管理目标，如何计划、如何实施等。管理体系反映了作为决策中心的领导人的信念、目标及规范，它决定各级管理人员安排工作的轻重缓急、工作基准及指导方针等重大问题。

4. 北川彻三事故因果连锁理论

前面几种事故因果连锁理论把考察的范围局限在企业内部。实际上，工业伤害事故发生的原因是很复杂的。一个国家或地区的政治、经济、文化、教育、科技水平等诸多社会因素，对伤害事故的发生和预防都有着重要的影响。

日本人北川彻三正是基于这种考虑，对海因里希的理论进行了一定的修正，提出了另一种事故因果连锁理论，见表 5－2。

表 5-2　北川彻三事故因果连锁理论

基本原因	间接原因	直接原因		
学校教育的原因 社会的原因 历史的原因	技术的原因 教育的原因 身体的原因 精神的原因 管理的原因	不安全行为 不安全状态	事故	伤害

在北川彻三的因果连锁理论中，基本原因中的各个因素，已经超出了企业安全工作的范围。但是，充分认识这些基本原因因素，对综合利用可能的科学技术、管理手段来改善间接原因因素，达到预防伤害事故发生的目的，是十分重要的。

（二）动态变化理论

世界是在不断运动、变化着的，工业生产过程也在不断变化之中。针对客观世界的变化，我们的安全工作也要随之改进，以适应变化了的情况。如果管理者不能或没有及时地适应变化，则将发生管理失误；操作者不能或没有及时地适应变化，则将发生操作失误。外界条件的变化也会导致机械、设备等的故障，进而导致事故的发生。

1. “变化—失误”理论

约翰逊认为，事故是由意外的能量释放引起的，这种能量释放的发生是由于管理者或操作者没有适应生产过程中物的或人的因素的变化，产生了计划错误或人为失误，从而导致不安全行为或不安全状态的出现，破坏了对能量的屏蔽或控制，即发生了事故，由事故造成生产过程中人员伤亡或财产损失。

按照变化的观点，变化可引起人的失误和物的故障，因此，变化被看作是一种潜在的事故致因，应该被尽早地发现并采取相应的措施。作为安全管理人员，应该对下述的一些变化给予足够的重视：

（1）企业外部社会环境的变化。企业外部社会环境，特别是国家政治或经济方针、政策的变化，对企业的经营理念、管理体制及员工心理等有较大影响，必然也会对安全管理造成影响。例如，从对新中国成立以后全国工业伤害事故发生状况的分析可以发现，在大跃进和“文革”两次大的社会变化时期，企业内部秩序被打乱，伤害事故均大幅度上升。

（2）企业内部的宏观变化和微观变化。宏观变化是指企业总体上的变化，如领导人的变更，经营目标的调整，职工大范围的调整、录用，生产计划的较大改变等。微观变化是指一些具体事物的改变，如供应商的变化，机器设备的工艺调整、维护等。

（3）计划内与计划外的变化。对于有计划进行的变化，应事先进行安全分析并采取安全措施；对于不是计划内的变化，一是要及时发现变化，二是要根据发现的变化采取正确的措施。

（4）实际的变化和潜在的变化。通过检查和观测可以发现实际存在着的变化；潜在的变化却不易发现，往往需要靠经验和分析研究才能发现。

（5）时间的变化。随着时间的流逝，人员对危险的戒备会逐渐松弛，设备、装置性能会逐渐劣化，这些变化与其他方面的变化相互作用，引起新的变化。

（6）技术上的变化。采用新工艺、新技术或开始新工程、新项目时发生的变化，人们由于不熟悉而易发生失误。

（7）人员的变化。这主要指员工心理、生理上的变化。人的变化往往不易掌握，因素也较复杂，需要认真观察和分析。

（8）劳动组织的变化。当劳动组织发生变化时，可能引起组织过程的混乱，如项目交接不好，造成工作不衔接或配合不良，进而导致操作失误和不安全行为的发生。

（9）操作规程的变化。新规程替换旧规程以后，往往要有一个逐渐适应和习惯的过程。

需要指出的是，在管理实践中，变化是不可避免的，也并不一定都是有害的，关键在于管理是否能够适应客观情况的变化。要及时预测和发现变化，并采取恰当的对策，做到顺应有利的变化，克服不利的变化。

约翰逊认为，事故的发生一般是多重原因造成的，包含着一系列的“变化—失误”连锁。从管理层次上来看，有企业领导的失误、计划人员的失误、监督者的失误及操作者的失误等。

2. 扰动起源事故理论

本尼尔认为，事故过程包含着一组相继发生的事件。其中，事件是指生产活动中某种发生了的事情，如一次瞬间或重大的情况变化、一次已经被避免的或导致另一事件发生的偶然事件等，因而可以将生产活动看作是一个自觉或不自觉地指向某种预期的或意外的结果的事件链，它包含生产系统元素间的相互作用和变化着的外界的影响。由事件链组成的正常生产活动，是在一种自动调节的动态平衡中进行的，在事件的稳定运行中向预期的结果发展。

事件的发生必然是某人或某物引起的，如果把引起事件的人或物称为“行为者”，而其动作或运动称为“行为”，则可以用行为者及其行为来描述一个事件。在生产活动中，如果行为者的行为得当，则可以维持事件过程稳定地进行；否则，则可能中断生产，甚至造成伤害事故。

生产系统所受的外界影响是经常变化的，可能偏离正常的或预期的情况。这里称外界影响的变化为“扰动”（Perturbation），扰动将作用于行为者。产生扰动的事件称为“起源事件”。

当行为者能够适应不超过其承受能力的扰动时，生产活动可以维持动态平衡而不发生事故。如果其中的一个行为者不能适应这种扰动，则自动平衡过程被破坏，开始一个新的事件过程，即事故过程。该事件过程可能使某一行为者承受不了过量的能量而发生伤害或损害，这些伤害或损害事件可能依次引起其他变化或能量释放，作用于下一个行为者并使其承受过量的能量，发生连续的伤害或损害。当然，如果行为者能够承受冲击而不发生伤害或损害，则事件过程将继续进行。

综上所述，可以将事故看作由事件链中的扰动开始，以伤害或损害为结束的过程。这种事故理论也叫作“P 理论”。

（三）能量意外转移理论

1. 能量意外转移理论的概念

在生产过程中能量是必不可少的，人类利用能量做功以实现生产目的。人类为了利用能量做功，必须控制能量。在正常生产过程中，能量在各种约束和限制下，按照人们的意志流动、转换和做功。如果由于某种原因能量失去了控制，发生了异常或意外的释放，则称发生了事故。

如果意外释放的能量转移到人体，并且其能量超过了人体的承受能力，则人体将受到伤害。吉布森和哈登曾经从能量的观点出发，指出：“人受伤害的原因只能是某种能量向人体的转移，而事故则是一种能量的异常或意外的释放。”

能量的种类有许多，如动能、势能、电能、热能、化学能、原子能、辐射能、声能和生物能等。人受到伤害都可以归结为上述一种或若干种能量的异常或意外转移。麦克法兰特（Mc Farland）认为：“所有的伤害事故（或损坏事故）都是因为接触了超过机体组织（或结构）抵抗力的某种形式的过量的能量，或有机体与周围环境的正常能量交换受到了干扰（如窒息、淹溺等）。因而，各种形式的能量构成伤害的直接原因。”根据此观点，可以将能量引起的伤害分为两大类：

第一类伤害是由于转移到人体的能量超过了局部或全身性损伤阈值而产生的。人体各部分对每一种能量的作用都有一定的抵抗能力，即有一定的伤害阈值。当人体某部位与某种能量接触时，能否受到伤害及伤害的严重程度如何，主要取决于作用于人体的能量大小。作用于人体的能量超过伤害阈值越多，造成伤害的可能性越大。例如，球形弹丸以4.9 N的冲击力打击人体时，最多轻微地擦伤皮肤；而重物以68.9 N的冲击力打击人的头部时，会造成头骨骨折。

第二类伤害则是由于影响局部或全身性能量交换引起的。例如，因物理因素或化学因素引起的窒息（如溺水、一氧化碳中毒等），因体温调节障碍引起的生理损害、局部组织损坏或死亡（如冻伤、冻死等）。

能量转移理论的另一个重要概念是在一定条件下，某种形式的能量能否产生人员伤害，除了与能量大小有关以外，还与人体接触能量的时间和频率、能量的集中程度、身体接触能量的部位等有关。

用能量转移的观点分析事故致因的基本方法是首先确认某个系统内的所有能量源，然后确定可能遭受该能量伤害的人员及伤害的严重程度，进而确定控制该类能量异常或意外转移的方法。

能量转移理论与其他事故致因理论相比，具有两个主要优点：一是把各种能量对人体的伤害归结为伤亡事故的直接原因，从而决定了以对能量源及能量传送装置加以控制作为防止或减少伤害发生的最佳手段这一原则；二是依照该理论建立的对伤亡事故的统计分类，这是一种可以全面概括、阐明伤亡事故类型和性质的统计分类方法。

能量转移理论的不足之处是由于意外转移的机械能（动能和势能）是造成工业伤害的主要能量形式，这就使得按能量转移观点对伤亡事故进行统计分类的方法尽管具有理论上的优越性，然而在实际应用上却存在困难。它的实际应用尚有待于对机械能的分类作更加深入细致的研究，以便对机械能造成的伤害进行分类。

2. 应用能量意外转移理论预防伤亡事故

从能量意外转移的观点出发，预防伤亡事故就是防止能量或危险物质的意外释放，从而防止人体与过量的能量或危险物质接触。在工业生产中，经常采用的防止能量意外释放的措施有以下几种：

（1）用较安全的能源替代危险大的能源。例如，用水力采煤代替爆破采煤、用液压动力代替电力等。

（2）限制能量。例如，利用安全电压设备、降低设备的运转速度、限制露天爆破装药量等。

（3）防止能量蓄积。例如，通过良好接地消除静电蓄积、采用通风系统控制易燃易爆气体的浓度等。

（4）降低能量释放速度。例如，采用减振装置吸收冲击能量、使用防坠落安全网等。

（5）开辟能量异常释放的渠道。例如，给电器安装良好的地线、在压力容器上设置安全阀等。

（6）设置屏障。屏障是一些防止人体与能量接触的物体。屏障的设置有三种形式：第一，屏障被设置在能源上，如机械运动部件的防护罩、电器的外绝缘层、消声器、排风罩等；第二，屏障设置在人与能源之间，如安全围栏、防火门、防爆墙等；第三，由人员佩戴的屏障，即个人防护用品，如安全帽、手套、防护服、口罩等。

（7）从时间和空间上将人与能量隔离。例如，道路交通的信号灯、冲压设备的防护装置等。

（8）设置警告信息。在很多情况下，能量作用于人体之前，并不能被人直接感知到，因此使用各种警告信息是十分必要的，如各种警告标志、声光报警器等。

以上措施往往几种同时使用，以确保安全。此外，这些措施也应尽早使用，做到防患于未然。

（四）轨迹交叉论

轨迹交叉论的基本思想是伤害事故是许多相互联系的事件顺序发展的结果。这些事件概括起来不外乎人和物（包括环境）两大发展系列。当人的不安全行为和物的不安全状态在各自发展过程中（轨迹），在一定时间、空间发生了接触（交叉），能量转移于人体时，伤害事故就会发生。而人的不安全行为和物的不安全状态之所以产生和发展，又是受多种因素作用的结果。

轨迹交叉理论作为一种事故致因理论，强调人的因素和物的因素在事故致因中占有同样重要的地位。按照该理论，可以通过避免人与物两种因素运动轨迹交义，来预防事故的发生。同时，该理论对于调查事故发生的原因，也是一种较好的工具。

二、控制及设备安全

（一）本质安全化原理

本质安全是指操作失误时，设备能自动保证安全；当设备出现故障时，能自动发现并自动消除，能确保人身和设备安全。为使设备达到本质而进行的研究、设计、改造和采取各种措施的最佳组合，称为“本质安全化”。

从人机工程理论来说，伤害事故的根本原因是没有做到“人—机—环境”系统的本质安全化。因此，本质安全化要求对“人—机—环境”系统做出完善的安全设计，使系统中物的安全性能和质量达到本质安全程度。从设备的设计和使用过程分析，要实现设备的本质安全，可以从以下三方面入手：

1. 设计阶段

采用技术措施来消除危险，使人不可能接触或接近危险区，如在设计中对齿轮系采用远距离润滑或自动润滑，即可避免因加润滑油而接近危险区。又如将危险区完全封闭，采用安全装置，实现机械化和自动化等，都是设计阶段应该解决的安全措施。

2. 操作阶段

建立有计划的维护保养和预防性维修制度；采用故障诊断技术，对运行中的设备进行状态监测；避免或及早发现设备故障，对安全装置进行定期检查，保证安全装置始终处于可靠和待用状态，提供必要的个人防护用品等。

3. 管理措施

指导设备的安全使用，向用户及操作人员提供有关设备危险性的资料、安全操作规程、维修安全手册等技术文件；加强对操作人员的教育和培训，提高工人发现危险和处理紧急情况的能力。

总之，本质安全化从控制导致事故的“物源”方面入手，提出防止事故发生的技术途径与方法，对于从根本上发现和消除事故与危害的隐患，防止错误操作及设备故障可能发生的伤害具有重要的作用。它贯穿于方案论证、设计、基本建设、生产、科研、技术改造等一系列过程的诸多方面，是确保安全生产所必须遵循的“物的安全原则”。

（二）装设安全防护装置

为了实现设备本质安全化而给主体设备设置的各种附加装置，都统称为

“安全装置”。

1. 安全装置的作用

（1）防止设备因超限运行而发生事故。设备的超限运行是指超载、超速、超位、超温、超压等，当设备处于超限运行状态时，相应的安全装置（如超载限制器、限速器、限位开关、安全阀、熔断器等）就可以使设备卸载、卸压、降速或自动中断运行，避免事故发生。

（2）自动排除或避免因设备故障而引起的危险。自动监测与诊断系统即属于该类安全装置，它可以通过监测仪器及时发现设备故障，并通过自动调节系统排除故障或中断危险；或通过自动报警装置，提醒操作者注意危险，避免事故发生。

（3）防止因人为的误操作而引起的事故。如安全启动及安全联锁装置，通过制约相互矛盾、相互干涉的运动或动作来避免危险的发生。

（4）防止人误入危险区发生的事故。设备在正常运行时，人有意或无意地进入设备运行范围内的危险区域，有接触危险与有害因素而致伤的可能，安全装置能阻止人进入危险区或从危险区将人体排出而免遭伤害，如防护罩、防护屏、防护栅栏等。

2. 安全装置的类型与特点

生产中使用的设备种类繁多，存在的危险与有害因素各异，一般都有相应的专用安全装置，因此，安全装置的具体结构形式千变万化，种类繁多。但从安全装置的作用、组成及工作原理等方面来看，它们存在许多共性，据此可对安全装置进行分类。安全装置的分类方法很多，从不同的角度便有不同的分类。

总之，安全装置是设备本质安全化的基础，而设备的安全化是保证安全生产的物的保障条件，要确保安全生产就必须消除设备在生产过程中所产生的各种危险与有害因素。

（三）控制设备的不安全因素

要消除生产设备的不安全因素，应遵循以下基本原则：

1. 消除潜在危险的原则

这一原理的实质是面向科学技术进步，在工艺流程中和生产设备上设置安全防护装置，增加系统的安全可靠性，即使人的不安全行为（如违章作业或误操作）已发生，或者设备的某个零部件发生了故障，也会由于安全装置的作用（如自动保险和失效保护装置等的作用）而避免伤亡事故的发生。

2. 减弱原则

当危险和有害因素无法根除时，应采取措施使之降低到人们可接受的水平。如依靠个体防护减少吸入的毒物数量、以低毒物质代替高毒物质等。

3. 距离防护的原则

生产中的危险因素对人体的伤害往往与距离有关，依照距离危险因素越远事故的伤害越减弱的道理，采取安全距离防护是很有效的。如对触电的防护、放射性或电离辐射的防护，都可应用距离防护的原理来减弱危险因素对人体的危害。

4. 防止接近原则

使人不能落入危险、有害因素作用地带，或防止危险、有害因素进入人的操作地带，如采用安全栅栏，冲压设备采用双手按钮等。

5. 时间防护原则

使人处于危险和有害因素作用环境中的时间缩短到安全限度之内，如对体力劳动和严重有毒有害作业实行缩短工时制度。

6. 屏蔽和隔离原则

屏蔽原理即在危险因素的作用范围内设置障碍，同操作人员隔离开来，避免危险因素对人的伤害，如转运、传动机械的防护罩、放射线的铅板屏蔽、高频的屏蔽等。

7. 坚固原则

这个原理是以安全为目的，提高设备的结构强度，提高安全系数，尤其在设备设计时更要充分运用这一原理，如起重设备的钢丝绳、坚固性防爆电机外壳等。

8. 设置薄弱环节原则

这个原理与坚固原理恰巧相反，是利用薄弱的元件，在设备上设置薄弱环节，在危险因素未达到危险值以前，已预先将薄弱元件破坏，使危险终止，如电气设备上的保险丝，锅炉、压力容器上的安全阀等。

9. 闭锁原则

闭锁原理就是以某种方法使一些元件强制发生互相作用，以保证安全操作，如载人或载物的升降机，其安全门不关上就不能合闸开启；高压配电屏的网门，当合闸送电后就自动锁上，维修时只有拉闸停电后网门才能打开，以防触电。

10. 取代操作人员的原则

在不能用其他办法消除危险因素的条件下，为摆脱危险因素对操作人员的伤害，可用机器人或自动控制装置代替人工操作。

11. 禁止、警告和报警原则

这是以人为目标，对危险部位给人以文字、声音、颜色、光等信息，提醒人们注意安全。例如设置警告牌，写上“此处危险，不准进入”、“高压危险，禁止靠近”等；车间起重设备运行时，用铃声提醒人们；使用全仪表，不同颜色的信号等。

（四）加强设备的安全管理

要完全消除物质系统的潜在危险是不可能的，而导致人的不安全行为的因素又非常之多。并且，不安全状态与不安全行为往往又是相互关联的，很多不安全状态（机器设备的不安全状态）可以导致人的不安全行为，而人的不安全行为又会引起或扩大不安全状态。此外，任何事故发生都是一个动态过程，即人与物的状态都是随时间而变化的，事故的形成和发展是时间的函数。所以，加强安全管理非常必要。

三、安全色及安全标志

安全色是指传递安全信息的颜色，包括红、蓝、黄、绿四种颜色。为了使安全色更加醒目，在传递过程中使用对比色作为反衬色，标准规定，对比色一般包括黑、白两种颜色。

安全标志是由图形符号、安全色、几何形状（边框）或文字构成，表达特定的安全信息。

国家对于安全色及安全标志制定了 GB 2893—2001《安全色》、GB 13495—1992《消防安全标志》等标准，对安全色及安全标志作了规定及规范。

（一）安全色

1. 安全色的含义及用途

（1）红色：表示禁止、停止、危险及消防设备的意思。对禁止、停止和有危险的器件设备或环境涂以红色的标记，如禁令标志、消防设备等。在施工作业现场，机械的停止按钮、刹车及停车装置的操纵手柄；机器转动部件的裸露部分，如飞轮、齿轮、皮带轮等轮辐部分；指示器上各种表头的极限位置的刻度；各种危险信号旗等均应使用红色。

（2）蓝色：表示指令，要求人们必须遵守的规定。如指令标志必须佩带个人防护用具，交通指示标志等均应使用蓝色。

（3）黄色：表示警告，提醒人们注意。凡是需警告人们注意的器件、设备及环境都应以黄色表示。如警告标志、交通警告标志。在危险的作业环境中，如可能高处落物现场、坍塌的坑池周围设置的警戒线等；各种飞轮、皮带轮及防护罩的内壁；警示信号旗等均应适用黄色

（4）绿色：表示给人们提供允许、安全的信息。如施工现场及车间厂房内的安全通道、行人和车辆的通行标志、急救站和救护站等；消防疏散通道和其他安全防护设备标志；机器启动按钮及安全信号旗等均应适用绿色。

2. 安全色的对比色

安全色和对比色同时使用时，应按下表规定搭配使用，见表5－3：

表5－3　安全色的对比色用法

安全色	对比色
红色	白色
蓝色	白色
黄色	黑色
绿色	白色

注：黑色与白色互为对比色

（1）黑色：黑色用于安全标志的文字、图形符号和警告标志的几何边框。

（2）白色：白色作为安全标志红、蓝、绿的背景色，也可以用于安全标志的文字和图形符号及安全通道、交通的标线和铁路站台上的安全线等。

（3）红色与白色相间条纹：表示禁止人们进入危险的意思，用于公路交通等方面的防护栏及隔离墩。

（4）黄色与黑色相间条纹：表示提醒人们特别注意的意思，用于各种机械在工作或移动时容易碰撞的部位等。

（5）蓝色与白色相间条纹：表示必须遵守规定的意思，用于指示方向，多为交通指导性导向标。

（6）绿色与白色相间条纹：与提示牌同时使用，更为醒目地提示人们。

（二）安全标志的类型与含义

1. 安全标志的类型

安全标志分为禁止标志、警告标志、指令标志和指示标志四大类。

2. 安全标志的含义

（1）禁止标志：禁止人们不安全行为的图形标志，基本形式是带斜杠的圆边框，警告标志、标识图片及文字简介详见图 5 - 3。

图 5 - 3a　禁止标志图识简介一

（国家技术监督局 1996 - 03 - 14 批准；1996 - 10 - 01 实施）

图 5 - 3b　禁止标志图识简介二

图 5－3c 禁止标志图识简介三

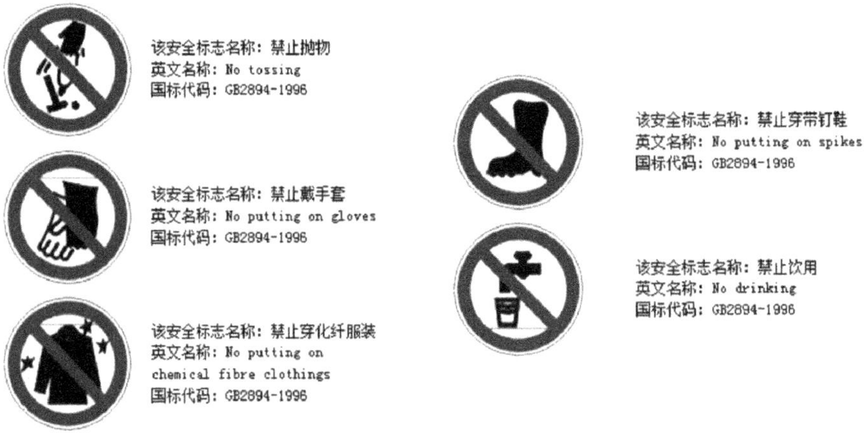

图 5－3d 禁止标志图识简介四

（2）警告标志：提醒人们对周围环境引起注意，以避免可能发生危险的图形标志，基本形式是正三角形边框。警告标志、标识图片及文字简介详见图5－4。

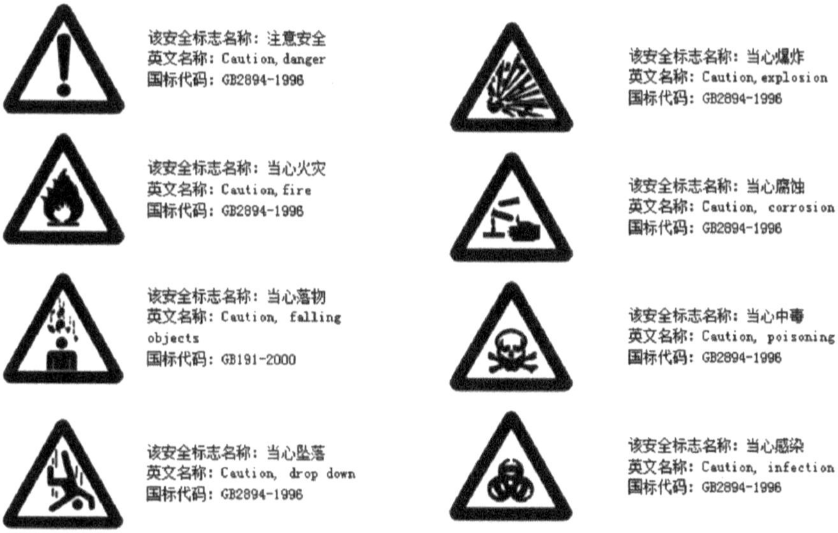

图5-4a 警告标志图片及文字简介一

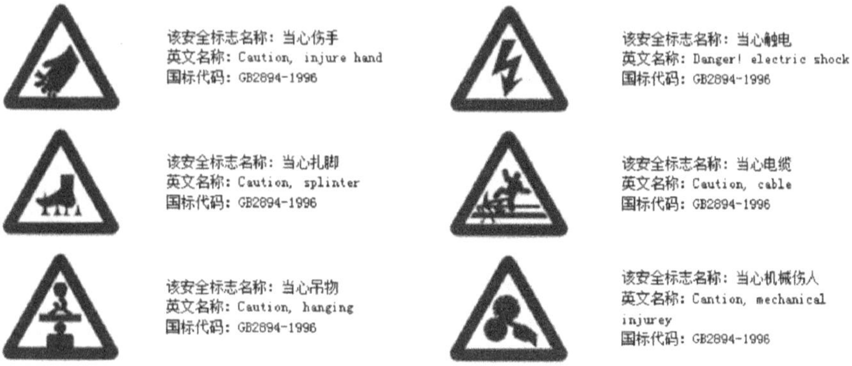

图5-4b 警告标志图片及文字简介二

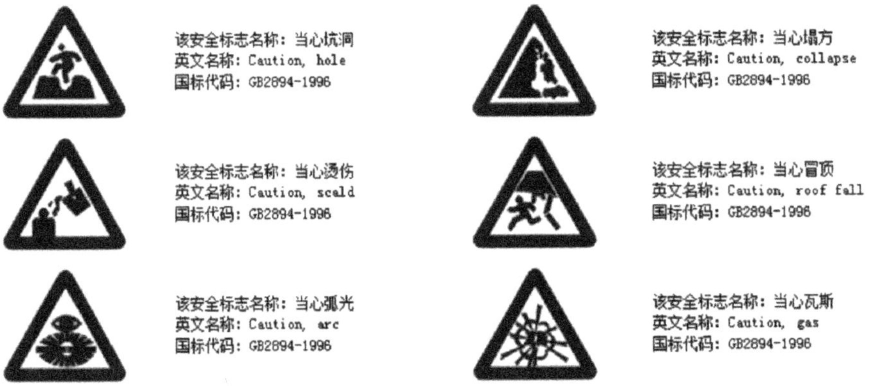

图 5－4c　警告标志图片及文字简介三

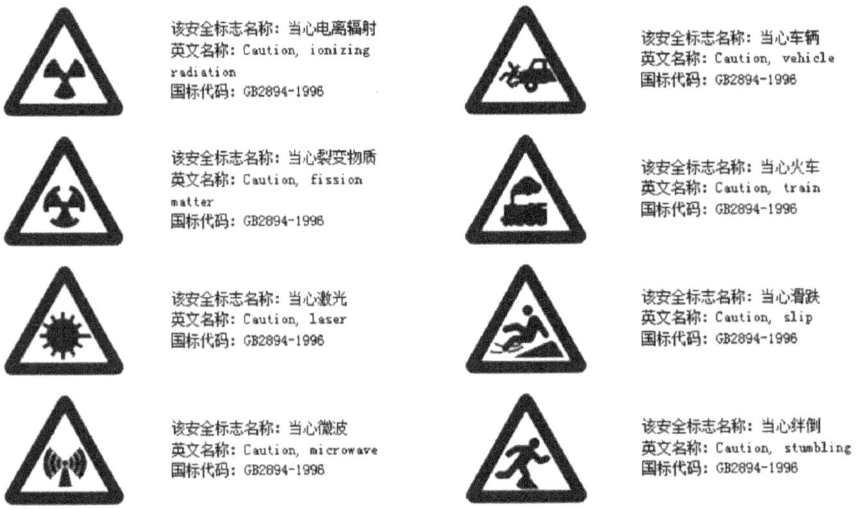

图 5－4d　警告标志图片及文字简介四

（3）指令标志：强制人们必须做出某种动作或采用防范措施的图形标志，基本形式是圆形边框。指令标志、标识图片及文字简介见图 5－5。

（4）指示标志：向人们提供某种信息（如表明安全设施或场所等）的图形标志，基本形式是正方形边框。指示标志、标识图片及文字简介详见图 5－6。

该安全标志名称：必须戴防护眼镜
英文名称：Must wear protective goggles
国标代码：GB2894-1996

该安全标志名称：必须戴护耳器
英文名称：Must wear ear protector
国标代码：GB2894-1996

该安全标志名称：必须戴防毒面具
英文名称：Must wear gas defence mask
国标代码：GB2894-1996

该安全标志名称：必须戴安全帽
英文名称：Must wear safety helmet
国标代码：GB2894-1996

该安全标志名称：必须戴防尘口罩
英文名称：Must wear dustproof mask
国标代码：GB2894-1996

该安全标志名称：必须戴防护帽
英文名称：Must wear protective cap
国标代码：GB2894-1996

图5-5a 指令标志、标识图片及文字简介一

该安全标志名称：必须戴防护手套
英文名称：Must wear protective gloves
国标代码：GB2894-1996

该安全标志名称：必须穿救生衣
英文名称：Must wear life jacker
国标代码：GB2894-1996

该安全标志名称：必须穿防护鞋
英文名称：Must wear protective shoes
国标代码：GB2894-1996

该安全标志名称：必须穿防护服
英文名称：Must wear protective clothes
国标代码：GB2894-1996

该安全标志名称：必须系安全带
英文名称：Must fastened safety belt
国标代码：GB2894-1996

该安全标志名称：必须加锁
英文名称：Must be locked
国标代码：GB2894-1996

图5-5b 指令标志、标识图片及文字简介二

该安全标志名称：紧急出口
英文名称：Emergent exit
国标代码：GB2894-1996

该安全标志名称：可动火区
英文名称：Flare up region
国标代码：GB2894-1996

该安全标志名称：紧急出口
英文名称：Emergent exit
国标代码：GB2894-1996

该安全标志名称：避险处
英文名称：Haven
国标代码：GB2894-1996

图5-6 指示标志、标识图片及文字简介

（三）安全标志要诀

安全标志设置要醒目，提醒员工作业的风险；
红蓝黄绿为主要颜色，黑白对比色为反衬色；
各种颜色含义均不同，表示的含义应记心中；
红色表示禁止和停止，黄色表示注意和警告；
蓝色表示指令需遵守，绿色表示同行和安全；
提醒作业人员多注意，保障安全才能作用起。

四、危险化学品的防护及安全使用

危险化学品是指给人体、环境、设备设施造成危害或破坏的化学品，具有有毒有害、易燃易爆等特点。

（一）影响化学品危险性的主要因素

1. 物理性质与危险性的关系

（1）沸点。沸点是指在 101.3 kPa（760 mmHg）大气压下，物质由液态转变为气态的温度。沸点越低的物质，气化越快，易迅速造成事故现场空气的高浓度污染，且越易达到爆炸极限。

（2）熔点。熔点是指物质在标准大气压（101.3 kPa）下的溶解温度或温度范围。熔点反映物质的纯度，可以推断出该物质在各种环境介质中的分布，熔点的高低与污染现场的洗消、污染物处理有关。

（3）液体相对密度。液体相对密度是指环境温度（20 ℃）下，物质的密度与4 ℃时水的密度（水为1）的比值。当相对密度小于1 的液体发生火灾时，用水灭火将是无效的，因为水是沉在燃烧着的液体的下面，消防水的流动性可使火热蔓延。

（4）蒸汽压。蒸汽压是饱和蒸汽压的简称，指化学物质在一定温度下与其液体或固体相互平衡时的饱和蒸汽的压力。蒸汽压是温度的函数，在一定温度下，每种物质的饱和蒸汽压可认为是一个常数。发生事故的气温越高，化学物质的蒸汽压越高，其在空气中的浓度相应增高。

（5）蒸汽相对度。蒸汽相对密度是指在给定条件下，化学物质的蒸汽密度与参比物质（空气）密度（空气为1）的比值。当蒸汽相对密度值小于1 时，表示该蒸汽比空气轻，能在相对稳定的大气中趋于上升。其值大于1 时，表示重于空气，泄漏后趋向于集中至接近地面，能在较低处扩散到相当远的距离。

（6）蒸汽/空气混合物的相对密度。这指的是在与敞口相接触的液体或固体上方存在的蒸汽与空气混合物相对于周围纯空气的密度。当相对密度值大于 1.1 时，该混合物可能沿地面流动，并可能在低洼处积累。当其数值为 0.9 ~ 1.1 时，能与周围空气快速混合。

（7）闪点。闪点是指在大气压力（101.3 kPa）下，一种液体表面上方释放出的可燃蒸汽与空气完全混合后可以闪燃的最低温度。闪点是判断可燃性液体蒸汽由于外界明火而发生闪燃的依据。闪点越低的化学物质泄漏后，越易在空气中形成爆炸混合物，引起燃烧爆炸。

（8）自燃温度。自燃温度是指一种物质与空气接触发生起火或引起自燃的最低温度，并在此温度下无火源时物质可继续燃烧。自燃温度不仅取决于物质的化学性质，而且与物料的大小、形状和性质等因素有关。自燃温度对在可能存在爆炸性蒸汽/空气混合物的空间中选择使用电气设备以及生产工艺温度的选择至关重要。

（9）爆炸极限。爆炸极限是指一种可燃气体或蒸汽与空气的混合物能着火或引燃爆炸的深度范围。空气中含有可燃气体或蒸汽，在一定浓度范围内，遇到火花就会使火焰蔓延而发生爆炸。其最低浓度称为“下限”，最高浓度称为“上限”。一般用可燃气体或蒸汽在混合物中的体积分数表示。

（10）临界温度与临界压力。气体在加温加压下可变为液体，压入高压钢瓶或贮罐中，能够使气体液化的最高温度叫“临界温度”，在临界温度下使其液化所需的最低压力叫“临界压力”。

（11）电导性。电导性小于 104 ps/m 的液体在流动、搅动时可产生静电，引起火灾与爆炸，如泵吸、搅拌、过滤等。如果该液体中含有其他液体、气体或固体颗粒物（混合物、悬浮物）时，这种情况更容易发生。

2. 化学危险性

（1）有些化学可燃物质呈粉末或微细颗粒物状时，与空气充分混合，经引燃可能发生燃爆，在封闭空间中，爆炸可能很猛烈。

（2）有些化学物质在贮存时生成过氧化物，蒸发或加热后的残渣可能自燃爆炸，如醚类化合物。

（3）聚合是一种物质的分子结合成大分子的化学反应。聚合反应通常放出较大的热量，使温度急剧升高，反应速度加快，有着火或爆炸的危险。

（4）有些化学物加热可能引起猛烈燃烧或爆炸，如自身受热或局部受热时发生反应会导致燃烧，在封闭空间内可能导致猛烈爆炸。

（5）有些化学物质在与其他物质混合或燃烧时产生有毒气体释放到空间。几乎所有有机物的燃烧都会产生一氧化碳有毒气体；还有一些气体本身无毒，但大量充满在封闭空间，造成空气中氧含量减少而导致人员窒息。

（6）强酸、强碱在与其他物质接触时常发生剧烈反应，产生侵蚀作用。

3. 中毒危险性

在突发的化学事故中，有毒化学物质能引起人员中毒，其危险性大大增加。

中毒如果按化学物质的毒性作用可分为以下几种：

（1）刺激性毒物中毒，如氨、氯、光气、二氧化硫、硫酸二甲酯、氟化氢、甲醛、氯丁二烯等。

（2）窒息性毒物中毒，如一氧化碳、硫化氢、氰化物、丙烯腈等。

（3）麻醉性毒作用，主要指一些脂溶性物质，如醇类、酯类、氯烃、芳香烃等，对神经细胞产生麻醉作用。

（4）高铁血红蛋白症，引起高铁血红蛋白增多，使细胞缺氧，如苯胺、硝基化合物等。

（5）神经毒性，能作用于神经系统引起中毒，如有机磷、氨基甲酸酯类等农药，溴甲烷、三氯氧磷、磷化氢等。

（二）燃烧三要素

燃烧是物体快速氧化，产生光和热的过程。

燃烧需要三种要素并存才能发生，分别是可燃物如燃料、助燃物如氧气以及温度要达到燃点。燃烧三要素并称为“火三角”。助燃物是燃烧反应中的氧化剂，氧气是燃烧反应中最常见的助燃物，但其他化合物也可能是助燃物，例如镁带可以在二氧化碳中燃烧，此时二氧化碳即为助燃物。

（三）点火源的种类及控制

点火源是指能够使可燃物与助燃物（包括某些爆炸性物质）发生燃烧或爆炸的能量来源。这种能量来源常见的是热能，还有电能、机械能、化学能、光能等。根据产生能量的方式的不同，点火源可分成七类：①明火焰（有焰燃烧的热能）；②高温物体（无焰燃烧或载热体的热能）；③电火花（电能转变为热能）；④撞击与摩擦（机械能变为热能）；⑤绝热压缩（机械能变为热能）；⑥光线照射与聚焦（光能变为热能或光引发连锁反应）；⑦化学反应放热（化学能变为热能）。

上述七类点火源点燃可燃物的过程各有特点，每一类点火源又包含许多种具体的点火源或点燃方式，因此，针对各种点火源的控制对策也千差万别。

1. 明火焰的点燃及其控制对策

常见的明火焰有火柴火焰、打火机火焰、蜡烛火焰、煤炉火焰、液化石油气灶具火焰、工业蒸汽锅炉火焰、酒精喷灯火焰、气焊气割火焰等。

经实验证明，绝大多数明火焰的温度超过 700 ℃，而绝大多数可燃物的自燃点低于 700 ℃。所以，在一般条件下，只要明火焰与可燃物接触（有助燃物存在)，可燃物经过一定延迟时间便会被点燃。当明火焰与爆炸性混合气体接触时，气体分子会因火焰中的自由基和离子的碰撞及火焰的高温而引发连锁反应，瞬间导致燃烧或爆炸。当明火焰与可燃物之间有一定距离时，火焰散发的热量通过导热、对流、辐射三种方式向可燃物传递热量，促使可燃物升温，当温度超过可燃物自燃点时，可燃物将被点燃。在明火焰与可燃物之间的传热介质为空气时，通常只考虑它们之间的辐射换热；在传热介质为固体不燃材料时，通常只考虑它们之间的导热传热。在实际中曾有过液化石油气灶具火焰经 2 个小时左右点燃 13 cm 远的木板墙壁而造成火灾的事例；在火场上也有油罐火灾时的冲天火焰点燃周围 50 m 以内地面上杂草的事例。

对于明火焰的常见控制对策大致有以下几种：

（1）对于储存易燃物品的仓库，应有醒目的“禁止烟火”等安全标志，严禁吸烟、入库人员严禁带入火柴、打火机等火种。

（2）烘烤、熬炼、蒸馏使用明火加热炉时，应用砖砌实体墙完全隔开。烟道、烟囱等部位与可燃建筑结构应用耐火材料隔离，操作人员必须临场监护。

（3）使用气焊气割、喷灯进行安装或维修作业时，应遵守规章制度办理动火证，危险场所备好灭火器材，确认安全无误后才能动火。

2. 高温物体的点燃及其控制对策

所谓高温物体一般是指在一定环境中向可燃物传递热量，能够导致可燃物着火的具有较高温度的物体。高温物体按其本身是否燃烧可分为无焰燃烧放热（如木炭火星）和载热体放热（如电焊金属熔渣）两类；按其体积大小可分为较大体积和微小体积两类。

常见较大体积的高温物体有铁皮烟囱表面、火炕及火墙表面、电炉子、电熨斗、电烙铁、白炽灯泡及碘钨灯泡表面、铁水、加热的金属零件、蒸汽锅炉表面、热蒸汽管及暖气片、高温反应器及容器表面、高温干燥装置表面、汽车排气管等。

常见微小体积的高温物体有烟头、烟囱火星、蒸汽机车和船舶的烟囱火星、发动机排气管排出的火星、焊割作业的金属熔渣等。另外还有撞击或摩擦产生的微小体积的高温物体，如砂轮磨铁器产生的火星、铁制工具撞击坚硬物体产生的火星、带铁钉鞋摩擦坚硬地面产生的火星等。

对高温物体的常见控制对策如下：

（1）铁皮烟囱：一般烧煤的炉灶烟囱表面温度在靠近炉灶处可超过 500 ℃，在烟囱垂直伸到平房屋顶天棚处，烟囱表面温度往往也能达到 200 ℃左右。因此，应避免烟囱靠近可燃物，烟囱通过可燃材料时应用耐火材料隔离。

（2）发动机排气管：汽车、拖拉机、柴油发电机等运输或动力工具的发动机是一个温度很高的热源。发动机燃烧室内的温度一般可达 2 000 ℃，排气管的温度随管的延长逐渐降低，在排气口处，温度一般还可能高达 150 ℃ ~200 ℃。因此，在汽车进入棉、麻、纸张、粉尘等易燃物品储存场所时，应保证路面清洁，防止排气管高温表面点燃易燃物品。

（3）无焰燃烧的火星：煤炉烟囱、蒸汽机车烟囱、船舶烟囱及汽车和拖拉机排气管飞出的火星是各种燃料在燃烧过程中产生的微小碳粒及其他复杂的碳化物等。这些火星一般处于无焰燃烧状态，温度可达 350 ℃以上，若与易燃的棉、麻、纸张及可燃气体、蒸汽、粉尘等接触便有点燃危险。因此，规定汽车进入火灾爆炸危险场所时，排气管上应安装火星熄灭器（俗称“防火帽”）；蒸汽机车进入火灾爆炸危险场所时烟囱上应安设双层钢丝网、蒸汽喷管等火星熄灭装置。在码头及车站货场上装卸易燃物品时，应注意严防来往船舶和机车烟囱飞出的火星点燃易燃物品。蒸汽机车进入货场时应停止清灰、防止炉渣飞散到易燃物品附近而造成火灾。

（4）烟头：无焰燃烧的烟头是一种常见的引火源。烟头中心部温度在 700 ℃左右，表面温度约 200 ℃ ~300 ℃。烟头一般能点燃沉积状态的可燃粉尘、纸张、可燃纤维、二硫化碳蒸汽及乙醚蒸汽等。因此，在储运或加工易燃物品的场所，应采取有效的管理措施，设置“禁止吸烟”安全标志，严防有人吸烟，乱扔烟头。

（5）焊割作业金属熔渣：气焊气割作业时产生的熔渣，温度可达 1 500 ℃；电焊作业时产生的熔渣，温度要超过 2 000 ℃。熔渣粒径大小一般在 0.2 ~3 mm。在地面作业时熔渣水平飞散距离可达 0.5 ~1 m，在高处作业时熔渣飞散距离较远。熔渣在飞散或静止状态下，温度随时间的延长而逐渐下降。一般来说，熔渣粒径越大，飞散距离越近，环境温度越高，则熔渣越不容易冷却，也就越容易点燃周围的可燃物。

在动火焊接检修设备时，应办理动火证。动火前应撤除或遮盖焊接点下方和周围的可燃物品和设备，以防焊接飞散出的熔渣点燃可燃物。

（6）照明灯：白炽灯泡表面温度与功率有关，60 W 灯泡可达 137 ℃ ~180 ℃，100W 灯泡可达 170 ℃ ~216 ℃，200W 灯泡可达 154 ℃ ~296 ℃，1000 W 的碘钨灯的石英玻璃管表面温度可高达 500 ℃ ~800 ℃，400 W 的高压汞灯玻璃壳表面温度可达 180 ℃ ~250 ℃。易燃物品与照明灯接触便有被点燃的危险，因此，在有易燃物品的场所，照明灯下方不应堆放易燃物品；在散发可燃气体和可燃蒸汽的场所，应选用防爆照明灯具。

（7）其他高温物体：电炉的电阻丝在通电时呈炽热状态，能点燃任何可燃物。火炉、火炕及火墙等表面，在长时间加热温度较高时，能点燃与之接触的织物、纸张等可燃物。工业锅炉、干燥装置、高温容器的表面若堆放或散落有易燃物，如浸油脂废布、衣物、包装袋、废纸等，在长时间蓄热条件下都有被点燃的危险。化学危险物品仓库内存放的二硫化碳、黄磷等自燃点较低的物品，若一旦泄漏接触到暖气片（温度 100 ℃左右）也会被立即点燃。因此，在储运或生产加工过程中，应针对高温物体采取相应的控制对策，如使高温物体与可燃物保持一定安全距离、用隔热材料遮挡等。

3. 电火花的点燃及其控制对策

电火花是一种电能转变成热能的常见引火源。常见的电火花有电气开关开启或关闭时发出的火花、短路火花、漏电火花、接触不良火花、继电器接点开闭时发出的火花、电动机整流子或滑环等器件上接点开闭时发出的火花、过负荷或短路时保险丝熔断产生的火花、电焊时的电弧、雷击电弧、静电放电火花等。

通常的电火花，因其放电能量均大于可燃气体、可燃蒸汽、可燃粉尘与空气混合物的最小点火能量，所以都有可能点燃这些爆炸性混合物。雷击电弧、电焊电弧因能量很高，能点燃任何一种可燃物。

对电火花的主要控制对策包括以下几种：

防雷电主要对策：

（1）对直击雷采用避雷针、避雷线、避雷带、避雷网等，引导雷电进入大地，使建筑物、设备、物资及人员免遭雷击，预防火灾爆炸事故的发生。

（2）对雷电感应，应采取将建筑物内的金属设备与管道以及结构钢筋等予以接地的措施，以防放电火花引起火灾爆炸事故。

（3）对雷电侵入波应采用阀型避雷器、管型避雷器、保护间隙避雷器、进户线接地等保护装置，预防电气设备因雷电侵入波影响造成过电压，避免击毁设备，防止火灾爆炸事故，保证电气设备的正常运行。

防静电火花的主要对策：

（1）采用导电体接地消除静电。接地电阻不应大于 1 000 Ω。防静电接地可与防雷、防漏电接地相连并用。

（2）在爆炸危险场所，可向地面洒水或喷水蒸气等，通过增湿法防止电介质物料带静电。该场所相对湿度一般应大于 65%。

（3）绝缘体（如塑料、橡胶）中加入抗静电剂，使其增加吸湿性或离子性而变成导电体，再通过接地消除静电。

（4）利用静电中和器产生与带电体静电荷极性相反的离子，中和消除带电体上的静电。

（5）爆炸危险场所中的设备和工具，应尽量选用导电材料制成。如将传动机械上的橡胶带用金属齿轮和链条代替等。

（6）控制气体、液体、粉尘物料在管道中的流速，防止高速摩擦产生静电。管道应尽量减少摩擦阻力。

（7）爆炸危险场所中，作业人员应穿导电纤维制成的防静电工作服及导电橡胶制成的导电工作鞋，不准穿易产生静电的化纤衣服及不易导除静电的普通鞋。

4. 撞击和摩擦的点燃及其控制对策

撞击和摩擦属于物体间的机械作用。一般来说，在撞击和摩擦过程中机械能转变成热能。当两个表面粗糙的坚硬物体互相猛烈撞击或摩擦时，往往会产生火花或火星，这种火花实质上是撞击和摩擦物体产生的高温发光的固体微粒。

撞击和摩擦发出的火花通常能点燃沉积的可燃粉尘、棉花等松散的易燃物质，以及易燃的气体、蒸汽、粉尘与空气的爆炸性混合物。实际上火镰引火、打火机（火石型）点火都是撞击和摩擦火花具体应用的实例。实际生活中也有许多撞击和摩擦火花引起火灾的案例，如铁器互相撞击点燃棉花、乙炔气体等，因此在易燃易爆场所，不能使用铁制工具，而应使用铜制或木制工具；不准穿带钉鞋，地面应为不发火花地面等。

硬度较低的两个物体，或一个较硬与另一个较软的物体之间互相撞击和摩擦时，由于硬度较低的物体通常熔点、软化点较低，则使物体表面变软或变形，因而不能产生高温发光的微粒，即不能产生火花，但撞击和摩擦的机械能转变成的热能却会点燃许多易燃易爆的物质。实际中也有许多撞击和摩擦发热引起火灾的案例。如爆炸性物质、氧化剂及有机过氧化物等受震动、撞击和摩擦而引起的火灾爆炸事故；车床切削下来的废铁屑（温度很高）点燃周围可燃物而造成的火灾事故等。在装卸搬运爆炸性物品、氧化剂及有机过氧化物等对撞击和摩擦敏感度较高的物品时，应轻拿轻放，严禁撞击、拖拉、翻滚等，以防引起火灾和爆炸。对车床切削应有冷却措施；对机械传动轴与轴套，应定期加润滑油，以防摩擦发热引燃轴套附近散落的可燃粉尘等。

5. 绝热压缩的点燃及其控制对策

绝热压缩点燃是指气体在急剧快速压缩时，气体温度会骤然升高，当温度超过可燃物自燃点时，发生的点燃现象。气体绝热压缩时的温度升高值可通过理论计算和实验求得。据计算，体积为 10 L，压力为 1 atm，温度为 20 ℃的空气，经绝热压缩使体积压缩成 1 L，这时的压力可达 21. 1 atm，温度会升高到 463 ℃。如果压缩的程度再大（压缩后的体积再小一些），则温度上升会更高。

在生产加工和储运过程中应注意这种点火危险。设想在一条高压气体管路上安设两个阀门，阀门预先是关闭的，两阀门之间的管路较短，管内存留有低压空气。当快速开启靠近高压气源一端的阀门时，两阀门间的空气会受到高压气体的压缩，由于时间很短，这一压缩过程可近似地看成绝热的。如果高压气体的压力足够高，则会使两阀门之间管路内的空气急剧升高温度，达到很高的温度。如果阀门或管路连接法兰中的密封件是可燃的或易熔、易分解的，这时则会发生泄漏，导致火灾爆炸事故。另外，如果阀门之间的管路中的气体或高压气体是可燃的，或者高压气体是氧气，则会因这种绝热压缩作用，有可能引起混合气体爆炸或引起铁管在高压氧气流中的燃烧等事故。因此，在开启高压气体管路上的阀门时，应缓慢开启，以避免这种点火现象。

在化学纤维工业生产中也有这种绝热压缩点火的实例。如大量黏胶纤维胶液注入反应容器时，由于黏胶纤维胶液中包含有空气气泡，胶液由高处向下投料便使空气气泡受到绝热压缩而升高温度，因而使容器底部残留的二硫化碳蒸汽发生爆炸或燃烧。在生产和使用液态爆炸性物质（如硝化甘油、硝化乙二醇、硝酸甲酯、硝酸乙酯、硝基甲烷等）和熔融态炸药（如梯恩梯、苦味酸、特屈儿等）

以及某些氧化剂与可燃物的混合物（如过氧化氢与甲醇的混合物）时，物料中若混有气泡，便会因撞击或高处坠落而发生这种绝热压缩点火现象。

6. 光线照射和聚焦的点燃及其控制对策

光线照射和聚焦点燃主要是指太阳热辐射线对可燃物的照射（暴晒）点火和凸透镜、凹面镜等类似物体使太阳热辐射线聚焦点火。另外，太阳光线和其他一些光源的光线还会引发某些自由基连锁反应，如氢气与氯气、乙炔与氯气等爆炸性混合气体在日光或其他强光（如镁条燃烧发出的光）的照射会发生爆炸，这种情况也应引起注意。

日光照射引起露天堆放的硝化棉发热而造成的火灾在国内已发生多起。因此，易燃易爆物品应严禁露天堆放，避免日光暴晒；还应对某些易燃易爆容器采取洒水降温和加设防晒棚措施，以防容器受热膨胀破裂，导致火灾爆炸。

日光聚焦点火引起的火灾也时有所闻。引起聚焦的物体大多为类似凸透镜和凹面镜的物体。如盛水的球形玻璃鱼缸及植物栽培瓶、四氯化碳灭火弹（球状玻璃瓶）、塑料大棚积雨水形成的类似凸透镜、不锈钢圆底（球面一部分）锅及道路反射镜的不锈钢球面镶板等。因此，对可燃物品仓库和堆场，应注意日光聚焦点火现象。易燃易爆化学物品仓库的玻璃应涂白色或用毛玻璃。

7. 化学反应放热的点燃及其控制对策

化学反应放热能够使参加反应的可燃物质和反应后的可燃产物升高温度，当超过可燃物自燃点时，则使其发生自燃。能够发生自燃的物质在常温常压条件下发生自燃都属于这种化学反应放热点火现象。这类点火现象举例如下：

（1）黄磷在空气中与氧气反应生成五氧化二磷，并放出热量，导致自燃。其反应式为：$P_4 + 5O_2 = P_4O_{10} + 3\ 098.23kJ$。

（2）金属钠与水反应生成氢氧化钠与氢气，并放出热量，导致氢气和钠自燃。其反应式为：$2Na + 2H_2O = 2NaOH + H_2 + 371.79kJ$。

（3）过氧化钠与甲醇反应生成氧化钠、二氧化碳及水，反应放出热量，而导致自燃。其反应式为：$CH_3OH + 3Na_2O_2 = 3Na_2O + CO_2 + 2H_2O$。

能发生化学反应放热点火现象的物质有自燃物品、遇湿易燃物品、氧化剂与可燃物的混合物等。对这些能自燃的物质，生产加工与储运过程中应避免造成化学反应的条件，如自燃物品隔绝空气储存，遇湿易燃物品隔绝水储存及防雨雪、防潮等，氧化剂隔绝可燃物储存，混合接触有自燃危险的两类物品分类分库和隔离储存等。另外，还有一类放热反应，反应过程中的反应物和产物都不是可燃物，反应放出的热量不能造成反应体系自身发生自燃，但可以点燃与反应体系接触的其他可燃物，造成火灾爆炸事故。如生石灰与水反应放热点燃与之接触的木板、草袋等可燃物。其反应式为：$CaO + H_2O = Ga(OH)_2 + 64.9kJ$。

反应放热能使氢氧化钙的温度升高到 792.3 ℃（56 kg 氧化钙与 18 kg 水反应），这一温度超过了木材等可燃物的自燃点，因此能引起燃烧造成火灾。能发生此类化学反应放热点火现象的物质还有许多，如漂白精、五氧化二磷、过氧化钠、过氧化钾、五氯化磷、氯磺酸、三氯化铝、三氧化二铝、二氯化锌、三溴化磷、浓硫酸、浓硝酸、氢氟酸、氢氧化钠、氢氧化钾等遇水都会发生放热反应导致周围可燃物着火。因此，对易发热的物质应避免使用可燃包装材料，储运中应加强通风散热，以防化学反应放热点火引起火灾爆炸事故。

以上简要介绍的能够引起火灾爆炸的七大类点火能量，尚未包括原子能、微波（一种电磁波）能、冲击波能等能量来源，但这些能量都可归入七大类点火能量中。例如原子能可看作是化学能转变成热能，可归入化学反应放热点火源；微波可看作是电能转变为热能，可归入电火花点火源；冲击波可以看作是绝热压缩作用由机械能转变成热能，可归入绝热压缩点火源等。系统中的点火能量因素是系统发生火灾爆炸事故的最重要因素，因此控制和消除点火源也就成为防止一个系统发生火灾爆炸事故的最重要手段。在实际防火工作中，应针对产生点火源的条件和点火源释放能量的特点，采取控制和消除点火源的技术措施及管理措施，以防止火灾爆炸事故的发生。

第二节　职业健康管理

一、职业健康危害的基础知识

（一）职业病危害因素分类

职业危害，是指从业人员在从事职业活动中，由于接触粉尘、毒物等有害因素而对身体健康所造成的各种损害。

工作场所中的职业病危害因素按其来源可分为下列三类：

1. 生产工艺过程中产生的有害因素

（1）化学因素。生产性毒物，如铅、苯系物、汞等；生产性粉尘，如石棉尘、煤尘、有机粉尘等。

（2）物理因素。主要为异常气象条件如高温、高湿、低温等；异常气压如高气压、低气压等；噪声及振动；非电离辐射如可见光、紫外线、红外线、激光、射频辐射等；电离辐射如 X 射线等。

（3）生物因素。如动物皮毛上的炭疽杆菌、布氏杆菌；其他如森林脑炎病毒等传染性病原体。

2. 劳动过程中的有害因素

（1）劳动组织和制度不合理，劳动作息制度不合理等。

（2）精神（心理）性职业紧张。

（3）劳动强度过大或生产定额不当，不能合理地安排与劳动者身体状况相适应的作业。

（4）靶器官或系统过度紧张，如视力紧张等。

（5）长时间处于不良体位或姿势，或使用不合理的工具劳动。

3. 生产环境中的有害因素

（1）自然环境因素的作用，如炎热季节高温辐射，寒冷季度因窗门紧闭导致通风不良等。

（2）厂房建筑或布局不合理，如有毒工段与无毒工段安排在一个车间。

（3）由不合理生产过程所致环境污染。

按照《职业病危害因素分类目录》的标准，职业危害因素分为以下十大类：

（1）粉尘类。

（2）放射性物质类（电离辐射）、电离辐射（X 射线、Y 射线）等。

（3）化学物质类。

（4）物理因素。

（5）生物因素。

（6）导致职业性皮肤病的危害因素。

（7）导致职业性眼病的危害因素。

（8）导致职业性耳鼻喉口腔疾病的危害因素。

（9）职业性肿瘤的职业病危害因素。

（10）其他职业病危害因素。

其中每一大类中又分为若干个小类，共十个大类。职业病危害申报依照的是《职业病危害因素分类目录》的分类方法。

（二）生产性毒物进入人体的途径

生产性毒物是指在生产中使用、接触的能使人体器官组织机能或形态发生异常改变而引起暂时性或永久性病理变化的物质。

按生物作用性质，生产性毒物可以分为以下几种：

（1）刺激性气体、窒息性气体。

（2）麻醉性毒物。

（3）溶血性毒物。

（4）致敏性毒物。

生产性毒物进入人体的途径有以下三种：

1. 呼吸道

经呼吸道吸入并通过肺吸收，是最常见最危险的途径。呼吸道是最常见和主要的途径。呈气体、气溶胶等形态的毒物均可经呼吸道进入人体。其主要部位是支气管和肺泡。经呼吸道吸收的毒物吸入肺泡后，很快能通过肺泡壁进入血液循环中，毒物随肺循环血液而流回心脏，然后不经过肝脏解毒，直接进入体循环而分布到全身各处。一般来讲，空气中的毒物浓度越高，粉尘状毒物粒子越小，毒物在体液中的溶解度越大，经呼吸道吸收的速度就越快。

相关的主要包括气态、蒸汽、气溶胶等存在形式的毒物。气溶胶（Aerosol）是悬浮在大气中的固态粒子或液态小滴物质的统称，包括空气中的粉尘（0.1 μm～10 μm）、烟（<1 μm）、雾等。

2. 皮肤

在生产过程中，毒物经皮肤吸收而中毒者也较常见。某些毒物可透过完整的皮肤进入体内。皮肤吸收的毒物一般是通过表皮屏障到达真皮，进入血液循环的。脂溶性毒物可经皮肤直接吸收，如芳香族的氨基、硝基化合物，有机磷化合物，苯及同系物等。个别金属如汞也可经皮肤吸收。某些气态毒物，如氰化氢，浓度较高时也可经皮肤进入体内。皮肤有病损时，不能被完好皮肤吸收的毒物，这时也能大量被吸收。除毒物本身的化学特性外，毒物的浓度和黏稠度，与皮肤接触的面积、部位及外界的气温、湿度等也会影响皮肤的吸收。

3. 消化道

在生产环境中，单纯从消化道吸收而引起中毒的机会比较少见。往往是由于手被毒物污染后直接用污染的手拿食物吃，造成毒物随食物进入消化道。消化道吸收毒物的主要部位在小肠，尤其脂溶性毒物在肠内吸收较快。绝大部分由肠道吸入血循环的毒物，都将流经肝脏，一部分被解毒转化为无毒或毒性较小的物质，一部分随胆汁分泌到肠腔，随排泄物排出体外，其中少部分可被吸收。有的毒物如氰化氢，在口腔内即可被黏膜吸收。

（三）影响毒物对机体作用的因素

生产性毒物作用于机体，并非一定会引起职业中毒。毒物对机体的毒作用受很多因素的影响。

1. 毒物的特性

（1）化学结构。化学物质的毒性与其化学结构有一定的关系，目前已获得了一些规律。例如，脂肪族直链饱和烃类化合物的麻醉作用，从丙烷至辛烷，随碳原子数增加而增强。据此，可推测某些新化学物的大致毒性和毒作用特点。

（2）理化性质。毒物的理化性质对其进入机体的机会及其在体内的过程有重要影响。如毒物的分散度、挥发度、溶解度等。

2. 剂量、浓度和接触时间

不论毒物的毒性大小如何，都必须在体内达到一定量才会引起中毒。空气中毒物浓度高，接触时间长，若防护措施不良，则进入体内的量大，容易发生中毒。由于作业时间一般来说相对固定，因此降低空气中毒物的浓度，减少毒物进入体内的量是预防职业中毒的重要环节。

3. 联合作用

（1）毒物的联合作用。在生产环境中常有几种毒物同时存在，并作用于人体。此种作用可表现为独立、相加、协同和拮抗作用。毒物的拮抗作用在实践中并无多大意义。进行卫生学评价时应注意毒物的相加和协同作用，还应注意生产性毒物与生活性毒物的联合作用。

（2）生产环境和劳动强度。环境中的温度、湿度可影响毒物对机体的毒作用。在高温环境下毒物的毒作用一般较常温大。高温环境还使毒物的挥发增加，机体呼吸、循环加快，出汗增多等，均有利于毒物的吸收；体力劳动强度大时，毒物吸收多，机体耗氧量也增多，对毒物的毒作用更为敏感。

4. 个体感受性

毒物对人体的毒作用有很大的个体差异，接触同一剂量的毒物，不同个体所出现的反应可相差很大。造成这种差异的个体因素很多，有年龄、性别、健康状况、生理变动期、营养、内分泌功能、免疫状态及个体遗传特征等。

二、常见职业健康危害的防控

（一）职业中毒的预防方法

在预防职业中毒中，应遵循“三级预防”的原则。

（1）消除毒物。

（2）降低毒物浓度，使之达到国家卫生标准，减少人体接触水平。保证不对接触者产生明显健康危害是预防职业中毒的中心环节。

（3）技术革新、通风排毒。如果工艺不允许密闭或密闭不严，有毒物逸散到车间空气中，要采取局部排风措施排除毒物。

（4）建筑布局合理。分开有毒无毒工序，尽可能将毒物逸散车间独立出来。

（5）个人防护。过滤式口罩、防毒面具、滤料选择。

（6）安全卫生管理。制度化，经常化，防止跑、冒、滴、漏。

（7）职业卫生服务。对人员体检、对场所检测。

（二）噪声的控制途径

为了防止噪音，我国著名声学家马大猷教授曾总结和研究了国内外现有各类噪音的危害和标准，提出了三条建议：

（1）为了保护人们的听力和身体健康，噪音的允许值在75~90 dB。

（2）保障交谈和通讯联络，环境噪音的允许值在45~60 dB。

（3）对于睡眠时间建议在35~50 dB。

我国心理学界认为，控制噪音环境，除了考虑人的因素之外，还须兼顾经济和技术上的可行性。充分的噪音控制，必须考虑噪音源、传音途径、受音者所组成的整个系统。控制噪音的措施可以针对上述三个部分或其中任何一个部分。噪音控制的内容包括：

1. 控制噪声源

降低声源噪音，工业、交通运输业可以选用低噪音的生产设备和改进生产工艺，或者改变噪音源的运动方式（如用阻尼、隔振等措施降低固体发声体的振动）。

2. 阻断噪声传播

在传音途径上降低噪音，控制噪音的传播，改变声源已经发出的噪音传播途径，如采用吸音、隔音、音屏障、隔振等措施以及合理规划城市和建筑布局等。

3. 在人耳处减弱噪声

受音者或受音器官的噪音防护，在声源和传播途径上无法采取措施，或采取的声学措施仍不能达到预期效果时，就需要对受音者或受音器官采取防护措施，如长期在职业性噪音中暴露的工人可以戴耳塞 、耳罩或头盔等护耳器。

噪音控制在技术上虽然现在已经成熟，但由于现代工业、交通运输业规模很大，要采取噪音控制的企业和场所为数甚多，因此在防止噪音问题上，必须从技术、经济和效果等方面进行综合权衡。当然，具体问题应当具体分析。在控制室外、设计室、车间或职工长期工作的地方，噪音的强度要低；库房或少有人去的车间或空旷地方，噪音稍高一些也是可以的。总之，对待不同时间、不同地点、不同性质与不同持续时间的噪音，应有一定的区别。

（三）尘肺防控的主要措施

尘肺是由于在生产环境中长期吸入生产性粉尘而引起的以肺弥漫性间质纤维性改变为主的疾病。它是职业性疾病中影响面最广、危害最严重的一类疾病，而且目前尘肺病尚缺乏有效治疗手段，严重损害了劳动者的身体健康。自 20 世纪 50 年代以来，我国已累计报告尘肺病人 60 万多例，约占所有职业病的 80%，其中已死亡 14 万多例，现有尘肺病人近 50 万例，每年新增尘肺病例 1 万余例，严重威胁着粉尘作业人员的身体健康。广东省粉尘危害也十分严重，尘肺病频发，目前现患尘肺病人已近 1.5 万例，并以每年约 200 例的速度递增，其中石矿等非金属矿开采、石英砂制作、石材切割、陶瓷、铸造、水泥生产、蔺草行业等的粉尘污染尤其突出。

尘肺病缺乏有效的治疗手段，关键在于预防。我国在多年的防尘工作中总结出八字综合防尘措施：

1. 革

即工艺改革和技术革新，生产机械化、自动化，从根本上使劳动者不接触粉尘。

2. 水

即湿式作业，防止粉尘飞扬，降低环境粉尘浓度。

3. 密

将发尘源密闭，对产生粉尘的设备，尽可能密闭，并与排风结合，经除尘处理后再排入大气。

4. 风

加强通风及抽风措施，在密闭、半密闭发尘源的基础上，通过局部抽风，把产生的粉尘抽离作业场所；通过全面通风，降低作业场所粉尘浓度，并可同时采用局部送入式机械通风，将新鲜空气送入工作面。

5. 护

即个人防护。

6. 管

严格管理。

7. 查

定期检测环境空气中粉尘浓度，对接触者进行定期职业健康检查。

8. 教

加强宣传教育。

第二编　EHS 法律法规体系

第六章 EHS合规制度

第一节 EHS合规制度概述

一、EHS合规制度的含义

EHS合规制度在EHS管理体系中可谓是最为重要并且贯穿始终的一环。进行EHS管理的基础便是有一套行之有效的标准，因为从某种意义上来说，推进EHS管理制度的过程就是一个执行标准的过程。

合规包括两个方面的含义：一是公司的内部管理制度和业务规则符合法律法规、监管规定和行业准则；二是内部管理制度得到实际执行。合规管理的目的就是通过建立一套机制，使公司能够有效识别、评估、监测合规风险，主动避免违法违规行为发生，从而免受法律制裁或财务、声誉等方面的损失，防范操作风险。因此，合规管理实际是内控的一个重要方面，同时也是风险管理的一个关键环节，因其专业性、重要性而得以独立和强化。对于合规管理而言，其管理依据相当广泛，包括法律法规、监管机构规定、行业自律规则、公司内部管理制度以及诚实守信的道德准则，而其更强调的是对内部规章制度的遵循，因为作为内控的手段之一，合规在很大程度上是先把外部规则（法律法规）内部化为公司的规章制度，而后再依据内部规章制度进行控制。

EHS合规，顾名思义，也就是企业内部管理制度符合EHS相关法律法规、国家标准、行业标准、地方标准，同时也需要符合企业自身在EHS方面的内部规定与标准。

二、EHS合规制度的要求及职能部门设置

对于企业的EHS管理而言，守法是一项基本要求或者说是最起码的要求，因此，法律法规是EHS合规制度中的一项基本输入。企业内部EHS的标准则主要包括以下部分内容：原则（Principle），是说明体系的思想和要求的；规范

(Specification)，是说明一个用人单位要达到什么样的标准，才是合格的；指南(Guideline)，是规范认证工作的方法和程序的文件；审核员要求（Auditors Requirement)，是对从事认证或者从事安全审核的人员的要求。这些标准及为执行这些标准而形成的规范化的文件，称为“EHS评估系列”。EHS形成了一个为企业在安全生产及职业健康安全和环境方面开展工作及进行技术服务的体系。

为保障内部的合规得以切实执行，一般企业会设置独立的合规部门。独立合规部门是合规管理的职能部门，也是整个合规管理体系的中心环节。针对EHS合规，也有相应较为独立的部门负责相应的管理职责，主要包括：

（1）持续关注EHS法律、规则和准则的最新发展，正确理解法律、规则和准则的规定及其精神，准确把握法律、规则和准则对企业的影响，及时为高级管理层提供EHS合规建议。

（2）制订并执行风险预防为本的EHS合规管理计划，包括特定政策和程序的实施与评价、合规风险评估、合规监管、合规培训与教育等。

（3）审核评价企业各项政策、程序和操作指南的EHS合规性，组织、协调和督促各业务部门和其他内部控制部门对各项政策、程序和操作指南进行梳理和修订，确保各项政策、程序和操作指南符合EHS法律、规则和准则的要求。

（4）对员工进行EHS合规培训，包括新员工的合规培训以及所有员工的定期合规培训，并成立为员工咨询有关合规问题的内部联络部门。

（5）组织制定EHS合规管理程序以及合规手册、员工行为准则等合规指南，并评估合规管理程序和合规指南的适当性，为员工恰当执行法律、规则和准则提供指导。

（6）积极主动地识别和评估与企业经营活动相关的EHS合规风险。

（7）收集、筛选可能预示潜在EHS合规问题的数据，确定EHS合规风险的优先考虑序列。

（8）实施充分且有代表性的EHS合规风险评估和监管，以确保各项政策和程序符合法律、规则和准则的要求。

第二节　中国EHS法律监管体系及特征

一、我国EHS法律监管机构及其职责

我国环境、健康和安全（EHS）的监督管理系统由国家和地方两个层面构

成。在国家层面，EHS 分别由中华人民共和国环境保护部、卫生部以及国家安全生产监督管理总局三个政府机构进行监督管理。

（一）E（Environment）——环境保护部

中华人民共和国环境保护部负责重大环境问题的监督管理，其最早可追溯至 1972 年，由国务院发文成立，即由万里任组长的官厅水系水源保护领导小组；1973 年成为国家级机构，称“国务院环境保护领导小组办公室”。1984 年更名为国家环保局，归属城乡建设环境保护部。1998 年国家环境保护局升格为国家环境保护总局，最终于 2008 年更名为环境保护部，变成了国务院的组成部门。

环保部在环境监管方面的职责主要包括：

1. 负责重大环境问题的统筹协调和监督管理

牵头协调重特大环境污染事故和生态破坏事件的调查处理，指导协调地方政府重特大突发环境事件的应急、预警工作，协调解决有关跨区域环境污染纠纷，统筹协调国家重点流域、区域、海域污染防治工作，指导、协调和监督海洋环境保护工作。

2. 承担落实国家减排目标的责任

组织制定主要污染物排放总量控制和排污许可证制度并监督实施，提出实施总量控制的污染物名称和控制指标，督查、督办、核查各地污染物减排任务完成情况，实施环境保护目标责任制、总量减排考核并公布考核结果。

3. 承担从源头上预防、控制环境污染和环境破坏的责任

受国务院委托对重大经济和技术政策、发展规划以及重大经济开发计划进行环境影响评价，对涉及环境保护的法律法规草案提出有关环境影响方面的意见，按国家规定审批重大开发建设区域、项目环境影响评价文件。

4. 负责环境污染防治的监督管理

制定水体、大气、土壤、噪声、光、恶臭、固体废物、化学品、机动车等的污染防治管理制度并组织实施，会同有关部门监督管理饮用水水源地环境保护工作，组织指导城镇和农村的环境综合整治工作。

5. 负责核安全和辐射安全的监督管理

拟订有关政策、规划、标准，参与核事故应急处理，负责辐射环境事故应急处理工作。监督管理核设施安全、放射源安全，监督管理核设施、核技术应用、电磁辐射、伴有放射性矿产资源开发利用中的污染防治。对核材料的管制和民用核安全设备的设计、制造、安装和无损检验活动实施监督管理。

6. 负责环境监测和信息发布

制定环境监测制度和规范，组织实施环境质量监测和污染源监督性监测。组织对环境质量状况进行调查评估评和预测预警，组织建设和管理国家环境监测网和全国环境信息网，建立和实行环境质量公告制度，统一发布国家环境综合性报告和重大环境信息。

（二）H（Health）——卫生部 & 国家安全生产监督管理局

中华人民共和国卫生部是根据第九届全国人大第一次会议批准的国务院机构改革方案和《国务院关于机构设置的通知》设置的，是主管卫生工作的国务院组成部门。由于职业卫生健康和生产安全之间有着紧密的联系，因此，对于职业卫生健康的监管工作由卫生部与国家安全生产监督管理局分工合作。

1. 卫生部在职业卫生健康监管方面的职责

（1）负责会同安全监管总局、人力资源社会保障部等有关部门拟订职业病防治法律法规、职业病防治规划，组织制定发布国家职业卫生标准。

（2）负责监督管理职业病诊断与鉴定工作。

（3）组织开展重点职业病监测和专项调查，开展职业健康风险评估，研究提出职业病防治对策。

（4）负责化学品毒性鉴定、个人剂量监测、放射防护器材和含放射性产品检测等技术服务机构资质认定和监督管理；审批承担职业健康检查、职业病诊断的医疗卫生机构并进行监督管理，规范职业病的检查和救治；会同相关部门加强职业病防治机构建设。

（5）负责医疗机构放射性危害控制的监督管理。

（6）负责职业病报告的管理和发布，组织开展职业病防治科学研究。

（7）组织开展职业病防治法律法规和防治知识的宣传教育，开展职业人群健康促进工作。

2. 安全监管总局在职业卫生健康监管方面的职责

（1）起草职业卫生监管有关法规，制定用人单位职业卫生监管相关规章。组织拟订国家职业卫生标准中的用人单位职业危害因素工程控制、职业防护设施、个体职业防护等相关标准。

（2）负责用人单位职业卫生监督检查工作，依法监督用人单位贯彻执行国家有关职业病防治法律法规和标准情况。组织查处职业危害事故和违法违规行为。

（3）负责新建、改建、扩建工程项目和技术改造、技术引进项目的职业卫生“三同时”审查及监督检查。负责监督管理用人单位职业危害项目申报工作。

（4）负责依法管理职业卫生安全许可证的颁发工作。负责职业卫生检测、评价技术服务机构的资质认定和监督管理工作。组织指导并监督检查有关职业卫生培训工作。

（5）负责监督检查和督促用人单位依法建立职业危害因素检测、评价、劳动者职业健康监护、相关职业卫生检查等管理制度；监督检查和督促用人单位提供劳动者健康损害与职业史、职业危害接触关系等相关证明材料。

（6）负责汇总、分析职业危害因素检测、评价、劳动者职业健康监护等信息，向相关部门和机构提供职业卫生监督检查情况。

（7）此外，人力资源社会保障部在职业卫生健康中负责劳动合同实施情况监管工作，督促用人单位依法签订劳动合同；依据职业病诊断结果，做好职业病人的社会保障工作。

（三）S（Safety）——国家安全生产监督管理局

中华人民共和国国家安全生产监督管理局（安监局）是国务院主管安全生产综合监督管理和煤矿安全检查的直属机构。安监局与国家煤矿安全监察局是一个机构、两块牌子，涉及煤矿安全监察方面的工作，以国家煤矿安全监察局的名义实施。

安全监管监察部门负责按照年度安全监管和煤矿安全监察执法工作计划、现场检查方案，对生产经营单位是否具备有关法律法规、规章和国家标准或者行业标准规定的安全生产条件进行监督检查，重点监督检查下列事项：

（1）依法取得有关安全生产行政许可的情况。

（2）作业场所职业危害防治的情况。

（3）建立和落实安全生产责任制、安全生产规章制度和操作规程、作业规程的情况。

（4）按照国家规定提取和使用安全生产费用、安全生产风险抵押金以及其他安全生产投入的情况。

（5）依法设置安全生产管理机构和配备安全生产管理人员的情况。

（6）从业人员受到安全生产教育、培训，取得有关安全资格证书的情况。

（7）新建、改建、扩建工程项目的安全设施与主体工程同时设计、同时施工、同时投入生产和使用以及按规定办理设计审查和竣工验收的情况。

（8）在有较大危险因素的生产经营场所和有关设施设备上，设置安全警示标志的情况。

（9）对安全设备设施的维护、保养、定期检测的情况。

（10）重大危险源登记建档、定期检测、评估、监控和制定应急预案的情况。

（11）教育和督促从业人员严格执行本单位的安全生产规章制度和安全操作规程，并向从业人员如实告知作业场所和工作岗位存在的危险因素、防范措施以及事故应急措施的情况。

（12）组织安全生产检查，及时排查治理生产安全事故隐患的情况。

（13）制定、实施生产安全事故紧急预案以及有关应急预案备案的情况。

（14）依法应当监督检查的其他情况。

二、中国 EHS 法律监管的特征

（一）国家监管与地方监管相结合

我国 EHS 监管机构的设置采取了国家与地方监管相结合的方式，国家环保部、卫生部、安监总局对全国 EHS 进行统筹协调以及重大问题的监管，而地方环保部门、卫生部门以及安监局对各自所在的地方 EHS 事务进行管理和监督。地方 EHS 监管部门接受国家 EHS 监管部门的指导，但是它们却并非直接的上下级关系。

实际上，由于中央机构无法直接领导地方 EHS 监管部门，它很难担负涉及许多部门和地区环境与发展的重大政策制定与决策、协调解决各地方、各部门以及跨地区、跨流域的重大环境问题职能。因为它给有关部门和地区拨款，给有关部门和地区优惠政策和在有关部门和地区进行国家投资建设。当有关部门和地区不理会国家环境保护部的协调的时候，它没有任何强制的手段让有关部门和地区服从其所进行的协调。

（二）EHS 监管部门向各级人民政府负责

我国 EHS 监管体系实行的是“条条”和“块块”相结合的体制。所谓“条条”即上文所指的下级环保主管部门受上级环保行政主管部门的业务指导；而“块块”是指一级环保主管部门在受上级环保主管部门业务指导的同时，又要受同级人民政府的统一领导，这是一种双重的领导体制。由于地方环保部门的领导任免、职位晋升和行政事业费用开支主要来自于所在地的地方人民政府，并且环保法规定当地人民政府对本辖区的环境质量负责，因此地方人民政府对当地环境保护的质量好坏起决定性作用。所以，我国环境保护的管理体制主要还是以地方分级管理为主要特点。

（三）以命令控制型行政管理手段为主，环境经济政策的可操作性有待深化

由于各级 EHS 监管部门接受人民政府的领导，因此有时会出现外行人命令内行人的情况出现，并且导致在 EHS 监管过程中命令控制型的管理手段为主，缺乏企业与 EHS 监管部门的互动。

另外，EHS 监管有时将经济发展与环境保护割裂来看，鲜有可操作的环境经济政策，不过这一状况正在逐渐改变，在我国环保部《关于加强铅蓄电池及再生铅行业污染防治工作的通知》中便明确了“区域限批制度”，可以达到通过掣肘经济发展从而制约当地政府以及企业的效果。因为只要某地区有一家企业出现问题，那么地区内所有相关的建设项目都将受到影响。“区域限批”可谓采取经济手段达到保护环境的效果。

（四）环境、健康和安全三领域监管机构协调合作

环境、健康和安全监管机构间的协同合作仅从职业健康卫生方面的卫生部和安监总局的监管职责就可见一斑。各个监管机构也经常针对某一领域联合发文，而这种合作也是由 EHS 领域问题自身特性所决定的，因为 EHS 的内容本身就具有紧密的相关性。

（五）EHS 立法、执法和司法彼此缺乏协调

从西方发达国家的经验来看，环境问题的解决和处理需要综合应用立法、行政和司法的力量。通过立法使得环境问题具有合法性基础，通过强有力的行政使得环境问题得到有力执行，通过司法使得违反环境法律法规的组织和个人受到制裁。这意味着环境问题不仅仅是行政部门的职责，而且也是立法部门和司法部门的职责。而我国 EHS 监管中司法部门的作用甚微，司法机构的参与程度还亟待提高。尽管目前在司法实践中已经涉及环境公益诉讼，但是司法部门还远远没有成为公民和企业主张自身权利的有效途径。

（六）公众参与仍处于较初始的水平，难以成为影响决策和监督的有序力量

公众参与环境决策和监督的有效性很大程度上依赖于其专业性和有序性。通过民间组织的工作，可以使得普通公众的意见以更加专业、更加理性的方式充分表达出来，大大降低了公众参与的社会成本，提高了公共参与的效率。民间组织作为公众参与的一个重要途径，以制度化和机构化的途径来实现政府、公民之间的对话，是公民有序参与的一个最重要的方面。中国目前的法律框架中对环境保护民间组织的建立和成长还存在一些障碍，包括烦琐的注册要求、筹资和设立会员制机构的限制、对民间机构的赞助和投入不足等。

我国拥有各种环保组织上万家，但是真正能够发挥其作用的很少。我国的体制决定了公民参与政府决策和管理的效率低下，往往就算能够参与到环境保护的过程中，最终却不能实现参与的目标和效果。而这种效率低下的参与过程会使大部分的公众放弃这种既费时又费力的行为，挫伤了公众参与的积极性。我国法律对公民在环境保护中的责任义务规定并不明确，也缺乏实际可操作性，这样就使公民或民间环保组织在行使参与权时缺乏法律依据。公民参与环境保护的一大障碍就是环境信息的不易获得和不容易理解。环境信息公开同时也可以作为政府和民间组织合作的重要领域。政府的环境信息不透明导致了公众对很多环境问题不知道、不明确，造成公众无法参与环境问题，或者不能及时参与环境问题。

第三节　中国 EHS 立法的现状及特征

一、我国 EHS 立法现状

自 1973 年以来，国家和地方先后制定或修改了一系列的法规、规章和标准，目前形成了较为完备的 EHS 法律体系。其中包括《宪法》中关于环境、健康和安全方面的规定，环境、健康和安全领域的法律，EHS 行政法规与部门规章，地方 EHS 法规与规章，EHS 国家标准、地方标准以及行业标准以及我国缔结或参加的与 EHS 有关的国际条约中的法规等。现简要介绍 EHS 立法机构、立法内容及机构取权。

（一）EHS 立法机构以及立法内容

EHS 立法机构及立法内容见表 6－1。

表 6－1　EHS 立法机构及立法内容

机构名称	立法领域
全国人大及其常委会	最高立法机构，有权制定、修改、废除、解释法律，审查行政法规的合法性
国务院	最高行政机关，有权制定行政法规

（续上表）

机构名称	立法领域
工业和信息化部	电子信息产品污染控制相关法规的制定（China RoHS）
环境保护部	最高环保行政机构，职责包括制定环保规章和行政执法监督
卫生部	制定卫生健康、疾病控制预防规章
安监总局	2005 年升格为部级单位，主管安全生产、危化登记等
质检总局	标准发布、认证认可、进出口检验检疫、特种设备
劳动和社会保障部	公平就业、工伤保险等
公安部	消防安全与高危化学品的相关法规的制定，例如，易燃、易爆化学品物品消防安全监督管理办法，剧毒化学品购买和公路运输许可证管理办法
建设部	建筑施工相关规章、建筑设计标准的制定
国家发改委能源部	能源以及节能政策、规划
地方相关机构部门	依据国家法规的要求，制定适应于当地实际情况的地方性 EHS 法规 地方性法规包括省级和市级法规，地方性法规仅在当地有效

（二）EHS 三大主要立法机构的立法职权

1. 环保部

（1）负责建立健全环境保护基本制度；拟订并组织实施国家环境保护政策、规划，起草法律法规草案，制订部门规章；组织编制环境功能区划，组织制定各类环境保护标准、基准和技术规范，组织拟订并监督实施重点区域、流域污染防治规划和饮用水水源地环境保护规划，按国家要求会同有关部门拟订重点海域污染防治规划，参与制订国家主体功能区划。

（2）负责提出环境保护领域固定资产投资规模和方向、国家财政性资金安排的意见，按国务院规定权限，审批、核准国家规划内和年度计划规模内固定资产投资项目，并配合有关部门做好组织实施和监督工作；参与指导和推动循环经济和环保产业发展，参与应对气候变化工作。

2. 卫生部

负责会同安全监管总局、人力资源社会保障部等有关部门拟订职业病防治法律法规、职业病防治规划，组织制定发布国家职业卫生标准。

3. 安监总局

起草职业卫生监管有关法规，制定用人单位职业卫生监管相关规章。组织拟订国家职业卫生标准中的用人单位职业危害因素工程控制、职业防护设施、个体职业防护等相关标准。

二、中国 EHS 立法的基本特征

（一）事件推动型

每一起重大 EHS 事故都会引起全国范围对该事故所暴露的安全隐患的全面排查与整治，出台相关细则以防止类似事故的再次发生。秦皇岛粉尘爆炸后，安监总局发布《关于进一步加强工商贸企业粉尘爆炸事故防范工作的通知》，落实企业法人为第一责任人，并在全国范围内启动安全设施“三同时”专项检查。上海静安大火之后，全市工地停工整顿，并在全国范围内引发工地安全措施专项检查。EHS 的立法尚不完善，事件的发生不在法律法规的预见范围之内，因此在事件发生后，由事件推动立法，去完善相关法律的规定，以避免事件的重演。

（二）逐步完善立法

和较多的法律规定一样，EHS 方面的立法也是先出现一部规范性的法律作为上位法，纲领性的法律颁发之后才会出台具体的条例、办法等配套文件进一步详细地规定细节内容，表现出从宏观到微观地去完善立法的特点。

（三）相对滞后性

首先，法律的确定性意味着法律是一种不可朝令夕改的规则体系，一旦法律设定了某种权利义务关系的体系框架，就应当尽可能避免对之进行不断的变动。因此法律制定后也要尽量减少修改。其次，法律的修改具有严格的程序。例如根据我国《立法法》，一部法律的“出炉”要经过严格的程序，即提出法律案、审议、通过、公布等程序，其中又包括各种说明、询问、介绍情况、讨论、进一步审议等。同时，还必须考虑立法机关工作程序较为缓慢的特点。EHS 立法的滞后性也是法律滞后性的体现。

（四）法律法规的系统性与明确性较差

EHS 管理体系的引进是近年来较新的内容，法律法规的设立还不明确，也缺少清晰的系统框架，法规大多以单个要素为调整对象，某些重要制度缺失，授权执法主体过多，无法为 EHS 立法的不断拓展提供强有力的法律依据，在系统性和明确性方面有待进一步完善。

（五）学习借鉴国外立法

在 EHS 领域，国际上的法律法规的规定相对更加完善，同时一些跨国企业、外资企业在这方面已经有一定的经验和实践，我国在立法时也可从中借鉴，促使我国立法更加严格化和标准化。

第七章　职业健康防护法律法规

第一节　我国职业健康（卫生）防护法律体系

一、我国职业卫生立法历史

我国有关职业卫生的立法在解放前就已经开始，主要是借鉴西方立法，但是至今无专项立法。许多学者呼吁出台专项的《职业安全卫生法》以完善我国职业安全卫生法律体系。

我国关于职业卫生的历史沿革如下，可以看出立法的间隔越来越短，范围越来越大，更加完善和细致：

1956 年国务院颁布《工厂安全卫生规程》；

1956 年国务院颁布《关于防止厂矿企业中矽尘危害的决定》；

1956 年卫生部、劳动部颁布《矿山防止矽尘危害技术措施暂行办法》；

1987 年国务院颁布《尘肺病防治条例》；

1992 年《矿山安全法》；

1995 年以后颁布《劳动法》，设立劳动卫生专章；

2001 年《职业病防治法》；

2002 年《使用有毒物品作业场所劳动保护条例》；

2005 年《放射性同位素与射线装置安全和防护条例》；

2009 年《作业场所职业健康监督管理暂行规定》。

二、我国现行关于职业卫生的法律法规

我国现行的职业卫生法规体系按照法律的效力等级，首先是宪法中关于职业安全健康的一些规定，是职业卫生立法的基本依据和指导原则；其次是作为职业卫生领域基本法的《职业病防治法》；再次是职业卫生的相关法，由于职业卫生涉及社会生产的各个方面，在其他的部门法中也包含大量的职业卫生法律规范；

接着是职业卫生行政法规，由国务院根据宪法和法律而组织制定并批准施行；还有职业卫生地方性法规、规章，职业卫生标准以及国际劳工组织制定的有关公约。企业自身的职业卫生规程，作为法律的补充与延伸，对企业自身具有约束力，也是职业卫生法规体系中的组成部分。

经过多年发展，我国在职业病防治领域已经形成了比较完善的法律框架体系，包括《职业病防治法》和一系列行政法规、部门规章及职业卫生技术标准和规范，而后者在整个职业卫生法律法规领域占据重要地位。这是由于职业病防治领域的知识和实践都发展迅速，而法律又有滞后、僵化、原则性的特点，因此需要行政立法来对现行法律进行有效补充。

在职业病防治领域我国现有的行政法规、法规性文件主要如下：

1956 年，《关于防止厂、矿企业矽尘危害的决定》对预防厂、矿企业中的矽尘危害作了规定，要求厂、矿企业对接触矽尘的工人进行定期健康检查；

1984 年，《国务院关于加强防尘防毒工作的决定》对生产中粉尘和有毒物质危害的防治工作作了规定；

1987 年，《中华人民共和国尘肺病防治条例》规定了粉尘的预防监督和监测，要求用人单位对接触粉尘的职工提供健康检查，按期向行政部门报告职工尘肺病情况；

2002 年，《使用有毒物品作业场所劳动保护条例》对有毒物品作业场所的职业卫生保护和职业中毒防治作了具体规定，禁止用人单位使用童工，要求用人单位向从事使用有毒物品作业的劳动者进行上岗前职业健康检查和定期执业健康检查，建立职业健康监护档案等；

2005 年，《放射性同位素与射线装置安全和防护条例》对生产、销售、使用放射性同位素和射线装置的单位实行许可备案制，要求用人单位对工作人员进行安全和防护知识教育培训考核，对工作人员进行个人剂量监测和职业健康检查，建立个人剂量档案和职业健康监护档案等。

根据职业病防治法的授权，卫生部还发布了一系列《职业病防治》的配套规章，主要包括《职业病目录》、《国家职业卫生标准管理办法》、《职业病危害项目申报管理办法》、《建设项目职业病危害分类管理办法》、《职业健康监护管理办法》、《职业病诊断与鉴定管理办法》、《作业场所职业健康监督管理暂行规定》、《职业病危害事故调查处理办法》、《职业病危害因素分类目录》和《建设项目职业病危害评价规范》等等。

此外，还包括其他部门制定的设计职业病防治内容的行政规章，如国家安全生产监督管理总局发布的《作业场所职业危害申报管理办法》、劳动部颁布的《劳动防护用品管理规定》等。

职业病防治还涉及安全科学、安全技术问题，所以需要技术标准、规范来对其做出明确的界定。根据不同的内容，这些标准可分为职业卫生专业基础标准、工作场所作业条件标准、职业接触限值标准、职业病诊断标准、职业照射放射防护标准、职业防护用品卫生标准、职业危害防护导则、劳动生理卫生、工效学标准和职业性危害因素检测、检验方法。

我国目前共有职业接触限值 388 项、采样及检测方法 245 项、职业病危害评价标准 2 项、职业卫生防护标准 13 项，放射卫生防护标准 93 项、职业病诊断标准 97 项、职业性放射性疾病诊断标准 42 项，其中较为重要的是《工业企业设计卫生标准》和《工作场所有害因素职业接触限值》。这两个标准是卫生部为了配合《职业病防治法》的实施，将原来的《工业企业设计卫生标准》分解并于 2002 年颁布实施。《工业企业设计卫生标准》强化了工业企业基本卫生条件的设计要求，于 2005 年和 2010 年被重新修订。《工作场所有害因素职业接触限值》则规定了工作场所有害因素的职业接触限值，分为 GBZ 2－1 工作场所化学有害因素职业接触限值和 GBZ 2－2 工作场所物理因素职业接触限值两部分。

第二节　企业在职业健康方面的法定义务

一、建立职业健康组织机构和基本制度

用人单位应当为劳动者创造符合国家职业卫生标准和卫生要求的工作环境和条件，并采取措施保障劳动者获得职业卫生保护。

首先，用人单位要进行组织机构的建设，包括设置职业病防治领导机构、设置职业卫生管理机构、明确相关组织的职能、配备专（兼）职的职业卫生人员等。

其次，要制定必要的职业健康制度，包括制定本单位的职业卫生方针、职业病防治工作纳入目标管理责任制、制定职业病防治计划和实施方案、建立健全职业卫生档案、建立健全劳动者职业健康监护档案、设置岗位操作规程、建立健全工作场所职业病危害因素监测等。

二、培训与教育

《作业场所职业健康监督管理暂行规定》要求主要负责人和职业健康管理人员应当具备与从事的生产经营活动相适应的职业健康知识和管理能力，并接受安全生产监督管理部门组织的职业健康培训。目前，国家安监总局正在北京、辽宁、吉林搞“职业健康监督员”试点工作，下一阶段可能在全国推广。生产经营单位必须配备经过培训、持证上岗的职业健康监督员。

用人单位应对上岗前或变更工作岗位或工作内容的劳动者进行职业卫生培训做出明确规定，未经上岗前职业卫生知识培训的劳动者一律不得安排上岗。培训内容应包括职业卫生法律法规、规章、操作规程、所在岗位的职业病危害及防护设施、个人职业病防护用品的使用和维护、劳动者所享有的职业卫生权利等内容。应做好记录及存档工作，存档内容包括培训通知、教材、试卷、考核成绩，档案资料应由专人负责保管。

定期对在岗期间的劳动者进行职业卫生培训，培训的内容应包括职业卫生法律法规、规章、操作规程、所在岗位的职业病危害及防护设施、个人职业病防护用品的使用和维护、劳动者所享有的职业卫生权利等内容。根据用人单位实际情况制订培训计划，确定培训周期。应做好记录及存档工作，存档内容包括培训通知、教材、试卷、考核成绩，档案资料应由专人负责保管。

若是生产经营单位主要负责人、职业健康管理人员未按照规定接受职业健康培训或者生产经营单位未按照规定组织从业人员进行职业健康培训，则给予警告，责令限期改正；逾期未改正的，处 2 万元以下的罚款。

三、职业危害申报与“三同时”制度

（一）职业危害申报

职业病防治工作重点在于预防。凡产生职业危害的项目都必须接受监督，不能失控，不能任其伤害到劳动者。《职业病防治法》明确提出建立职业病危害项目申报制度，用人单位设有依法公布职业病目录所列的职业病危害项目的，应该及时、如实申报，并接受监督。

申报时要遵循两项原则：一是及时，用人单位必须按申报规定和要求及时主动申报；二是如实，即用人单位应将项目的全部情况实事求是地向安全生产监督管理部门申报，接受安全生产监督管理部门的监督。申报内容、申报时限、申报材料可以参考2009年安监总局发布的《作业场所职业危害申报管理办法》。《作业场所职业健康监督管理暂行规定》规定，若未申报，则限期改正，给予警告，可以并处2万元以上5万元以下的罚款。

职业危害评价。我国职业病危害评价有三种形式，建设项目职业病危害预评价、建设项目职业病危害控制效果评价和生产经营单位职业病危害现状评价。三者在时间上有先后之分，评价内容有所不同，后者是前者工作的继续。建设项目在设计阶段需要对其可能产生的职业病危害进行预评价，确定职业病危害类别，为政府对建设项目职业病危害分类管理提供依据；建设项目建成竣工验收前需要对其进行职业病危害控制效果评价，为项目职业病危害防护是否可以通过验收提供依据；职业病危害现状评价则是对已经生产经营的单位职业病危害状况进行评价，生产经营单位只要连续经营，至少三年评价一次。

（二）建设项目预防性管理

项目评价是指对可能产生职业危害的新建、改建、扩建的工程建设项目和技术改造、技术引进项目（以下简称“建设项目”），必须接受预防性的职业卫生监督。

在可行性论证阶段委托技术服务机构进行预评价，并向卫生行政部门提交职业病危害预评价报告。职业病危害严重的建设项目的防护设施设计，应经卫生行政部门审查，符合国家职业卫生标准要求方可施工。建设项目职业病危害预评价报告经卫生行政部门审核后，建设项目的生产规模、工艺或者职业病危害因素的种类、防护设施等发生变更时，应重新进行职业病危害预评价与卫生审核。建设项目职业病危害评价的内容和要求按照《建设项目职业病危害分类管理办法》及相关要求执行。

根据《建设项目职业病危害分类管理办法》，职业病危害严重的建设项目在初步设计阶段，其职业防护设计还应经对本项目有管辖权的卫生行政部门审查，职业病防护设计未经审查或审查不合格不得施工。

验收前，委托技术服务机构进行职业危害控制效果评价。需要进行试生产的，在试运行期间应当对职业病防护设施运行情况和工作场所职业病危害因素进行监测，并在试运行12个月内进行职业病危害控制效果评价。职业病危害控制效果评价应当由依法取得资质的职业卫生技术服务机构承担。其职业病防护设施经卫生行政部门验收合格后方可正式生产和使用。

建设项目在竣工验收之日起30日内申报职业病危害项目。根据建设项目职业病危害的程度，对可能产生职业病危害的建设项目分为一般职业病危害的建设项目和严重职业病危害的建设项目。有下列情形之一的为严重职业病危害的建设项目：①可能产生放射性职业病危害因素的；②可能产生在《职业性接触毒物危害程度分级》（GB 5044—85）中危害程度为“高度和极度危害”的化学物质的；③可能产生含游离二氧化硅 10% 以上粉尘的；④可能产生石棉纤维的；⑤存在高毒作业的建设项目；⑥卫生部规定的其他应列入严重职业危害范围的。前款规定以外的为一般职业病危害的建设项目。[《中华人民共和国职业病防治法（2002）》第十六条；《建设项目职业病危害分类管理办法（2002）》第四条、第十二条；《职业性接触毒物危害程度分级（GB 5044—85）》]

《用人单位职业病防治指南（2010）》《建设项目职业病危害评价规范》和《建设项目职业病危害预评价技术导则》中要求，建设项目职业病危害预评价根据建设项目职业病危害特点，一般采用风险评估法、类比法、检查表分析法等进行综合分析、定性和定量评价；必要时采用其他评价方法。实际应用中，以类比法、检查表法、定量分级法、经验法等较为常见。

预评价报告、防治专篇、控制效果评价、验收批复文件应报送建设项目所在地安监部门备案。

以上预防性措施也可称为职业健康“三同时”制度。建设单位在可行性论证阶段进行预评价，在初步设计阶段编制职业危害防治专篇，在竣工验收前应当按照有关规定进行职业危害控制效果评价。建设项目竣工验收时，其职业危害防护设施依法经验收合格，取得职业危害防护设施验收批复文件后，方可投入生产和使用。职业危害预评价报告、职业危害防治专篇、控制效果评价报告和职业危害防护设施验收批复文件报送建设项目所在地安全生产监督管理部门备案。“职业卫生三同时”和“安全三同时”根本性质是一样的，其目的是从源头上控制危害因素，《职业病防治法》里有明确的要求，《作业场所职业健康监督管理暂行规定》从安监部门现场监督管理的实际需要出发，要求其将相关文件备案，更有利于工作的开展。当然，对企业而言，则意味着要履行新的责任。若未到安监部门备案，则给予警告，并处 3 万元以下的罚款。

四、生产经营单位职业病危害现状评价

《作业场所职业健康监督管理暂行规定》（国家安监总局 2009 年第 23 号令，简称“23 号令”）第二十二条要求，生产经营单位每三年至少进行一次职业危

害现状评价。

目前，对生产经营单位职业危害现状的评价，国家尚无统一规定要求职业危害现状需要评价哪些内容，因此现就该制度和目前通行的评价的内容进行简要的介绍。

职业病危害现状评价的目的是通过对生产经营单位职业卫生工作的调查、分析，为生产经营单位依法持续改进职业卫生工作提出建议，明确职业病危害的关键控制点和防护的重点岗位，防治职业病，保护劳动者健康，同时为政府职能部门的职业卫生监管提供技术支撑。职业病危害现状评价应起到承上启下的作用。目前，我国职业病危害评价有三种形式，即建设项目职业病危害预评价、建设项目职业病危害控制效果评价和生产经营单位职业病危害现状评价。所谓“承上”，是对本次评价之前生产经营单位建设项目职业病危害控制效果评价的建议、前次职业病危害现状评价的建议、政府相关部门执法检查监督意见书的要求落实情况的调查评价；所谓“启下”，是通过此次调查，发现生产经营单位职业卫生工作存在的问题，为生产经营单位下一步职业卫生工作提出具体的建议及要求。

对于存在职业病危害因素的生产经营单位，预防控制和消除职业病危害，防治职业病，保护劳动者健康及其相关权益，将是生产经营单位职业卫生工作的始终目标，职业病危害防控是职业卫生工作的重点。生产经营单位职业卫生工作开展得如何，怎样持续改进，这都需通过职业卫生技术服务机构依法对其职业病危害现状进行评价为其提供帮助。因此，评价的内容应该包括相关法律法规、规章等对生产经营单位职业卫生工作的所有要求。《用人单位职业病防治指南》（CGZ/T 225—2010）（简称《指南》）规定了生产经营单位职业病防治通用要求、分级分类管理方法、职业卫生档案的管理以及职业卫生评估要求等技术要求。

根据该《指南》的规定，评价内容可分为两大类：

第一类是对生产经营单位职业卫生组织管理工作的评价，这部分评价内容主要是组织机构和规章制度建设、政府监管要求的执行、落实、作业场所职业病防护、职业健康监护、职业病诊断与病人保障。它以国家法律法规、规章为依据，对生产经营单位应该履行的职业卫生工作内容进行调查，发现其组织管理落实存在的问题，给予指导。

第二类是对劳动者职业病危害因素接触水平进行评价，这部分评价以国家职业卫生标准为依据，判断劳动者职业病危害因素接触是否超限及程度如何，从而确定重点治理环节和保护对象。

第一类评价内容的目的是加强职业卫生工作管理，第二类评价内容的目的是注重职业病危害因素超限岗位的防护、治理。这些应该是职业病危害现状评价有别于建设项目职业病危害控制效果评价的地方。故建议，在国家尚未出台统一的职业病危害现状评价标准之前，地方政府职能部门有必要制定本地区的生产经营单位职业病危害现状评价规范，并纳入政府职业健康工作计划予以实施，使“23 号令”第二十二条的要求得以具体落实，最终实现预防、控制和消除职业病危害，防治职业病，保护劳动者健康及其相关权益的目的。

五、职业健康监护

对接触职业病危害的作业工人开展职业健康监护是劳动者权益保护的重要内容，是世界大多数国家法律规定的雇主（用人单位）的义务，也是世界卫生组织和国际劳工组织积极推进的工作。

（一）职业健康监护的定义

职业健康监护（Occupational Health Surveillance）是以预防为目的，根据劳动者的职业接触史，通过系统地定期或不定期的医学健康检查和健康相关资料的收集，连续监测劳动者的健康状况，分析劳动者健康变化与所接触的职业危害因素的关系，并及时将健康检查和资料分析结果报告给用人单位和劳动者本人，以便及时采取干预措施，保护劳动者健康。

《中华人民共和国职业病防治法》将职业健康监护定义为根据劳动者的职业接触史，对劳动者进行有针对性的定期或不定期的健康检查和连续的、动态的医学观察，记录职业接触史及健康变化，及时发现劳动者的职业性健康损害，评价劳动者健康变化与职业病危害因素的关系。

（二）职业健康监护的内容

职业健康监护主要包含两方面的内容，即职业性健康检查和职业健康监护档案管理。

1. 职业性健康检查

它是职业健康监护的核心，主要包括上岗前、在岗期间、离岗时体检以及离岗后的医学随访检查。上岗前健康体检是对新录用、变更工作岗位的员工进行健康检查，目的是发现职业禁忌症，掌握上岗前最初的健康状况，获得基础数据。用人单位不得安排未经上岗前职业健康检查的劳动者从事接触职业病危害因素的作业，不得安排有职业禁忌症的劳动者从事所禁忌的作业。定期健康检查是对从事接触有害因素作业的人员，按确定的时间间隔进行的常规体检，目的在于早期发现健康损害或职业性疾病的可疑征象，检出高危人群，予以重点保护。用人单位应组织进行定期健康检查，发现职业禁忌症或与从事职业相关健康损害的劳动者，应及时调离原工作岗位，并妥善安置。对需要复查和医学观察的劳动者，应按照体检机构要求的时间安排其复查和医学观察。离岗前健康体检是对准备调离职业病危害岗位的劳动者，选定重点项目进行检查，根据检查结果，评定劳动者的健康状况是否与职业病危害因素有关或患有职业病，以明确法律责任。用人单位对未进行离岗时职业健康检查的劳动者，不得解除或终止与其签订的劳动合同。应急健康检查，此项检查是用人单位对遭受或可能遭受急性职业病危害的劳动者，应及时组织进行职业健康检查和医学观察。离岗后的医学随访检查，如在岗期间接触的职业病危害因素具有长期的慢性作用，且有较长的接触时间或有较高的累积接触量，在脱离接触后仍有可能发生职业病，需进行离岗后的医学随访检查；慢性职业病患者在脱离接触职业病危害因素后，疾病仍有可能继续变化，或逐步好转，或继续加重；为了观察疾病的转轨，进行积极有效的治疗或康复，保障劳动者合法的健康权益和社会保障权益，需进行随访健康监护。根据《职业病防治法》第三十二条，用人单位按规定组织职业健康检查，并将检查结果如实告知劳动者。职业健康检查费用由用人单位承担。

2. 职业健康监护档案管理

它包括劳动者的职业史，职业病危害接触史，健康检查结果和职业病诊疗等有关个人健康资料。职业健康监护资料是劳动者健康变化与职业病危害因素关系的客观记录，是区分健康损害是否为职业性因素危害的重要依据，也是评价用人单位职业病防治效果的依据，以及职业病诊断鉴定的重要依据。《职业病防治法》第十九条第四款规定：

用人单位建立、健全职业卫生档案和劳动者职业健康监护档案。

职业健康监护档案一人一档，不断累积充实相关资料。归档的健康监护资料必须是原件，并做到齐全、完整、系统、准确；书写必须符合档案管理的要求。确定档案保管期限，并将健康监护档案信息录入计算机，实行电子和纸质双重管理。

《职业健康监护管理办法》依据《中华人民共和国职业病防治法》对各种职业病危害因素或作业的种类，对上岗前及在岗期间的体检项目、体检周期以及职业禁忌症都给予了明确的规定，应按照此办法中相关规定执行。建立职业健康监护档案的主体是用人单位，应有专兼职人员管理。《职业病防治法》第三十三条规定，劳动者离开用人单位时，有权索取本人职业健康监护档案复印件。

一般的工作程序主要是，用人单位制订年度职业健康监护工作计划，向取得资质的职业健康检查机构提出申请，职业健康检查机构受理后双方协商相互签订委托协议书，检查机构根据体检类型和用人单位提供的职业病危害因素名称，依据《职业健康监护技术规范》（GBZ 188—2007）确定体检项目，在规定的工作日内完成职业健康检查并按规定出具《职业健康检查报告书》。

六、个人防护用品发放和管理

（一）个人防护用品的定义

个人防护用品（Personal Protective Equipment，PPE），又称“劳动防护用品”，是直接保护劳动者人身安全与健康，防止伤亡事故和职业病所必须使用的预防性器具。从某种意义上来讲，防护用品属于生产性装备，是劳动者防止职业毒害和伤害的最后一项有效措施。目前国内外都十分重视这一产业的发展。

我国对 PPE 的监管现状：我国政府始终重视劳动者的安全和健康，从建国初期的将劳动防护用品以职工福利来发放到根据生产环境需要配备劳动防护用品，使劳动防护用品真正成为保障劳动者安全健康的必要手段。20 世纪 80 年代后国家颁发了《劳动防护用品产品质量监督检验暂行管理办法》，对劳动防护用品的生产、经营、使用环节都做了具体规定，明确以科研单位为基础建立劳动防护用品质量监督检验站。进入 20 世纪 90 年代后，又先后颁布了《劳动法》、《劳动防护用品管理规定》，2002 年颁布了《中华人民共和国职业病防治法》、《使用有毒物品作业场所劳动保护条例》和《安全生产法》，使我国对 PPE 的监督管理得到进一步加强，职业卫生和安全生产工作从此有法可依。2004 年国家对 PPE 监督管理制度进行了调整，取消了劳动防护用品安全生产许可证制度。由原来对 PPE 生产环节的监管，转变为对产品的市场准入和使用环节的监管。2005 年国家安全生产监督管理局颁布了《劳动防护用品监督管理规定》，要求各级安全生产监督管理部门对 PPE 的监管重点放在使用环节。对直接危及劳动者人身安全与健康的 22 种特种劳动防护用品实施“安全标志”管理。目前我国

PPE 的市场管理由国家质量技术监督部门负责，而 PPE 的使用主要由国家安全生产监督部门负责。

（二）个人防护用品发放与管理

用人单位要正确选购防护用品，了解正确的使用方法、使用限制及必要的保养方法；并根据腐蚀作用程度、受损耗情况和耐用性能三个原则确定劳动防护用品的使用年限，当满足下列条件之一时，应予以报废：①不符合国家标准或者行业标准或地方标准；②未达到上级劳动保护安全监察机构根据有关标准和规程所规定的功能指标；③在使用或保管储存期间内遭到损坏或超过有效使用期，经检验未到达原规定的有效防护功能最低指标。

此外，用人单位应建立个人职业病防护用品管理制度，并制订个人职业病防护用品配备计划，明确经费来源、防护用品的技术指标、更换周期等；根据工种台账，按工种存在的职业病危害因素及水平配备相应的个人职业病防护用品；个人职业病防护用品应保证安全有效，符合相应的标准，并建立相应的制度，责任到位、有人负责，定期检查、维修，及时更换超过有效期的用品，确保劳动者持有并会使用及维护。

七、其他义务

（一）履行主体责任

应当加强作业场所的职业危害防治工作，为从业人员提供符合法规和标准的工作环境和条件，采取有效措施，保障从业人员的职业健康。

作为职业危害防治的责任主体，主要负责人对本单位作业场所的职业危害防治工作全面负责。

对可能产生职业危害故意隐瞒其危害而采用的技术、工艺、材料、设备，主要负责人对其所造成的职业危害后果承担责任。

存在职业危害的单位应设置或指定职业健康管理机构，配备专职或者兼职的职业健康管理人员。

从事使用高毒物品作业的，应当配备专职或兼职的职业卫生医师和护士；不具备条件的，应当与依法取得资质认证的职业卫生技术服务机构签订合同，由其提供职业卫生服务。从事使用高毒物品作业的，应当配备应急救援人员和必要的应急救援器材、设备，制定事故应急救援预案，定期组织演练。

事故应急救援预案和演练记录应当报当地安监、卫生和公安部门备案。

不得将产生职业危害的作业转移给不具备职业危害防护条件的单位和个人。不具备职业危害防护条件的单位和个人不得接受产生职业危害的作业。

存在职业危害的单位应按规定及时、如实将职业危害因素向安监部门申报，并接受监督检查。

应依法为从业人员办理工伤保险，缴纳保险费。工伤保险是指通过社会统筹、建立工伤保险基金，对保险范围内的劳动者在职业活动中所发生的工伤、职业病以及因此死亡造成劳动者暂时或永久丧失劳动能力时，劳动者或其遗属能够从社会得到必要的社会补偿和服务的社会保障制度。没有依法参加工伤社会保险的用人单位，应由用人单位承担劳动者患职业病的医疗及其生活保障费用。

应当配合行政执法和监督检查，不得拒绝和阻挠。

（二）实施告知警示

劳动合同告知：订立劳动合同（含聘用合同）时，应将可能产生的职业危害及其后果、防护措施和待遇等如实告知并写明，不得隐瞒或者欺骗。因工作岗位或工作内容变更，原合同中未告知的，应再如实告知，并协商变更原劳动合同相关条款。违反劳动合同告知规定的，从业人员有权拒绝作业，单位不得因从业人员拒绝作业而解除或终止劳动合同 。

存在职业危害的单位应当在醒目位置设置公告栏，公布有关职业危害防治的规章制度、操作规程和作业场所职业危害因素监测结果。存在职业危害的单位应当设有专人负责作业场所职业危害因素日常监测，监测结果应及时公布。存在职业危害的单位职业危害因素定期检测、职业危害现状评价结果应向从业人员公布。

对产生严重职业危害的作业岗位，应当在醒目位置设置警示标识和中文警示说明。

向单位提供可能产生职业危害的设备，应当提供中文说明书，并在设备的醒目位置设置警示标识和中文警示说明。

向单位提供可能产生职业危害的化学品等材料的，应当提供中文说明书。

用人单位应建立、健全岗位职业病危害事故应急救援措施并在工作场所/高位的醒目位置公告。应急救援措施公告应简明易懂，条款清楚，用词规范，应保证劳动者掌握。

（三）作业场所设置

作业场所与生活场所分开，作业场所不得住人。

有害作业与无害作业分开，高毒作业场所与其他作业场所隔离，分开方式可以采取有毒作业密闭化、管道化，或者将有毒作业局限在某个独立的操作间，并采取通风净化的方式将有毒气体排出。

设置有效的通风装置，可能突然泄漏大量有毒物品或者易造成急性中毒的作业场所，设置自动报警装置和事故通风设施；上述报警装置必须经相关部门鉴定通过，并建立相应的制度，责任到位，有人负责，班前及定期检查，及时维修，保证报警装置能够正常运转。

高毒作业场所设置应急撤离通道和必要的泄险区，应在泄险区周围的醒目位置设置明显的警示标识以及中文警示说明；还应建立相应的管理制度，明确相关人员负责泄险区的日常管理，并保证无关人员不能进入泄险区。

有与职业危害防治工作相适应的有效防护设施。

职业危害因素的强度或者浓度符合国家标准、行业标准，具体要求可参见《工作场所有害因素职业接触限值　化学有害因素》（GBZ 2.1—2007）和《工作场所有害因素职业接触限值　物理因素》（GBZ 2.2—2007）

（四）危害检测评价

职业危害监测是对工作场所潜在的健康危害进行预测、观察、测量、评价和控制接触的过程。用人单位应当实施由专人负责的职业病危害因素日常监测，并确保监测系统处于正常运行状态。具体应做到以下方面：

（1）从事使用高毒物品作业的用人单位应当至少每一个月对高毒作业场所进行一次职业中毒危害因素检测。

（2）存在职业危害的单位每年至少进行一次职业危害因素检测，应委托具有相应资质的中介技术服务机构进行。

（3）存在职业危害的单位职业危害因素定期检测的结果应存入本单位职业危害防治档案。

（4）存在职业危害的单位职业危害因素定期检测的结果应向所在地安监部门报告。

（五）事故处置

用人单位应建立、健全职业病危害事故应急救援预案并形成书面文件予以公布。预案应明确责任人、组织机构、事故发生后的疏通线路、紧急集合点、技术方案、救援设施的维护和启动、医疗救护方案等。用人单位还应定期演练职业病危害事故应急救援预案。

发生职业危害事故，应及时向所在地安监部门和有关部门报告，采取有效措施，及时组织救治遭受危害人员，并承担所需费用。单位及其从业人员不得迟报、漏报、谎报或者瞒报职业危害事故。

（六）履行行政许可规定

用人单位从事使用有毒物品作业，应当按照有关规定向安监部门申请办理职业卫生安全许可证。要取得职业卫生安全许可证，首先应依法办理有关手续，取得营业执照；其次，要符合职业病防治法的有关规定。用人单位使用有毒物品的作业场所，除应当符合职业病防治法规定的职业卫生要求外，还必须符合下列要求：

（1）作业场所与生活场所分开，作业场所不得住人。

（2）有害作业与无害作业分开，高毒作业场所与其他作业场所隔离。

（3）设置有效的通风装置；可能突然泄漏大量有毒物品或者易造成急性中毒的作业场所，设置自动报警装置和事故通风设施。

（4）高毒作业场所设置应急撤离通道和必要的泄险区。

目前我国已经开始该制度的试点工作。

第三节　企业在职业健康方面的法律责任

企业在职业健康方面的法律责任主要是企业违反《职业病防治法》的责任，是指企业作为职业病防治法律关系的主体，对自己的违法行为所应承担的强制性法律后果，是拒绝履行法定义务导致的后果。企业承担法律责任的形式有三种，即行政责任、民事责任和刑事责任。

一、行政责任

行政责任是指行政法律关系主体由于违反行政法律规范或不履行行政法律义务而依法应承担的行政法律后果，其形式主要有行政处分和行政处罚两种。

（一）行政处分

《职业病防治法》在第六十二至六十八条、第七十条中规定了用人单位的行政责任。

行政处分也称行政纪律处分，是由国家行政机关或者其他组织依照行政隶属关系，对违法失职的国家公务员或者所属人员所实施的惩戒措施。根据《国家公务员暂行条例》的规定，行政处分共有六种形式，即警告、记过、记大过、降级、撤职和开除。《职业病防治法》对用人单位规定的行政处分仅限于降级和撤职两种形式。比如，《职业病防治法》第六十七条规定，用人单位未按照规定报告职业病、疑似职业病或者弄虚作假的，对直接负责的主管人员和其他直接责任人员，可以依法给予降级或撤职的处分。

（二）行政处罚

行政处罚是指行政机关或其他行政执法主体依照法定权限和程序对违反行政法规定而尚未构成犯罪的有关人员给予行政制裁的行政行为，是行政执法机关依法履行其维护社会管理秩序责任的一种手段。《职业病防治法》对用人单位规定的行政处罚种类有警告、罚款、责令停业或提请停建、关闭等。

警告，是一种申诫罚，也称为“声誉罚”，是行政主体对违法者实施的一种书面形式的告诫，既有教育性质，又有制裁性质。它是行政处罚中最轻微的一种处罚，既可单处又可并处，在《职业病防治法》中以并处为主。其目的是向违法者发出警诫，声明行为人的行为已经违法，应避免其再犯；如继续进行这种违法行为，将面临更加严厉的处罚。《职业病防治法》第六十二条、第六十七条等针对用人单位的不同违法行为都做出了警告的规定。

罚款，是指行政主体强制违法一方承担金钱给付义务的处罚形式，也是行政处罚中是适用最广泛的一种形式。如果违法行为比较严重，给予警告及责令限期改正不足以惩罚或逾期不改正的，给予罚款。《职业病防治法》第六十二至六十五条、第六十七、六十八、七十条针对用人单位不同的违法行为做出了相应罚款的规定。

责令停业或提请停建、关闭，是限制违法一方从事生产经营活动的处罚形式，也是限制或剥夺违法一方特定行为能力的一种处罚。《职业病防治法》规定用人单位违法情节严重的，要责令停止产生职业病危害的作业，或者提请有关人民政府按照国务院规定的权限责令停建、关闭。责令停业或提请停建、关闭主要针对违反《职业病防治法》情节严重、性质恶劣的行为，是最严厉的行政处罚，其目的是从根本上减少或消除职业病的发生，详见本法第六十、六十五、六十八、七十条。责令停业一般常附有限期整改的要求，如果违法一方在限期内纠正了违法行为，可恢复生产、经营，因而与“关闭”不同。

二、民事责任

民事责任是民事主体因违反法律规定或者合同约定的民事义务，侵害其他民事主体的财产或人身权益而应承担的民事法律后果，主要包括侵权责任和违约责任。

劳动者和用人单位之间既是一种劳动关系，又是一种平等主体之间的关系，即公民、法人和其他组织之间的财产关系和人身关系，两者同为民事主体。《职业病防治法》的立法宗旨在于保护劳动者免受职业病的危害，即保障劳动者的生命权、健康权免受侵害。《职业病防治法》本质上是一部行政法律，建立了一系列的制度来保护劳动者的生命权、健康权，即通过行政手段来保护劳动者的民事权利免受侵害。用人单位如果没有履行法定义务，侵害了劳动者的生命权、健康权，除应承担相应的行政法律责任外，还应承担民事侵权的法律后果。对此，《职业病防治法》第五十二条明确规定：

职业病病人除依法享有工伤社会保险外，依照有关民事法律，尚有获得赔偿的权利的，有权向用人单位提出赔偿要求。

该条规定明确指出了用人单位在职业病防治中因其违法行为应承担的民事责任，使职业病病人的权益保障得到确切的落实，充分体现“保障劳动者健康及其相关权益”的立法宗旨。

民事责任有多种方式，《职业病防治法》第五十二条规定仅限于赔偿损失这一方式，指用人单位造成劳动者发生职业病所要承担的赔偿责任。赔偿损失的范围一般包括医疗费用、误工工资、残疾生活补助费等，造成劳动者死亡的，还应支付丧葬费、死者生前抚养的人必要的生活费等费用。其赔偿弥补了国家工伤保险的不足，使职业病病人的权利得到进一步的保障。

三、刑事责任

刑事责任是指行为人因其犯罪行为所必须承受的，由司法机关代表国家所确定的强制性法律后果。与民事责任不同，刑事责任不存在无过错责任问题；同时，行为人在主观上是故意还是过失以及故意或过失的形式和程度，对刑事责任的有无、种类和大小，都有重要的意义。刑事制裁以刑罚为主要组成部分，刑罚是一种最严厉的法律制裁。比如，《职业病防治法》第七十一条规定：

用人单位违反本法规定，造成重大职业病危害事故或者其他严重后果，构成犯罪的，对直接负责的主管人员和其他直接责任人员，依法追究刑事责任。

该条对违反《职业病防治法》的有关规定，造成重大职业病危害事故或者其他严重后果，构成犯罪的用人单位，只笼统地规定了其应承担刑事责任，而具体应追究何种刑事责任，则须由司法机关根据具体的犯罪事实和情节依刑事法律确定，可能包括重大事故责任罪、重大劳动安全事故罪、重大环境污染事故罪和危险物品肇事罪等等。需要指出的是，《职业病防治法》对用人单位的刑事责任只实行单罚制，即只对用人单位直接负责的主管人员和其他直接责任人员予以刑事制裁。

第四节　职业卫生法律法规发展趋势

一、职业卫生立法的前沿思考

（一）学界呼吁建立《职业安全卫生法》

从张海超“开胸验肺”事件，到在深圳打工的170多名湖南耒阳集体罹患尘肺病事件，再到2009年末黑龙江鹤岗因煤矿瓦斯爆炸引起的108名工人死亡的恶性事件等，这些层出不穷的职业安全卫生问题不仅使社会对职业安全卫生问题加以更多的关注，人们开始对目前的职业安全卫生制度体系提出质疑，这也让加强职业安全健康研究和完善相关法律法规成为迫切之选。

总的来看，缺乏法制规范是造成我国职业安全卫生现状的重要原因。我国作为世界上最大的发展中国家，职业人群总数居世界之首，至今尚未制定职业卫生专项立法，而是以职业病防治法为依托的职业健康管理法体系。《安全生产法》和《职业病防治法》等法律法规还很难满足生产过程中的安全生产需要。

职业安全卫生法律体系涉及的是国家、雇主和劳动者三方的关系。这一法律关系是以劳动者的权利保障为中心构建的。其中，雇主对于国家、劳动者均为义务人，区别在于对于国家是公法义务人，对于劳动者是私法义务人；而国家和劳动者的关系，是一种公民权利关系，国家对于劳动者也是义务人。我国的职业安全卫生立法，需要以上述的法律关系调整为基础，以劳动者为权利主体，以劳动者的健康生命权利保障为核心。但目前我国的职业安全卫生立法，在一定程度上还存留着计划经济时期劳动保护模式的痕迹，诸如忽略职业安全卫生中的利益差别和利益冲突，忽略职业安全卫生法律关系主体的差异和矛盾，有着重经济效益、轻社会发展，重生产过程、轻劳权保护等倾向。实现市场化条件下的职业安全卫生立法，需要实现从目前职业安全卫生的“管理法”体系，向职业安全卫生的“权利法”体系转变。

构建职业安全卫生的“权利法”体系，需要对目前我国的职业安全卫生法律法规予以完善、整合，在现有法律的基础上，形成中国的《职业安全卫生法》。尽管我国已经颁布了众多的职业安全卫生法律法规，然而这些法律法规在立法主旨、法条设置、法律责任、救济渠道等方面，与市场化的职业安全卫生法制的要求还有诸多差距。诚然，这些问题的出现与我国处于体制转变时期有关。但现在的问题是，那种以生产为中心、以管理为基点的职业安全卫生防治体系必须调整了。

构建职业安全卫生的“权利法”体系，需要确立劳动者的权利人地位。在职业安全卫生法制体系中，劳动者不仅是被法律保护的受益主体，更应该是对于职业安全卫生具有监督、参与和行动等权利的权利主体。为保障劳动者权利的实现，必须明确实现和保障这些权利的救济渠道，以防止权利空置。为此，需要强调作为集体劳权代表的工会的作用。现实中，工会未能在职业安全和卫生领域有效地保护工人的状况必须要改变。同时，还要尽快建立职业安全卫生保护政策的三方机制，将职业安全卫生保护政策的协商、制定、保护、实施纳入其中。

构建职业安全卫生的“权利法”体系，需要理顺职业安全卫生执法监督体系。职业安全卫生法律体系作为权利法，是劳动法的构成部分。职业安全卫生法律的实施，应该在生产过程和劳动关系运行过程中实现。因此，必须改变目前职业安全卫生法制和劳动法制脱离的多头管理现状，将职业安全卫生执法监督划归劳动执法监督的范围，形成以劳动部门主管，其他相关部门配合的职业安全一体化的体制。

构建职业安全卫生的“权利法”体系，需要梳理现有政策法规，在一体化立法原则下加强职业安全卫生法制建设。相关政策法规是职业安全卫生工作的依据。20 世纪 90 年代以来，我国颁布了《劳动法》、《安全生产法》、《职业病防治法》等一系列重要法律和 100 多项职业安全卫生国家标准。虽然总量上已初具规模，但尚未形成有效的职业安全卫生法制体系，同时这些法规还存在立法理念不准、部门分割立法、责任不明、分割保护、操作性差、缺乏配合等问题，大大降低了现有法规的实施效果。政府需要从维护劳动者健康安全的核心理念出发，在梳理、规范现有政策法规的基础上，消除部门分割，削弱部门利益争夺，推动立法一体化，加快适合我国现实状况的职业安全卫生法制建设。

（二）立法从职业灾害立法视角思考

著名劳动法专家王全兴教授认为，职业安全卫生立法的宗旨，以职业灾害的预防和救治为核心内容。在我国职业灾害频发的当下，有必要从职业灾害立法的视角来思考我国的职业安全卫生立法。在实践和落实科学发展观、构建和谐社会的背景下，基于以人为本，尤其是以劳动者安全健康为本的利益取向，职业灾害立法应当树立职业灾害的理念，端正用工成本的理念，增强治理系统的理念。

1. 树立职业灾害的理念

对于劳动关系中劳动者的人身安全和健康受到伤害的现象，我国现行立法称之为“工伤”或“职业病”，而境外立法称之为职业灾害。比较而言，“职业灾害”中的“灾害”，其词义中含有“工伤”“职业病”的词义所难以明确表示的含义和震撼力。“职业灾害”的词义中，不只是表明对受害人个体的伤害，更重要的是表明了危害后果的严重性，如工伤和职业病的多发性、受害人的规模性、危害内容的综合性、危害后果的外部性等。并且，“职业灾害”的概念还能引导人们以灾害的意识和理念来对待工伤和职业病现象。概念的不同选择，显示了理念的差异。因此，笔者主张我国立法中将“工伤”概念改为“职业灾害”概念，如将《工伤保险条例》改称《职业灾害保险条例》，以此引导全社会树立对待工伤和职业病现象的灾害意识和灾害理念。

2. 端正用工成本的理念

基于职业灾害的理念，需要对用工成本重新认识。首先，对用工成本由狭义理解转向广义理解。在广义用工成本中，不仅包括以往备受关注的货币形式成本（工资、福利、社会保险等）、雇主所承担成本、积极成本（如工资、职业安全卫生投入）、当期支出成本，而且包括以往被忽视的非货币形式成本（如职业安全卫生、培训、社会稳定等）、非雇主（劳动者、社会、政府）所承担成本、消极成本（如工伤赔偿、安全事故救援和治理等）、未来支出成本。其次，明确职业安全卫生成本的首要地位。由于职业安全卫生成本所对应的劳动者安全健康，是劳动者合法权益体系中最基本、最重要的权益，其在用工成本体系中处于首要地位。再次，病态的用工成本负担结构应当从根本上扭转。在低用工成本的经济增长方式中，包括职业安全卫生成本在内的用工成本负担的现实分配，呈现雇主负担轻，而社会、政府负担重；强势群体负担轻，而弱势群体负担重；农民工输入地负担轻，而农民工输出地负担重；政府当期负担轻，而政府未来负担重；当代人负担轻，而后代人负担重的格局。转变这种以用工成本不正当转嫁为实质的负担结构，是今后在立法和执法上应对职业灾害的关键。决不能再以降低用工成本为理由来拒绝偿还职业安全卫生的“历史欠账”。

3. 增强治理系统的理念

树立职业灾害的理念，端正用工成本的理念，归根结底就是要针对职业灾害成因的复杂性和危害的多方面性，建立完整的职业灾害治理系统，既包括职业灾害前防范系统，也包括职业灾害后救治系统，而职业灾害前防范系统比职业灾害后救治系统更为重要。职业灾害前防范系统的建设，应当体现职业安全与职业卫生并重，技术手段、管理手段与法律手段并重，行政监察、社会监督与企业责任并重的理念。职业灾害后救治系统的完善，应当体现责任追究与劳动者权利救济并重的理念。对于责任追究，应当单位责任与个人责任并重、行政责任与刑事责任并举；对于劳动者权利救济，应当建立和完善职业灾害社会保险为主、职业灾害赔偿为辅、职业灾害社会救助配套的制度体系。

二、《职业病防治法》的修订

2011 年 6 月 27 日全国人大常委会首次审议职业病防治法修正案草案，这是继张海超“开胸验肺”到“毒苹果”，从云南水富“怪病”到深圳农民工尘肺，一桩桩沉痛的事件背后，是我国面对职业病防治法暴露出的不足，进行改进，进一步强化用人单位在职业病诊断中的责任。通过具体的制度设计倒逼用人单位自觉履行提供职业病诊断所需资料，进而落实职业病预防措施的义务，正是此次修改职业病防治法过程中把握的总体思路之一。本次草案修改的主要内容如下：

1. 消除职业病诊断的门槛，扩大职业病诊断机构范围

从国务院法制办对外公布的草案内容来看，此次修改主要针对职业病诊断鉴定的问题。职业病诊断机构过少，对职业病患者维权造成了极大的困难，也是职业病劳动者痛感诊断难的原因之一。如医疗资源非常丰富的北京市只有 5 家医疗机构有资质，广东省 20 家，陕西省 18 家。因为诊断机构只有指定的少数几家，劳动者要申请职业病诊断常常舟车劳顿，成本很高，很多人因此望而却步。职业病诊断机构数量对于劳动者就近申请职业病诊断、及时维权有重要意义。修正案草案的新规定在立法上降低了职业病诊断机构的受理门槛，为更多的有实力的医疗机构加入到职业病诊断的行列创造了条件，但这并不意味着获得职业病诊断资质的医疗机构会显著上升。针对这一问题，职业病防治法修正案草案修改了相关

规定，一方面明确职业病诊断机构应当具备的条件，另一方面规定符合条件的医疗机构均可取得职业病诊断资质。卫生部部长陈竺就修正案草案向全国人大常委会作说明时说，这增加了劳动者自主选择诊断机构的机会。此外，修正案草案还规定："职业病诊断机构不得拒绝劳动者进行职业病诊断的要求。"

2. 简化举证责任，倒逼用人单位履职防病

依照现行法律，劳动者申请职业病诊断，需要提供职业史、职业病危害接触史、职业健康监护档案复印件、工作场所历年职业病危害因素监测及评价资料等，而其中一些材料都掌握在用人单位手中，普通劳动者难以获得。现行法律规定了用人单位如实提供劳动者职业史、职业病危害接触史等材料的义务，但这等于是让他们"自证其罪"，这在现实中很难做到。而一些职业病诊断机构则因材料不全而拒绝给劳动者进行职业病诊断。"举证难"由此成为职业病诊断和获赔最难以逾越的一道障碍。2011 年 2 月，在甘肃省武威市古浪县职业病筛查中，124 名农民工被确诊患有尘肺病。除了侥幸留下务工证明的 16 人，其他人均因无法提供必须由劳动者向用人单位索取的举证材料而难以得到赔偿。

鉴于此，修正案草案规定，用人单位应当如实提供职业病诊断、鉴定所需的劳动者职业史和职业病危害接触史、工作场所职业病危害因素检测结果等资料；同时还增设了用人单位隐瞒、毁损或不提供职业病诊断、鉴定所需资料的法律责任：情节严重的，责令停止产生职业病危害的作业，或者提请有关人民政府按照国务院规定的权限责令关闭。用人单位不提供病人的职业史、职业病危害接触史工作场所职业危害因素检测评价资料或者职业健康检查资料，或者病人对用人单位提供的资料有异议的，病人可以向当地的劳动争议仲裁委员会申请仲裁，确认劳动关系，解决与职业病相关的劳动保护争议。在确认劳动关系的仲裁中，病人无法提供由用人单位掌握管理的证据，仲裁庭应当要求用人单位限期提供；用人单位在期限内不提供的，应承担不利后果。在解决与职业病相关的劳动保护争议的仲裁中，病人与用人单位劳动关系明确，用人单位不提供与争议事项有关的证据的，仲裁庭应当支持病人的主张。

此外，修正案草案增加规定，在职业病诊断、鉴定过程中，用人单位不提供工作场所职业病危害因素检测结果等资料的，职业病诊断机构应结合劳动者的临床表现、辅助检查结果和劳动者的职业史、职业病危害接触史，并参考劳动者的自述等，做出职业病诊断鉴定结论。

三、试点开展职业卫生安全许可证制度

职业卫生安全许可工作是国家行政许可的一项重要内容，也是安全监管部门的一项重要职责。根据《使用有毒物品作业场所劳动保护条例》（国务院第352号令）有关规定，为严格规范使用有毒物品作业场所的职业卫生安全条件，预防、控制和消除职业中毒危害，逐步建立职业卫生安全许可制度，经研究决定，在河北省、江苏省、重庆市开展职业卫生安全许可证试点工作。通过开展职业卫生安全许可证试点工作，研究制定并完善职业卫生安全许可证管理的相关规章制度，规范许可证发放标准、发证流程、现状评估和监督管理等环节，摸索职业卫生安全许可管理的有效办法，积累经验，为国家安全监管总局制定出台《使用有毒物品作业场所职业卫生安全许可证实施办法》，全面启动职业卫生安全许可工作创造条件和提供依据。《使用有毒物品作业场所职业卫生安全许可证实施办法》将规范许可证申领、发放程序，建立职业安全健康审计制度，对申领职业卫生安全许可证的企业开展职业安全健康审计，严格审批条件，严把市场准入关。

第八章　安全生产法律法规

第一节　安全生产法基本理论

一、安全生产法的概念

安全生产法规是指调整在生产过程中产生的同劳动者或生产人员的安全与健康，还有与生产资料和社会财富安全保障有关的各种社会关系的法律规范的总和，是国家法律体系的重要组成部分。安全生产法规通过规定国家、企业和劳动者之间的权利和义务的方式来调整安全生产社会关系，以保障社会的稳定和发展，维护国家和人民的根本利益。

形式意义上的安全生产法是指2002年11月1日生效的《中华人民共和国安全生产法》，该法第二条明确规定在我国领域内从事生产经营活动的单位的安全生产均适用本法，因此，《安全生产法》在安全生产领域内具有基本法的地位。实质意义上的安全生产法则是指所有规范安全生产的法律规范，根据法律位阶不同，可分为安全生产法律行政法规、部门规章、司法解释、安全生产标准、地方性法规、已批准的国际劳工安全公约等。若根据涵盖内容，又可分为八个类别，包括综合类安全生产法律法规和规章、矿山类安全法律法规、危险物品类安全法律法规、建筑业安全法律法规、交通运输安全法律法规、公众聚集场所及消防安全法律法规、其他安全生产法律法规和国际劳工安全卫生标准。

二、安全生产法的立法目的和作用

（一）安全生产法的立法目的

根据《安全生产法》第一条的规定，本法的立法目的是加强安全生产的监督管理，防止和减少生产安全事故，保障人民群众生命和财产安全，促进经济发展。

1. 加强安全生产的监督管理

所谓“安全生产”，是指在生产经营活动中，为避免发生造成人员伤害和财产损失的事故而采取相应的事故预防和控制措施，以保证从业人员的人身安全，保证生产经营活动得以顺利进行的相关活动。“安全生产”一词中所讲的“生产”是广义的概念，不仅包括各种产品的生产活动，也包括各类工程建设和商业、娱乐业以及其他服务业的经营活动。

在市场经济条件下，从事生产经营活动的市场主体以盈利为目的，在生产经营活动中努力追求利润的最大化，这当然是无可非议的；但生产经营主体追求自身利益的最大化，绝不能以牺牲从业人员甚至公众的生命安全为代价。事实上，如果不注重安全生产，一旦发生事故，不但给从业人员的生命财产造成损害，生产经营者自身也会遭受损失，甚至会受到难以弥补的重大损失，生产经营活动不能正常进行，甚至因此破产，还谈什么利益的最大化？因此，保证生产安全，首先是生产经营单位自身的责任，这既是对社会负责，也是对生产经营者自身利益负责。同时，国家作为社会公共利益的维护者，为了保障人民群众的生命财产安全，为了全体社会成员的共同利益，也必须运用国家权力，对安全生产实施有效的监督管理。

国家对安全生产实施有效的监督管理，最根本的是要建立起切实有效的保障安全生产、维护劳动者安全的法律制度，以国家强制力保证实施。从国际上来看，现代文明国家都制定了本国有关安全生产的法律，如美国在20世纪六七十年代分别制定了职业安全卫生法、煤矿安全与健康法、矿山安全卫生法等法律；日本制定了劳动安全卫生法；德国于1996年制定了新的联邦劳动保护法等。有关国际组织也制定了有关安全生产的国际条约、建议或有关的国际标准。如国际劳工组织制定了职业安全和卫生公约、矿山安全卫生公约、建筑业安全卫生公约、防止工业事故建议书等；欧洲共同体制定了关于某些工业活动的严重事故的指令、工作场所最低安全要求、关于生产设备使用的安全与健康的最低要求等。

早在20世纪50年代，国务院就制定发布了有关安全生产的“三大规程”，即《工厂安全卫生规程》、《建筑安装工程安全技术规程》和《工人职员伤亡事故报告规程》。1963年，国务院又专门做出了《关于加强企业生产中安全工作的几项规定》，对企业的安全生产工作提出了明确具体的要求。与当时实行的计划经济体制相适应，对安全生产的监督管理以行政手段为主。由于经济成分的单一化，监督管理的对象也比较简单，主要是作为行政机关附属物的国有和集体企业事业单位，因此依靠政府部门下达行政指令、采取行政措施，就可以实现国家对安全生产监督管理的目标。

2. 推进依法治国，突出以法律的手段监督安全生产

改革开放以来，特别是实行社会主义市场经济以来，情况发生了很大变化。随着经济成分和企业组织形式的日益多样化，生产经营单位已由国有企业、集体企业为主，变为国有企业、股份制企业、私营企业、外商投资企业、个体工商户等多种经济成分并存。随着市场主体多样化、利益主体多元化，依靠以行政手段为主的办法对安全生产实施监督管理显然已经不能适应情况的变化。

党和国家也明确提出对经济活动的调控、监管，应当综合运用法律手段、经济手段和必要的行政手段。而法律手段具有权威性、强制性和稳定性的特点，是更为重要的手段。同时，按照依法治国、建设社会主义法治国家的要求，采用经济和必要的行政手段，也要以法律法规为依据。

在这种新的情况下，国家大大加快了有关安全生产的法制建设步伐。1992年11月，七届全国人大常委会第二十八次会议通过了《中华人民共和国矿山安全法》，这是新中国建立后制定的第一部有关安全生产的专门法律。此后，在《煤炭法》、《建筑法》等法律中，也都规定了有关安全生产的条款。国务院也陆续制定了《矿山安全法实施条例》、《煤矿安全监察条例》、《关于特大安全事故行政责任追究的规定》等有关安全生产的行政法规。原劳动部等国务院有关部门和新设立的国家安全生产监督管理局也制定了一系列有关安全生产的规章、规定。国务院有关主管部门也依法制定大量有关安全生产的国家标准、行业标准和技术规范。在认真总结我国安全生产管理的实践经验，探索安全生产的客观规律，并借鉴国外有关安全生产法律规定的基础上，制定一部我国自己的综合性的安全生产法，以确立有关安全生产的基本制度和要求，建立起有关安全生产的基本法律规范，已成为迫切的需要。

经过多年努力，国务院有关部门完成了安全生产法草案的起草工作，由国务院将草案提请全国人大常委会审议。九届全国人大常委会第二十五次、第二十七次和第二十八次会议分别于2001年12月、2002年4月、2002年6月对该草案进行了三次审议，全国人大常委会法制工作委员会还将草案印发各省、自治区、直辖市、中央有关部门、部分企业和研究机构征求意见，并通过召开座谈会，实地调查等多种方式，广泛听取意见。全国人大法律委员会和全国人大常委会法制工作委员会根据全国人大常委会组成人员的审议意见和各方面的意见，对草案进行了认真反复的修改。在2002年6月29日举行的九届全国人大常委会第二十八次会议的全体会议上，常委会组成人员表决通过了这部法律，当时的国家主席江

泽民同日签发主席令予以公布，并于2002年11月1日起施行。安全生产法的通过和施行，为加强对安全生产的监督管理，规范生产经营单位的安全生产行为，提供了明确的法律依据。

（二）安全生产法的作用

（1）为保护劳动者的安全与健康提供法律保障。安全生产法规是从保障人员的安全和健康出发制定的，它不仅从管理上规定了人们的安全行为规范，也从生产技术上、设备上规定了实现安全生产和保障职工安全与健康所需的物质条件。通过不断改善劳动条件，消除不安全、不卫生的因素，逐步把事故伤亡率和职业病发病率降到最低，实现安全生产。

（2）有利于安全管理中法制化管理。作为安全管理方法来讲的法律方法，它不仅包括安全法规的制定和实施，同时还包括各管理系统制定和实施的各种类似法律性质的安全行为规范。

安全管理中的法制化管理具有概括性和规范性的特点。因此，它易于处理安全管理工作中共性的一般问题，便于统一领导，推进安全生产的顺利进行。另外，它还具有稳定性和可预测性的优点，使安全管理有一种自动调节功能，不必经常进行大量的调整工作。有了安全法规就使安全管理中的法律方法有了保证，安全法规越健全，法律方法越易推进、也越有成效。

（3）指导和推动企业搞好安全生产工作，保障企业安全生产与安全生产法规反映了保障生产正常进行、保护劳动者在生产过程中的安全与健康所必须遵循的客观规律，对企业搞好安全生产工作提出了明确要求。特别是很多重要的安全生产法规都明确了各个方面加强安全生产、安全生产管理的职责，推动了各级领导特别是企业领导对劳动保护工作的重视，把安全工作提上领导和管理的重要议事日程。

（4）增强劳动者的积极性和创造性，提高劳动生产力，保证企业效益的实现和国家经济建设的顺利发展。安全生产是关系到企业切身利益的大事，通过安全生产立法，使劳动者的安全与健康得到保障。职工能够在符合安全与卫生要求的条件下从事劳动生产，这样必然会激发其劳动积极性和创造性，从而促使生产效率的大大提高。同时，安全生产技术法规和标准的遵守和执行，必然提高生产过程的安全性，使生产效率的实现得到保障，从而提高企业的效益，推动了国家经济建设的顺利发展。

（5）对保持社会稳定，建立和谐社会起促进作用。保持社会稳定是推进经济、政治发展以及社会全面进步的前提。安全生产法规通过协调用人单位与员工之间、人与人之间、人与自然之间的关系，为劳动者提供安全、健康的劳动条件和工作环境，为生产经营者提供可行、安全可靠的生产技术和条件，避免并减少了伤亡事故和职业病的发生，对维护经济发展的正常秩序、保持社会稳定、建立和谐社会起到了促进作用。

三、安全生产法制建设的发展趋势

随着社会的发展和科技的进步，人们对安全与健康的需求也越来越高，安全生产法制建设将不断完善，以满足人们对安全与健康的需求，安全生产立法将体现如下趋势和特点：

（1）安全生产立法的目标更加明确。立法的目标不但包含防止生产过程中的人员伤亡，还包括避免生产过程中的职业病以及生产资料的安全保障和社会财产损失的控制等方面。

（2）安全生产法规的任务更突出预防性，更强调超前预防和本质安全化的特点。

（3）安全生产法规将从专门化走向综合化，从分散的法规发展为完善的体系。

（4）安全生产立法的层次体系更为全面。参考了国际通用的职业安全卫生法规（ISO 标准、ILO 法规、国际公约等）、各国的国家安全生产法规、世界范围及本国的行业安全生产法规（石油、核工业等）、地区安全生产法规（欧盟、亚太等），使得立法的层次体系向更全面的方向发展。

（5）安全生产立法的功能体系更为合理。建议性法规（如 ISO 国际标准）、强制性法规（一般各国制定的国内安全生产法规都属此类），还有行政法规、条例规章、技术标准等，发挥各自的功能和作用。

第二节　安全生产法律法规体系

一、我国目前安全生产法律体系

安全生产法律体系是一个包含多种法律形式和法律层次的综合性系统，从法律规范的形式和特点来讲，既包括作为整个安全生产法律法规基础的宪法规范，也包括行政法律规范、技术性法律规范、程序性法律规范。按法律位阶之不同，安全生产法律体系分为以下几个门类：

（一）宪法

《宪法》是安全生产法律体系框架的最高层级，《宪法》第四十二条“加强劳动保护，改善劳动条件”是有关安全生产方面最高法律效力的规定。

（二）安全生产方面的法律

1. 基础法

我国有关安全生产的法律包括《中华人民共和国安全生产法》（以下简称《安全生产法》）和与它平行的专门法律和相关法律。《安全生产法》是综合规范安全生产法律制度的法律，它适用于所有生产经营单位，是我国安全生产法律体系的核心。

2. 专门法律

专门安全生产法律是规范某一专业领域安全生产法律制度的法律。我国在专业领域的法律有《中华人民共和国矿山安全法》、《中华人民共和国海上交通安全法》、《中华人民共和国消防法》、《中华人民共和国道路交通安全法》。

3. 相关法律

与安全生产有关的法律是指安全生产专门法律以外的其他法律中涵盖有安全生产内容的法律，如《中华人民共和国劳动法》、《中华人民共和国建筑法》、《中华人民共和国煤炭法》、《中华人民共和国铁路法》、《中华人民共和国民用航空法》、《中华人民共和国工会法》、《中华人民共和国全民所有制企业法》、《中华人民共和国乡镇企业法》、《中华人民共和国矿产资源法》等。还有一些与安全生产监督执法工作有关的法律，如《中华人民共和国刑法》、《中华人民共和国刑事诉讼法》、《中华人民共和国行政处罚法》、《中华人民共和国行政复议法》、《中华人民共和国国家赔偿法》和《中华人民共和国标准化法》等。

（三）行政法规

安全生产行政法规是由国务院组织制定并批准公布的，是为实施安全生产法律或规范安全生产监督管理制度而制定并颁布的一系列具体规定，是实施安全生产监督管理和监察工作的重要依据。我国已颁布了多部安全生产行政法规，如《国务院关于特大安全事故行政责任追究的规定》和《煤矿安全监察条例》等。

（四）部门规章

在部门规章方面，国家安全生产监督管理总局和国务院有关部门相继制定了80多部部门规章，其中原国家安全生产监督管理局及国家安全生产监督管理总局制定出台了《安全生产违法行为行政处罚办法》等50多部部门规章，交通运输、住房和城乡建设、公安等国务院有关部门制定出台了30多部部门规章。

（五）司法解释

为了正确适用安全生产法律，惩治安全生产违法行为，最高人民法院、最高人民检察院制定出台了《关于办理危害矿山生产安全刑事案件具体应用法律若干问题的解释》《关于审理非法采矿、破坏性采矿刑事案件具体应用法律若干问题的解释》等司法解释。

（六）安全生产标准

安全生产标准是安全生产法规体系中的一个重要组成部分，也是安全生产管理的基础和监督执法工作的重要技术依据。安全生产标准大致分为设计规范类，安全生产设备、工具类，生产工艺安全卫生类和防护用品类四类标准。

（七）地方性法规

据统计，《安全生产法》出台后，全国31个省（区、市）全部制定出台了相应的地方性法规或者地方政府规章，其中北京、河南等30个省（区、市）制定了《安全生产条例》，青海省制定了安全生产政府规章。此外，福建等26个省（区、市）制定出台了《矿山安全法实施办法》，新疆维吾尔自治区制定出台了《隐患排查治理条例》。

（八）已批准的国际劳工安全公约

国际劳工组织自1919年创立以来，一共通过了185个国际公约和为数较多的建议书，这些公约和建议书统称国际劳工标准，其中70%的公约和建议书涉及职业安全卫生问题。我国政府为国际性安全生产工作已签订了国际性公约，当我国安全生产法律与国际公约有不同时，应优先采用国际公约的规定（除保留条件的条款外）。目前我国政府已批准的公约有23个，其中有4个是与职业安全卫生相关的。

二、涉及安全生产的相关法律范畴

我国的安全生产法律体系比较复杂，它覆盖整个安全生产领域，包含多种法律形式。它可以从涵盖内容不同分成八个类别，包括综合类安全生产法律法规和规章、矿山类安全法律法规、危险物品类安全法律法规、建筑业安全法律法规、交通运输安全法律法规、公众聚集场所及消防安全法律法规、其他安全生产法律法规和国际劳工安全卫生标准。

（一）综合类安全生产法律法规和规章

综合类安全生产法律法规和规章是指同时适用于矿山、危险物品、建筑业和其他方面的安全生产法律法规和规章，它对各行各业的安全生产行为都具有指导和规范作用，主导性的法律是《劳动法》、《安全生产法》，由安全生产监督检查类、伤亡事故报告和调查处理类、重大危险源监管类、安全中介管理类、安全检测检验类、安全培训考核类、劳动防护用品管理类、特种设备安全监督管理类和安全生产举报奖励类通用安全生产法规和规章组成。

（二）矿山类安全法律法规

矿山类安全生产法律法规规范的行业和部门主要包括煤矿、金属和非金属矿山、石油天然气开采业。我国的矿山安全立法工作已取得了很大成果，先后颁布实施了《矿山安全法》、《煤炭法》、《矿山安全法实施条例》和《煤矿安全监察条例》；相关部门先后颁布了一批矿山安全监督管理规章；有26个省（自治区、直辖市）人大制定了《矿山安全法》实施办法，目前已初步形成了矿山安全法律子体系。

（三）危险物品类安全法律法规

在危险物品安全管理方面已经颁布实施了《危险化学品安全管理条例》、《民用爆炸物品安全管理条例》、《使用有毒物品作业场所劳动保护条例》、《放射性同位素与射线装置放射防护条例》、《核材料管制条例》、《放射性药品管理办法》等法规。

（四）建筑业安全法律法规

规范建筑业安全行为的法律有《安全生产法》和《建筑法》。行业规章一直沿用1956年颁布的《建筑安装工程技术规程》和其他有关技术标准。我国已批准国际劳工组织通过的《建筑业安全和卫生公约》，可是目前还没有一部统一的建筑业安全法规。

（五）交通运输安全法律法规

交通运输安全法律法规包括铁路、道路、水路、民用航空运输行业的法律法规和规章，《安全生产法》原则上也适用于这些行业。目前，这些行业都有自己专门的法律法规，如铁路运输业有《铁路法》和《铁路运输安全保护条例》等；民航运输业有《民用航空法》、《民用航空器适航条例》和《民用航空安全保卫条例》等，此外，民用航空运输安全还执行国际公约和相关的规则；道路交通管理方面有《道路交通安全法》、《道路交通管理条例》及《道路交通事故处理办法》；海上交通运输业有《海上交通安全法》、《海上交通事故调查处理条例》和《渔港水域交通安全条例》；内河交通运输业有《内河交通安全管理条例》。另外，各交通运输业主管部门和公安部门还制定了不少交通运输安全方面的规章、标准等。

（六）公众聚集场所及消防安全法律法规

公众聚集场所及消防安全生产法律所涉及的范围主要是公众聚集场所、娱乐场所、公共建筑设施、旅游设施、机关团体及其他场所的安全及消防工作。目前这方面的法律法规和规章主要有《消防法》及与之相配套的《公共娱乐场所消防安全管理规定》、《消防监督检查规定》、《机关团体企业事业单位消防安全规定》、《集贸市场消防安全管理规定》、《仓库防火安全管理规则》、《火灾统计管理规定》等，在这方面还需要制定和完善相关的法律法规。

（七）其他安全生产法律法规

其他类包括的内容是前面五个专业领域以外的行业安全管理规章，主要有石化、电力、机械、建材、造船、冶金、轻纺、军工、商贸等行业规章。这些行业和部门都有一些规章和规程，但均未制定专门的安全行政法规，因此《安全生产法》是规范这些部门安全生产行为的主导性法律。

（八）国际劳工安全卫生标准

在国际劳工公约中，我国政府批准的有 23 个，其中 4 个是有关职业安全卫生方面的公约。当前，国际上将贸易与劳工标准挂钩是发展趋势，随着我国加入 WTO（世界贸易组织），参与世界贸易必须遵守国际通行的规则。我国的安全生产立法和监督管理工作也需要逐步与国际接轨。

第三节 安全生产保障制度

一、资金投入制度

生产经营单位的安全生产资金投入或者安全费用，是指专项用于下列安全生产事项的资金：安全技术措施工程建设，安全设备、设施的更新和维护，安全生产宣传、教育和培训、劳动防护用品配备，重大危险源监控，生产安全事故应急救援演练，应急救援队伍建设或者救援服务等其他保障安全生产的事项。

安全生产资金投入的经济特点主要表现在两个方面：一是安全生产资金投入的生产性，指安全生产资金投入是保护劳动力再生产的重要前提，是人力资源开发的重要组成部分，同时也是生产目的创造效益的重要保证。而生产目的的一个重要内容就是安全生产环境与生产条件的改善，生产经营者的人身安全与健康。不难看出，安全生产资金投入既是生产过程的需要，又是生产目的的内容和实现生产目的的重要保证条件。二是安全生产资金投入的消费性，指劳动过程中为实施改善劳动安全条件，实施劳动安全保护措施所消耗的物质基础，表现为一定数量的物化劳动和活劳动。应当指出，这种物质消耗是一种生产性的消费，最终作为一种特殊的生产过程的物质消耗；但从直接接受劳动安全保护的生产经营者方面来讲，则是满足个人劳动安全与健康的需要。

《安全生产法》将安全投入列为保障安全生产的必要条件之一，从三个方面做出严格的规定：第一，生产经营单位安全投入的标准：《安全生产法》第十八条规定，生产经营单位应当具备安全生产条件所必需的资金投入。第二，安全投入的决策和保障：有了符合安全生产条件所需资金投入的标准，还要通过决策予以保障。《安全生产法》第十八条根据不同生产经营单位安全投入的决策主体的不同，分别规定：按照公司法成立的公司制生产经营单位，由其决策机构董事会决定安全投入的资金；非公司制生产经营单位，由其主要负责人决定安全投入的资金；个人投资并由他人管理的生产经营单位，由其投资人即股东决定安全投入的资金。第三，进行必要的安全生产资金投入，是生产经营单位的法定义务。由于安全生产所需资金不足导致的后果，即有安全生产违法行为或者发生生产安全事故的，安全投入的决策主体将要承担相应的法律责任。《安全生产法》第八十条规定，生产经营单位的决策机构、主要负责人、个人经营的投资人不依照本法规定保证安全生产所必需的资金投入，致使生产经营单位不具备安全生产条件的，责令限期改正，提供必需的资金；逾期未改正的，责令生产经营单位停产停业整顿。有前款违法行为，以致发生生产安全事故，构成犯罪的，依照刑法有关规定追究刑事责任；尚不够刑事处罚的，对生产经营单位的主要负责人给予撤职处分，对个人经营的投资人处 2 万元以上 20 万元以下的罚款。

另外，将安全生产资金用于安全生产的技术项目、设施和设备，宣传、教育培训和奖励，劳动防护用品，安全生产的新技术、新工艺、新材料，重大危险源的监控和管理，应急救援器材、物资的储备以及其他安全生产方面，安全生产资金不得挪作他用。生产经营单位的决策机构、主要负责人或者个人经营的投资人应当保证安全生产所必需的资金投入，将安全生产资金纳入年度生产经营计划和财务预算。

二、教育培训制度

教育培训制度，其目的在于控制人的不安全行为，减少生产安全事故的发生。安全生产教育培训是生产经营单位的责任，接受安全生产教育培训是劳动者的权利和义务。通过教育培训，可以使劳动者严格执行安全生产操作规程，认识和掌握生产中的危险因素和事故的发生规律，并正确运用科学技术知识加以预防，及时发现和消除事故隐患，保证安全生产。

（一）生产经营单位主要负责人和安全生产管理人员的安全教育培训

《安全生产法》第二十条规定：

生产经营单位的主要负责人和安全生产管理人员必须具备与本单位所从事的生产经营活动相应的安全生产知识和管理能力。危险物品的生产、经营、储存单位以及矿山、建筑施工单位的主要负责人和安全生产管理人员，应当由有关主管部门对其安全生产知识和管理能力考核合格后方可任职。考核不得收费。

根据2006年3月1日起施行的《生产经营单位安全培训规定》，生产经营单位主要负责人和安全生产管理人员应当接受安全培训，具备与所从事的生产经营活动相适应的安全生产知识和管理能力。煤矿、非煤矿山、危险化学品、烟花爆竹等生产经营单位主要负责人和安全生产管理人员，必须接受专门的安全培训，经安全生产监管监察部门对其安全生产知识和管理能力考核合格，取得安全资格证书后，方可任职。

生产经营单位主要负责人安全培训应当包括下列内容：国家安全生产方针、政策和有关安全生产的法律法规、规章及标准，安全生产管理基本知识、安全生产技术、安全生产专业知识，重大危险源管理、重大事故防范、应急管理和救援组织以及事故调查处理的有关规定，职业危害及其预防措施，国内外先进的安全生产管理经验，典型事故和应急救援案例分析，其他需要培训的内容等。

生产经营单位安全生产管理人员安全培训应当包括下列内容：国家安全生产方针、政策和有关安全生产的法律法规、规章及标准，安全生产管理、安全生产技术、职业卫生等知识，伤亡事故统计、报告及职业危害的调查处理方法；应急管理、应急预案编制以及应急处置的内容和要求，国内外先进的安全生产管理经验，典型事故和应急救援案例分析，其他需要培训的内容等。

生产经营单位主要负责人和安全生产管理人员初次安全培训时间不得少于32学时，每年再培训时间不得少于12学时。煤矿、非煤矿山、危险化学品、烟花爆竹等生产经营单位主要负责人和安全生产管理人员安全资格培训时间不得少于48学时，每年再培训时间不得少于16学时。生产经营单位主要负责人和安全生产管理人员的安全培训必须依照安全生产监管监察部门制定的安全培训大纲实施。非煤矿山、危险化学品、烟花爆竹等生产经营单位主要负责人和安全生产管理人员的安全培训大纲及考核标准由国家安全生产监督管理总局统一制定。煤矿、非煤矿山、危险化学品、烟花爆竹等生产经营单位主要负责人和安全生产管理人员安全资格培训，必须由安全生产监管监察部门认定的具备相应资质的安全培训机构实施。

（二）特种作业人员安全教育培训

《安全生产法》第二十三条规定：

生产经营单位的特种作业人员必须按照国家有关规定经专门的安全作业培训，取得特种作业操作资格证书，方可上岗作业。

1. 特种作业的范围

特种作业是指容易发生事故，对操作者本人、他人的安全健康及设备、设施的安全可能造成重大危害的作业，包括电工作业、金属焊接切割作业、起重机械（含电梯）作业、企业内机动车辆驾驶、登高架设作业、锅炉作业（含水质化验）、压力容器操作、制冷作业、爆破作业、矿山通风作业（含瓦斯检验）、矿山排水作业（含尾矿坝作业）等。

2. 特种作业人员的培训、考核和发证

特种作业人员在上岗作业前，应当接受与其所从事的特种作业相应的安全技术理论培训和实际操作培训。培训机构进行特种作业人员的安全技术培训，应将重点放在提高其安全操作技能和预防事故的实际能力上。根据2004年12月28日颁布的《安全生产培训管理办法》，特种作业人员及从事安全生产工作的相关人员的安全培训大纲，由国家安监总局组织制定，省级安全生产监督管理部门组织、指导和监督特种作业人员的培训工作。

特种作业人员经考核合格后，颁发特种作业操作资格证（含IC卡）。特种作业操作资格证的有效期为六年，每两年复审一次。特种作业操作资格证需延期或者复审的，应当于期满前一个月内向原发证部门或者异地相关部门办理延期或者复审手续。复审内容包括责任事故记录、违法违章记录、参加培训记录等。复审不合格的，经重新安全培训考核合格后，办理延期手续。个人在特种作业操作资格证有效期内，连续从事本工种十年以上，严格遵守有关安全生产的法律法规的，在特种作业操作资格证的有效期满时，经原发证部门或者异地相关部门同意，不再复审，特种作业操作资格证的有效期延长两年。特种作业操作资格证和省级安全生产监督管理部门或者煤矿安全监察机构考核颁发的主要负责人、安全生产管理人员的安全资格证在全国范围内有效。

（三）操作岗位人员教育培训

《安全生产法》第二十一条规定：

> 产经营单位应当对从业人员进行安全生产教育和培训，保证从业人员具备必要的安全生产知识，熟悉有关的安全生产规章制度和安全操作规程，掌握本岗位的安全操作技能。未经安全生产教育和培训合格的从业人员，不得上岗作业。

根据2006年3月1日起施行的《生产经营单位安全培训规定》，煤矿、非煤矿山、危险化学品、烟花爆竹等生产经营单位必须对新上岗的临时工、合同工、劳务工、轮换工、协议工等进行强制性安全培训，保证其具备本岗位安全操作、自救互救以及应急处置所需的知识和技能后，方能安排上岗作业。加工、制造业等生产单位的其他从业人员，在上岗前必须经过厂（矿）、车间（工段、区、队）、班组三级安全培训教育。生产经营单位可以根据工作性质对其他从业人员进行安全培训，保证其具备本岗位安全操作、应急处置等知识和技能。生产经营单位新上岗的从业人员，岗前培训时间不得少于24学时。煤矿、非煤矿山、危险化学品、烟花爆竹等生产经营单位新上岗的从业人员安全培训时间不得少于72学时，每年接受再培训的时间不得少于20学时。

厂（矿）级岗前安全培训内容包括本单位安全生产情况及安全生产基本知识、本单位安全生产规章制度和劳动纪律、从业人员安全生产权利和义务、有关事故案例等。煤矿、非煤矿山、危险化学品、烟花爆竹等生产经营单位厂（矿）级安全培训除包括上述内容外，应当增加事故应急救援、事故应急预案演练及防范措施等内容。

车间（工段、区、队）级岗前安全培训内容应当包括工作环境及危险因素，所从事工种可能遭受的职业伤害和伤亡事故，所从事工种的安全职责、操作技能及强制性标准，自救互救、急救方法、疏散和现场紧急情况的处理，安全设备设施、个人防护用品的使用和维护，本车间（工段、区、队）安全生产状况及规章制度，预防事故和职业危害的措施及应注意的安全事项，有关事故案例及其他需要培训的内容。

班组级岗前安全培训内容应当包括岗位安全操作规程、岗位之间工作衔接配合的安全与职业卫生事项、有关事故案例、其他需要培训的内容。

另外，从业人员在本生产经营单位内调整工作岗位或离岗一年以上重新上岗时，应当重新接受车间（工段、区、队）和班组级的安全培训。生产经营单位实施新工艺、新技术或者使用新设备、新材料时，应当对有关从业人员重新进行针对性的安全培训。

三、安全生产责任制度

《安全生产法》第四条规定：

生产经营单位必须遵守本法和其他有关安全生产的法律法规，加强安全生产管理，建立、健全安全生产责任制度，完善安全生产条件，确保安全生产。

在企业的生产经营活动中，一些企业不重视安全生产，酿成了很多安全事故，因此明确企业主要负责人对本单位安全生产工作全面负责是十分必要的。

（一）主要负责人

《安全生产法》第十七条规定：

生产经营单位的主要负责人对本单位安全生产工作负有下列职责：建立、健全本单位安全生产责任制；组织制定本单位安全生产规章制度和操作规程；保证本单位安全生产投入的有效实施；督促、检查本单位的安全生产工作，及时消除生产安全事故隐患；组织制定并实施本单位的生产安全事故应急救援预案；及时、如实报告生产安全事故。

2011 年修订的《北京市安全生产条例》将定期研究安全生产问题和组织本单位从业人员的职业健康工作纳入了生产经营单位主要负责人的职责范围之内。

（二）生产经营单位的安全生产管理机构和管理人员

《安全生产法》第十九条规定：

> 矿山、建筑施工单位和危险物品的生产、经营、储存单位，应当设置安全生产管理机构或者配备专职安全生产管理人员。前款规定以外的其他生产经营单位，从业人员超过300人的，应当设置安全生产管理机构或者配备专职安全生产管理人员；从业人员在300人以下的，应当配备专职或者兼职的安全生产管理人员，或者委托具有国家规定的相关专业技术资格的工程技术人员提供安全生产管理服务。生产经营单位依照前款规定委托工程技术人员提供安全生产管理服务的，保证安全生产的责任仍由本单位负责。

企业安全生产管理机构和安全生产管理人员是检查企业有关职能部门执行安全生产法律法规，督促这些部门采取整改措施，防止发生安全事故，保障职工安全和健康的重要部门。其应当根据本单位的生产经营特点，对安全生产状况进行经常性检查；对检查中发现的安全问题，应当立即处理；不能处理的，应当及时报告本单位有关负责人；检查及处理情况应当记录在案。

四、建设项目安全“三同时”制度

（一）建设项目“三同时”的内涵

建设项目“三同时”制度，通常称为“三同时”原则，即生产经营单位的所有建设项目（包括新建、改建、扩建的工程项目）的安全设施必须与主体工程同时设计、同时施工、同时投入生产和使用，安全设施的投资纳入建设项目概算。“三同时”原则是我国安全生产实践中长期坚持的一项制度，旨在消除建设项目设计性安全隐患，在设计施工阶段就做好安全预防工作，防止和减少安全事故的发生。“三同时”制度的实施要求在编制建设项目设计文件时，应同时按照有关法律法规、规章、国家标准或行业标准，编制安全设施的设计文件，进行安全性评价；在编制建设项目投资计划和财务计划时，应将安全设施所需投资一并纳入计划，同时编报；项目设计需要报经批准的，报批时应同时报送安全设施设计文件；施工时应严格按照安全设施的设计和施工图纸施工；在调试阶段应同时对安全设施进行调试和考核，并作出相应的评价；建设项目验收时安全设施同时验收；安全设施应当与主体工程同时投入使用。

《安全生产法》对此有以下规定：

第二十四条　生产经营单位新建、改建、扩建工程项目（以下统称“建设项目”）的安全设施，必须与主体工程同时设计、同时施工、同时投入生产和使用。安全设施投资应当纳入建设项目概算。

第二十五条　矿山建设项目和用于生产、储存危险物品的建设项目，应当分别按照国家有关规定进行安全条件论证和安全评价。

第二十六条　建设项目安全设施的设计人、设计单位应当对安全设施设计负责。矿山建设项目和用于生产、储存危险物品的建设项目的安全设施设计应当按照国家有关规定报经有关部门审查，审查部门及其负责审查的人员对审查结果负责。

第二十七条　矿山建设项目和用于生产、储存危险物品的建设项目的施工单位必须按照批准的安全设施设计施工，并对安全设施的工程质量负责。矿山建设项目和用于生产、储存危险物品的建设项目竣工投入生产或者使用前，必须依照有关法律、行政法规的规定对安全设施进行验收；验收合格后，方可投入生产和使用，验收部门及其验收人员对验收结果负责。

（二）相关部门的“三同时”责任

1. 建设单位实施“三同时”的责任

建设单位对建设项目实施劳动安全卫生“三同时”负全面责任，主要体现如下：

（1）在编制建设项目投资计划时，应将劳动安全卫生设施所需投资一并纳入计划，同时编报。引进技术、设备的建设项目，原有劳动安全卫生设施不得削减，没有劳动安全卫生设施或不能满足国家劳动安全卫生标准规定的，应同时编报国内配套的投资计划，并保证建设项目投产后其劳动安全卫生设施符合国家规定的标准。

（2）初步设计会审前，必须向安全生产综合管理部门报送建设项目劳动安全卫生预评价报告、初步设计文件和有关的图纸资料。初步设计方案经安全生产综合管理部门审查同意后，应及时办理《建设项目劳动安全卫生初步设计审批表》。

（3）对承担建设项目的可行性研究、劳动安全卫生预评价、设计、施工等任务的单位提出落实“三同时”规定的具体要求，并负责提供必需的资料和条件。

(4) 在生产设备调试阶段，应同时对劳动安全卫生设施进行调试和考核，对其效果做出评价。在人员培训时应有劳动安全卫生的内容，应制定完整的劳动安全卫生方面的规章制度。

(5) 建设项目预验收之前，应自主选择并委托安全生产综合管理部门认可的单位进行劳动条件检测、危害程度分级和有关设备的安全卫生检测、检验，并将试运行中劳动安全卫生设备运行情况、措施的效果、检测检验数据、存在的问题以及拟采取的措施等写入劳动安全卫生验收专题报告，报送安全生产管理部门审批。

(6) 对预验收中提出的有关劳动安全卫生方面的改进意见应按期整改，并将整改的情况及时报告安全生产管理部门。

(7) 建设项目劳动安全卫生设施和技术措施经安全生产管理部门验收通过后，应及时办理《建设项目劳动安全卫生验收审批表》。

2. 设计单位实施“三同时”的责任

建设项目安全设施的设计人、设计单位应对安全设施负责主要体现如下：

(1) 建设项目进行可行性研究时，应对建设项目的劳动安全卫生同时做出论证，并将论证内容作为可行性研究报告的专门章节编入可行性研究报告。

(2) 在编制初步设计文件时，应同时编制《劳动安全卫生专篇》。

(3) 在初步设计中，应严格遵守现行的劳动安全卫生标准，并依据劳动安全卫生预评价报告，完善初步设计。

(4) 在技术设计和施工图纸设计时，应落实初步设计中的劳动安全卫生内容和在初步设计审查中的劳动安全卫生方面的审查意见。

(5) 凡经审查同意的劳动安全卫生初步设计方案，如有变动应征得原负责审批的安全生产管理部门的同意。

3. 施工单位的“三同时”责任

施工单位应对建设项目的劳动安全卫生设施的工程质量负责。施工中应严格按照施工图纸和设计要求施工，确实做到劳动安全卫生设施与主体工程同时施工，并确保工程质量。

(三) 建设项目安全设施“三同时”监督管理暂行办法

安监总局于2010年12月14日发布，2011年2月1日起施行的《建设项目安全设施“三同时”监督管理暂行办法》规定了建设项目从初期设计到竣工各个阶段的安全要求，生产经营单位若涉及相应建设项目，须按照规定对建设项目进行安全评价、试运行以及申请验收。该办法所称的建设项目安全设施，是指生产经营单位在生产经营活动中用于预防生产安全事故的设备、设施、装置、构（建）筑物和其他技术措施的总称，并规定下列建设项目在进行可行性研究时，生产经营单位应当分别对其安全生产条件进行论证和安全预评价：非煤矿矿山建设项目，生产、储存危险化学品（包括使用长输管道输送危险化学品，下同）的建设项目，生产、储存烟花爆竹的建设项目，化工、冶金、有色、建材、机械、轻工、纺织、烟草、商贸、军工、公路、水运、轨道交通、电力等行业的国家省级重点建设项目，法律、行政法规和国务院规定的其他建设项目。建设项目竣工后，根据规定，建设项目（包括生产、使用，下同）需要试运行的，应当在正式投入生产或者使用前进行试运行。试运行时间应当不少于30日，最长不得超过180日，国家有关部门有规定或者特殊要求的行业除外。建设项目竣工投入生产或者使用前，生产经营单位应当向安全生产监督管理部门申请安全设施竣工验收。

第四节　安全生产日常管理与应急救援制度

一、特种设备管理制度

（一）关于特种设备的管理规定

根据《特种设备质量监督与安全监察规定》，特种设备是指由国家认定的，因设备本身和外在因素的影响容易发生事故，并且一旦发生事故会造成人身伤亡及重大经济损失的危险性较大的设备，包括电梯、起重机械、厂内机动车辆、客运索道、游艺机和游乐设施、防爆电气设备等。

《安全生产法》第三十条规定：

生产经营单位使用的涉及生命安全、危险性较大的特种设备，以及危险物品的容器、运输工具，必须按照国家有关规定，由专业生产单位生产，并经取得专业资质的检测、检验机构检测、检验合格，取得安全使用证或者安全标志，方可投入使用。检测、检验机构对检测、检验结果负责。

国家质量技术监督局于2000年颁布的《特种设备质量监督与安全监察规定》对特种设备的安全监察和管理作了具体的规定，内容概括如下：

1. 特种设备的设计与制造

设计单位及其设计人员对所设计的特种设备的质量和安全技术性能负责。设计必须符合相应的标准和安全技术要求。未制定国家标准或者行业标准的，必须符合保障人体健康，人身、财产安全的要求。制造单位对制造的特种设备的质量和安全技术性能负责。对实施生产许可证管理的特种设备，由国家质量技术监督局统一实行生产许可证制度；对未实施生产许可证管理的特种设备，实行安全认可证制度。未取得相应产品生产许可证或者安全认可证的单位不得制造相应产品。

2. 特种设备的安装、维修保养与改造

特种设备安装、维修保养、改造单位必须对特种设备安装、维修保养、改造的质量和安全技术性能负责。安装、维修保养、改造单位必须具备相应的条件，向所在地省级特种设备安全监察机构或者其授权的特种设备安全监察机构申请资格认可，取得资格证书后，方可以承担认可项目的业务。该资格证书在全国范围内有效。特种设备安装、维修保养、改造业务不得以任何形式进行转包或者分包。

安装、大修、改造特种设备前，使用单位必须持施工方案等相关资料到所在地区的地、市级以上特种设备安全监察机构备案。安装、大修、改造后特种设备的质量和安全技术性能，经施工单位自检合格后，由使用单位向规定的监督检验机构提出验收检验申请，并由执行当次验收检验的机构出具检验报告，合格的才发特种设备安全检验合格标志。

3. 使用与管理

特种设备使用单位必须对特种设备使用和运营的安全负责。特种设备使用单位必须使用有生产许可证或者安全认可证的特种设备。对使用的特种设备，必须按照本规定有关要求申请相应的验收检验和定期检验。新增特种设备，在投入使用前，使用单位必须持监督检验机构出具的验收检验报告和安全检验合格标志，到所在地区的地、市级以上特种设备安全监察机构注册登记。将安全检验合格标志固定在特种设备显著位置上后，方可投入正式使用。使用单位必须制定并严格执行以岗位责任制为核心，包括技术档案管理、安全操作、常规检查、维修保养、定期报检和应急措施等在内的特种设备安全使用和运营的管理制度，必须保证特种设备技术档案的完整、准确。特种设备遇到可能影响其安全技术性能的自然灾害或者发生设备事故后以及停止使用一年以上时，再次使用前，使用单位应当对其进行全面检查，必须消除影响安全的隐患。

特种设备作业人员（指特种设备安装、维修保养、操作等作业的人员）必须经专业培训和考核，取得地市级以上质量技术监督行政部门颁发的特种设备作业人员资格证书后，方可从事相应工作。

使用单位必须对在用特种设备进行日常的维修保养。特种设备的维修保养必须由有资格的人员进行，无特种设备维修保养资格人员的使用单位，必须委托取得特种设备维修保养资格的单位，进行特种设备日常的维修保养。使用单位应当严格执行特种设备年检、月检、日检等常规检查制度，经检查发现有异常情况时，必须及时处理，严禁带故障运行。检查应当作详细记录，并存档备查。在用特种设备实行安全技术性能定期检验制度，使用单位必须按期向使用特种设备所在地的监督检验机构申请定期检验，及时更换安全检验合格标志中的有关内容。安全检验合格标志超过有效期的特种设备不得使用。

各类特种设备的定期检验周期为在用电梯的检验周期为一年，在用起重机械为两年，在用厂内机动车辆为一年，客运索道检验为周期一年，在用游艺机和游乐设施为一年。

（二）企业对特种设备的管理

1. 特种设备登记制度

新特种设备投入使用前，使用单位必须填写特种设备登记表，并携带有关资料向安全监察机构办理使用登记申报手续。安全监察机构在核查使用单位填写的登记表和有关资料，确认该特种设备的产品质量符合有关法规的要求后，对该特种设备予以注册。安全状况达不到要求或申报材料不全或不真实的，将不予注册。关于这一点，《特种设备安全监察条例》第二十五条规定：

特种设备在投入使用前或者投入使用后30日内，特种设备使用单位应当向直辖市或者设区的市的特种设备安全监督管理部门登记。登记标志应当置于或者附着于该特种设备的显著位置。

使用特种设备的单位，应携带该设备的有关材料、检验报告和填好的登记表，向安全检查机构办理特种设备使用登记申报手续。安全监察机构经核查有关资料和检验报告，确认登记表所填写的各项内容准确无误后，对该特种设备予以注册。安全状况达不到等级的特种设备，要办理注销手续，予以报废。

2. 特种设备档案制度

特种设备档案是特种设备的设计、制造、使用、检修等过程的文字记载，向人们提供过程的具体情况，也是特种设备定期检验和更新报废的根据。通过建立特种设备档案，可以使特种设备的管理部门和操作人员全面掌握其状况，了解其运行规律，防止特种设备安全事故的发生。根据《特种设备安全监察条例》第二十六条的规定，特种设备使用单位应当建立特种设备安全技术档案。安全技术档案应当包括以下内容：特种设备的设计文件、制造单位、产品质量合格证明、使用维护说明等文件以及安装技术文件和资料，特种设备的定期检验和定期自行检查的记录，特种设备的日常使用状况记录，特种设备及其安全附件、安全保护装置、测量调控装置及有关附属仪器仪表的日常维护保养记录，特种设备运行故障和事故记录，高耗能特种设备的能效测试报告、能耗状况记录以及节能改造技术资料等。

3. 特种设备人员的培训、考核与发证

质检总局2011年7月1日施行的关于修改《特种设备作业人员监督管理办法》的决定（总局令第140号）与2005年《特种设备作业人员监督管理办法》（总局令第70号）相比，主要有以下几项变化：

（1）更加细化地规定了监管机关的职责分工。申请《特种设备作业人员证》的人员，应当向省级质量技术监督部门指定的特种设备作业人员考试机构报名参加考试。申请人经指定的考试机构考试合格的，持考试合格凭证向考试场所所在地的发证部门申请办理《特种设备作业人员证》。

（2）加重了用人单位的培训义务。用人单位应当对作业人员进行安全教育和培训，保证特种设备作业人员具备必要的特种设备安全作业知识和作业技能，并及时进行知识更新。作业人员未能参加用人单位培训的，可以选择专业培训机构进行培训。旧办法中对于单位没有培训能力，可委托发证部门进行培训的规定取消。

（3）《特种设备作业人员证》的复核时间由两年延长为四年，取消了延长复审期限的规定，且复审合格的条件更加细化和明确。

（4）删除了旧办法关于吊销《特种设备作业人员证》的规定，增加了有关撤销《特种设备作业人员证》的规定。企业应明确新旧办法的变化，如监管机关职责的改变、复核时间的延长、复审合格的各项条件、用人单位对特种设备作业人员进行安全教育和培训的义务等内容。

生产经营单位应明确新旧办法的变化，如监管机关职责的改变、复核时间的延长、复审合格的各项条件、用人单位对特种设备作业人员进行安全教育和培训的义务等内容。

二、危险化学品管理制度

《安全生产法》第三十二条规定：

生产、经营、运输、储存、使用危险物品或者处置废弃危险物品的，由有关主管部门依照有关法律法规的规定和国家标准或者行业标准审批并实施监督管理。生产经营单位生产、经营、运输、储存、使用危险物品或者处置废弃危险物品，必须执行有关法律法规和国家标准或者行业标准，建立专门的安全管理制度，采取可靠的安全措施，接受有关主管部门依法实施的监督管理。

关于企业应如何规范危险化学品的管理，本部分将从最新颁布的法规和部门规章的角度来具体阐述。

（一）危险化学品的安全管理制度

2011 年 3 月 2 日，修订后的《危险化学品安全管理条例》颁布，并于 2011 年 12 月 1 日施行。修订后的条例适用于危险化学品生产、储存、使用、经营和运输的安全管理。

修改后的条例主要有以下变化：监管部门职责的调整；确立危险化学品安全使用许可制度，即使用危化品且数量达到规定量的应申请使用许可证；进一步严格危险化学品经营安全管理；完善运输安全管理，增加运输始发地为剧毒化学品道路运输通行证批准机关。根据修订后的条例，与危险化学品相关的生产经营单位应注意：若使用危化品达到规定数量的，应向设区的市级人民政府安全生产监督管理部门申请使用许可证，批准时限为 45 天；经营危险化学品的单位应符合的条件增加了两条，即有专职的安全管理人员，有符合国家规定的危险化学品事故应急预案和必要的应急救援器材；若作为危化品的托运人，可以向运输始发地申请剧毒化学品道路运输通行证，批准时限为 7 天。

（二）首批重点监管的危险化学品管理制度

2011 年 6 月 21 日，国家安全监管总局组织对现行《危险化学品名录》中的

3 800 余种危险化学品进行了筛选，编制了《首批重点监管的危险化学品名录》（以下简称《名录》）。重点监管的危险化学品是指列入《名录》的危险化学品以及在温度 20 ℃和标准大气压 101.3 kPa 条件下属于以下类别的危险化学品：易燃气体类别 1（爆炸下限≤13%或爆炸极限范围≥12%的气体）；易燃液体类别 1（闭杯闪点 <23 ℃并初沸点≤35 ℃的液体）；自燃液体类别 1（与空气接触不到 5 分钟便燃烧的液体）；自燃固体类别 1（与空气接触不到 5 分钟便燃烧的固体）；遇水放出易燃气体的物质类别 1（在环境温度下与水剧烈反应所产生的气体通常显示自燃的倾向，或释放易燃气体的速度等于或大于每公斤物质在任何 1 分钟内释放 10 L 的任何物质或混合物）；三光气等光气类化学品。

与该名录里首批重点监管的危险化学品相关的生产经营单位应注意，今后各级安全监管部门会将生产、储存、使用、经营重点监管的危险化学品的企业优先纳入年度执法检查计划，意味着相关工厂将可能面临更多来自监管部门的“突击检查”。同时此类单位应严格核对工厂生产或者使用的化学品清单，识别出其中重点监管的危险化学品的种类和数量，严格做好管理工作。

而为了贯彻落实《国家安全监管总局关于公布首批重点监管的危险化学品名录的通知》的有关要求，国家安全监管总局于 2011 年 7 月 1 日发布了《首批重点监管的危险化学品安全措施和应急处置原则》（以下简称《措施和原则》），从特别警示、理化特性、危害信息、安全措施、应急处置原则等五个方面，对《名录》中的危险化学品逐一提出了安全措施和应急处置原则。相关生产、储存、使用、经营、运输重点监管危险化学品的企业，要细化并落实《措施和原则》提出的各项安全措施；要按照《措施和原则》提出的应急处置原则，完善本企业危险化学品事故应急预案，配备必要的应急器材，开展应急处置演练和伤员急救培训，提升危险化学品应急处置能力。

（三）危险化学品相关企业的职责

根据《安全生产法》、《危险化学品安全管理条例》及《危险化学品经营许可证管理办法》等法律法规的规定，企业的主要职责可归纳为以下几点：

（1）应遵守国家制定的有关危险化学品的法律法规和标准，并根据企业的实际情况，制定出贯彻实施相关法规的具体措施。

（2）危险化学品生产企业应对其生产的危险化学品进行危险鉴别分类，并到主管部门登记、注册，在产品包装上挂贴危险品安全标签，编制危险品安全技术说明书。

（3）使用危险化学品的企业应对工作中使用的所有危险品按照国家规定加贴标签或标识，并向操作人员提供危险品安全技术说明书，企业不得将没有加贴安全标签或标识以及没有危化品安全技术说明书的危化品投入使用。

（4）使用危化品的企业对工作场所使用的危化品可能产生的危害要定期进行检测和评估，检测和评估结果应建立档案，对检查中发现的不安全因素应及时采取有效措施加以解决。

（5）企业应向职工全面公开有关作业场所中所接触的危化品的危害，并制定切实可行的安全操作规程。

（6）生产和使用危化品的企业应及时足额向职工提供符合标准的个人防护用品并制定必要的应急措施，防护用品应及时进行性能检查并按规定定期更换。

（7）生产和使用危化品的企业要制订完善的有关危化品安全知识和正确使用安全技术说明书和安全标签等方面的培训计划，对作业人员进行定期和不定期的培训教育和考核。

三、重大危险源管理制度

《安全生产法》第三十三条规定：

生产经营单位对重大危险源应当登记建档，进行定期检测、评估、监控，并制定应急预案，告知从业人员和相关人员在紧急情况下应当采取的应急措施。生产经营单位应当按照国家有关规定将本单位重大危险源及有关安全措施、应急措施报有关地方人民政府负责安全生产监督管理的部门和有关部门备案。

（一）重大危险源及其分类

重大危险源是指长期地或者临时地生产、加工、搬运、使用或者储存危险物品，且危险物品的数量等于或者超过临界量的单元（包括场所和设施）。单元指一个（套）生产装置、设施或场所，或同属一个工厂的且边缘距离小于 500 m 的几个（套）生产装置、设施或场所。重大危险源分为七大类：易燃、易爆、有毒物质的储罐区，易燃、易爆、有毒物质的库区，具有火灾、爆炸、中毒危险的生产场所，企业危险建（构）物，压力管道，锅炉，压力容器等。

（二）重大危险源辨识与评估

1. 辨识

辨识重大危险源是防止重大生产事故的第一步，我国 2000 年 9 月 17 日发布的《重大危险源辨识标准》（GB 18218—2000）提出了生产场所和储存区爆炸性物质名称及临界量活性、易燃物质名称及临界量、化学物质名称及临界量、有毒物质名称及临界量，作为重大危险源的辨识指标。目前常用的危险源辨识方法主要有：预先危害分析（PHA）、事故后果分析、故障类型和影响分析（FMEA）、危险性和可操作性分析（HAZOP）、事件树分析（ETA）、故障树分析（FTA）、管理疏忽和危险树分析（MORT）等。生产经营单位应依据国家相关标准对本单位重大危险源进行辨识，组织有关专家或委托具有相应安全评价资质的中介机构对辨识出的重大危险源进行安全评估，并形成安全评估报告。

2. 评估

对重大危险源进行辨识后，生产经营单位就应对其进行风险分析评估，包括以下几个方面：辨识各类危险因素及其原因和机制，依次评价已经辨识的危险事件发生的概率，评价危险事件的后果，评价危险事件发生概率和发生后果的联合作用，将上述评价结果与安全目标值进行比较，检查风险值是否达到可接受水平，否则需要进一步采取措施降低危险水平。

评价危险源的危险性时，主要考察以下几个方面的情况：能量或危险物质的量、能量或危险物质意外释放的强度、能量的种类和危险物质的危险性质和意外释放的能量或危险物质的影响范围。评价危险源控制情况，应考虑以下方面：防止人失误的能力、对失误后果的控制能力、防止故障传递能力、失误或故障导致事故的难易、承受能量释放的能力和防止能量蓄积的能力。

生产经营单位和承担安全评估的中介机构对其出具的安全评估报告的真实性及所作结论负责。安全评估报告应当数据准确，内容完整，结论明确并客观公正，建议措施具体可行。安全评估报告一般包括以下内容：安全评估的主要依据，重大危险源的基本情况，危险、有害因素的辨识与分析，可能发生的事故情景、可能性及严重程度，可能受影响的周边单位和人员，重大危险源的风险水平，重大危险源等级，安全管理和技术措施以及评估结论与建议。

此外，生产经营单位应按照国家相关法律法规和标准规定制定并及时完善重大危险源事故应急预案；应对涉及重大危险源的从业人员进行应急管理培训，使其全面掌握本岗位的安全操作技能和在紧急情况下应当采取的应急措施；应在重大危险源现场设置明显的安全警示标志；应依据国家相关规定对重大危险源进行定期的检测，并做好检测、检验记录；应对重大危险源、有重大危险源的建筑物、构筑物及其周边环境开展隐患排查，及时采取措施消除隐患。

四、事故应急救援与调查处理制度

（一）事故应急救援预案

《安全生产法》对此有以下规定：

第六十八条　县级以上地方各级人民政府应当组织有关部门制定本行政区域内特大生产安全事故应急救援预案，建立应急救援体系。

第六十九条　危险物品的生产、经营、储存单位以及矿山、建筑施工单位应当建立应急救援组织；生产经营规模较小，可以不建立应急救援组织的，应当指定兼职的应急救援人员。危险物品的生产、经营、储存单位以及矿山、建筑施工单位应当配备必要的应急救援器材、设备，并进行经常性维护、保养，保证正常运转。

事故应急救援预案是指政府和生产经营单位为减少特大生产安全事故的后果而预先制定的抢险救灾方案，是进行事故救援活动的行动指南。特大安全事故一旦发生，生产经营单位职工、周边群众甚至整个地区的人员生命和财产安全将受到严重威胁。特大生产安全事故的应急预案的编制和实施，对于开展应急救援工作，最大限度地减少人员伤亡和财产损失具有重要意义。

生产经营单位在编制事故应急救援预案前首先应对本单位的重大危险源进行辨识，然后对重大危险源的潜在事故和事故后果进行分析，根据重大危险源的潜在事故和事故后果进行分析来编制事故应急救援预案。潜在事故和事故分析后果就是系统地确定和评估重大危险源会发生什么事故和导致什么紧急事件，会产生什么严重后果，危害程度如何等等。生产经营单位所做的危险源事故后果分析包括以下内容：可能发生什么样的事故类型，包括最严重事件；导致哪些最严重事件发生的过程；对潜在事故的描绘（如容器爆炸、管道破裂、安全阀失灵、火灾等）；对泄露物质数量的预测（有毒、易燃、爆炸）；对泄露物质扩散的计算（气体或蒸发液体）；有害效应的评估（毒、热辐射、爆炸波）；非严重事件可能导致严重事件的时间间隔；如果非严重事件被中止，它的规模如何；事件之间的联系；每一个时间的后果共十项内容。

在分析重大危险源潜在事故及事故后果的基础上，就可着手编制事故应急救援预案。其内容大体包括：潜在事故的性质、规模及影响范围、危险报警、通讯联络方法、应急控制系统、现场总指挥及现场管理者的职权、现场人员的行动准则、非现场但可能影响范围内人员的行动原则、现场措施、设施关闭程序等九项内容。

在制定和实施事故应急救援预案的过程中，要注意以下几点：第一，每一个重大危险源都应有一个事故应急救援预案；第二，事故应急救援预案要定期演练，以保证先进和科学的防灾减灾设备和措施被采用；第三，不应把事故应急救援预案作为维持重大危险源安全运行的替代措施；第四，在事故应急救援预案需要外部服务机构帮助的情况下，生产经营单位应弄清这些服务机构到现场开始抢救所需的时间，然后考虑在这个时间内现场人员能否抑制事故的进一步发展；第五，事故应急救援预案应充分考虑一些可能发生的意外情况，如工作人员生病、节假日和危险设施停止运行期间工作人员不在岗位时，应配备足够的人员以预防和处理事故的发生。

（二）事故报告与抢险

《安全生产法》对此有以下规定：

第七十条 生产经营单位发生生产安全事故后，事故现场有关人员应当立即报告本单位负责人。单位负责人接到事故报告后，应当迅速采取有效措施，组织抢救，防止事故扩大，减少人员伤亡和财产损失，并按照国家有关规定立即如实报告当地负有安全生产监督管理职责的部门，不得隐瞒不报、谎报或者拖延不报，不得故意破坏事故现场、毁灭有关证据。

第七十一条 负有安全生产监督管理职责的部门接到事故报告后，应当立即按照国家有关规定上报事故情况。负有安全生产监督管理职责的部门和有关地方人民政府对事故情况不得隐瞒不报、谎报或者拖延不报。

第七十二条 有关地方人民政府和负有安全生产监督管理职责的部门的负责人接到重大生产安全事故报告后，应当立即赶到事故现场，组织事故抢救。任何单位和个人都应当支持、配合事故抢救，并提供一切便利条件。

事故的报告程序根据2007年4月7日颁布的《生产安全事故报告和调查处理条例》进行。事故发生后，事故现场有关人员应当立即向本单位负责人报告；单位负责人接到报告后，应当在1小时内向事故发生地县级以上人民政府安全生产监督管理部门和负有安全生产监督管理职责的有关部门报告。情况紧急时，事故现场有关人员可以直接向事故发生地县级以上人民政府安全生产监督管理部门和负有安全生产监督管理职责的有关部门报告。报告事故应当包括下列内容：事故发生单位概况；事故发生的时间、地点以及事故现场情况；事故的简要经过；事故已经造成或者可能造成的伤亡人数（包括下落不明的人数）和初步估计的直接经济损失；已经采取的措施；其他应当报告的情况。事故发生单位负责人接到事故报告后，应当立即启动事故相应应急预案，或者采取有效措施，组织抢救，防止事故扩大，减少人员伤亡和财产损失。

（三）事故调查与处理

《安全生产法》对此有以下规定：

第七十三条　事故调查处理应当按照实事求是、尊重科学的原则，及时、准确地查清事故原因，查明事故性质和责任，总结事故教训，提出整改措施，并对事故责任者提出处理意见。事故调查和处理的具体办法由国务院制定。

第七十四条　生产经营单位发生生产安全事故，经调查确定为责任事故的，除了应当查明事故单位的责任并依法予以追究外，还应当查明对安全生产的有关事项负有审查批准和监督职责的行政部门的责任，对有失职、渎职行为的，依照本法第七十七条的规定追究法律责任。

第七十五条　任何单位和个人不得阻挠和干涉对事故的依法调查处理。

而于2011年6月15日新颁布的《生产经营单位瞒报谎报事故行为查处办法》则规定了若生产经营单位人员瞒报或谎报事故，将如何处理。本办法共十七条，主要规定了两个方面的内容。第一是对瞒报谎报事故行为的认定：隐瞒已经发生的事故，超过规定时限未向安全监管监察部门和有关部门报告，并经查证属实的，属于瞒报；故意不如实报告事故发生的时间、地点、初步原因、性质、伤亡人数和涉险人数、直接经济损失等有关内容的，属于谎报。第二是对瞒报谎报事故行为如何处理：事故发生单位主要负责人瞒报或者谎报事故的，处上一年年收入100%的罚款，并由公安机关依照《安全生产法》第九十一条的规定处15日以下拘留；属于国家工作人员的，并依照法律、行政法规和纪律处分规定由监察机关或者任免机关按照干部管理权限给予处理；构成犯罪的，依法追究刑事责任。事故发生单位直接负责的主管人员和其他直接责任人员瞒报或者谎报事故的，处上一年年收入100%的罚款；属于国家工作人员的，并依照法律、行政法规和纪律处分规定由监察机关或者任免机关按照干部管理权限给予处理；构成犯罪的，依法追究刑事责任。事故发生单位瞒报或者谎报事故的，依照下列规定处以罚款：没有贻误事故抢救的，处200万元的罚款；贻误事故抢救或者造成事故扩大或者影响事故调查的，处300万元的罚款；贻误事故抢救或者造成事故扩大或者影响事故调查的，手段恶劣，情节严重的，处500万元的罚款。事故发生单位对事故发生负有责任且存在瞒报、谎报情形的，依照下列规定处以罚款：发生一般事故的，处20万元的罚款；发生较大事故的，处50万元的罚款；发生重大事故的，处200万元的罚款；发生特别重大事故的，处500万元的罚款。事故发生单位瞒报、谎报事故的，由有关部门依法暂扣或者吊销有关证照；负有事故责任的事故发生单位有关人员瞒报、谎报事故的，依法暂停或者撤销其与安全生产有关的执业资格、岗位证书。对重大、特别重大事故负有主要责任的生产经营单位，其主要负责人终身不得担任本行业生产经营单位的矿长、厂长和经理。

生产经营单位应对本办法引起重视，在生产经营过程中若发生事故，按照本办法，事故现场有关人员应当立即报告本单位负责人；单位负责人接到报告后，应当在1小时内向事故发生地安全监管监察部门和有关部门报告。情况紧急时，事故现场有关人员可以直接向安全监管监察部门和有关部门报告。

第九章　企业构建环境健康安全合规制度的基本内容

第一节　企业构建环境健康安全合规制度的环境

一、企业合规文化

环境健康安全是现代企业得以顺利运行的基石，符合环境健康安全领域的法律法规是对企业在环境健康安全领域提出的最基本的要求，它不仅关系到企业的业绩和声誉，甚至关系到企业的发展和存续。因此，企业必须把环境健康安全合规制度建设作为企业文化和政策的重要部分，在日常活动和生产经营的过程中予以贯彻实施，以期营造环境健康安全合规制度的良好氛围。

企业应针对其内部有关职能和层次，建立、实施并保持形成文化的环境健康安全目标和指标。目标和指标应符合企业环境健康安全方针，保证遵守适用的法律法规和其他要求。组织在建立和评审目标和指标时，应考虑自身的重要环境健康安全因素须符合法律法规和其他要求。

二、管理体系和程序

环境健康安全合规制度是企业环境健康安全管理体系中的基本制度，环境健康安全合规制度建设是企业环境健康安全管理体系的重要内容。企业应确保在建立、实施和保持环境健康安全管理体系时，对适用于环境健康安全的法律法规和其他要求予以审慎考虑和全面贯彻。

企业应建立、实施并保持一个或多个程序用来识别适用于其活动、产品和服务中环境健康安全因素的法律法规和其他应遵守的要求，并建立获取这些要求的渠道，确定这些要求如何应用于企业的环境健康安全因素。

第二节 企业构建环境健康安全合规制度的参与者

一、管理人员

企业管理层既是环境健康安全合规制度的创建者，又是监督实施者。最高管理者应确定本企业的环境健康安全方针，并在界定的环境健康安全管理体系范围内，确保其达到以下要求：①适合于组织活动、产品或服务的性质、规模和影响；②包括对持续改进、污染预防、职业健康和安全生产的承诺；③包括对遵守与其环境健康安全因素有关的适用法律法规和其他要求的承诺；④提供建立和评审环境健康安全目标和指标的框架；⑤形成文件，付诸实施，并予以保持；⑥传达到所有为企业或代表企业工作的人员；⑦可为公众所获取。

环境健康安全管理人员是专门负责环境健康安全管理工作的，他们应熟悉环境健康安全领域的法律法规并能及时获取了解该类信息的更新状况，利用法律法规指导环境健康安全管理工作，解决相关人员在环境健康安全合规方面的疑问，保证法律法规的贯彻落实，同时对企业各生产和业务部门的环境健康安全合规状况进行定期评价和审核，对违规之处提出整改措施，推动持续改进。

环境健康安全法律法规专职管理人员是环境健康安全合规建设最直接的管理者和参与者。企业应配备环境健康安全法律法规方面的专职管理人员，定期搜集发布环境健康安全法律法规的最新状况，为各生产部门和业务集团以及普通员工提供环境健康安全法律法规方面的培训讲解和咨询服务。

二、普通员工

普通员工在从事本职工作的过程中，会接触到环境健康安全领域的各类法律法规，他们是环境健康安全合规制度建设的主体。普通员工应认识到环境健康安全合规制度的重要性，了解环境健康安全领域的基本法律规定，并且熟悉与自己所处的业务部门和生产领域密切相关的环境健康安全方面的法律法规，及时提出在工作过程中所遇到的环境健康安全合规方面的疑问，积极反馈相关法律法规在实际工作贯彻实施中所遇到的问题，以保证自己的工作行为完全符合法律规定。

第三节　企业构建环境健康安全合规制度的工具

一、硬件设施

环境健康安全合规制度建设需要相应的配套设施。一个符合环保、职业健康要求，安全舒适的工作和生产环境既是企业在工作场所和生产过程中符合环境健康安全法律法规的表现，又为企业在各领域构建环境健康安全合规制度创造了良好的氛围。这要求企业配备必要的污染处理设施、医疗服务设施、消防和其他安全防护设施。

企业可以依据自身条件提供专门的环境健康安全法律法规和相关信息的查阅和学习场所，在其内放置有关的图书资料、报刊杂志和视听材料以及打印、复印、扫描等电子设备，方便员工进行信息查询、阅读和复制传送。同时，还可以在该场所组织法律法规的定期咨询和培训以及其他学习活动。

二、软件设施

环境健康安全法律法规和相关信息的存储和发布需要专门的平台，信息库的建设必不可少，企业可以设置提供环境健康安全法律法规和相关信息的网站并进行定期更新，以方便企业的所有员工都能够便捷地获取必要的信息。

企业还可以使用一些环境健康安全管理方面的软件工具，各部门各业务集团可以将环境健康安全领域不同要素的合规状况按照管理流程进行定期输入，以方便日常管理及日后进行定期评估和备查。

第四节　企业构建环境健康安全合规制度的措施

一、信息发布

获取和知悉环境健康安全方面的法律法规是企业构建环境健康安全合规制度的前提，企业应建立环境健康安全法律法规信息库用于全面提供关于环境健康安全法律法规的基本信息，同时通过专职人员多渠道定期搜集和发布关于环境健康安全的法律法规的最新信息，并且在所发布的信息中附带适当的注解，评析其可能对企业产生的潜在影响以及如何能够更好地符合该规定。另外，向与环境健康安全密切相关的政府部门征询意见和环境健康安全合规方面的典型案例，也属于企业环境健康安全法律法规方面信息发布的一项重要内容。

企业在日常活动中要及时跟踪法律法规的变化情况，并将变化信息及时传递。在发生下列情况时要及时跟踪更新：①获知有关的法律法规发生变化时；②管理评审有新的要求时；③企业的经营范围发生变化或业务拓展时；④与企业活动有关的重要环境因素或危险因素变化时。

上述所有信息可以上传到企业专门网站以供浏览，或以报告的形式邮件发送至企业内部的目标人群，还可以合规培训的方式集中发布。不论以何种方式进行发布，这些信息对于企业的各部门和各业务集团以及普通员工都应是便于获取和易于理解的。

在实际工作贯彻实施环境健康安全领域法律规定的过程中，不可避免会遇到各种状况，这就要求企业所有员工及时向环境健康安全管理人员反映问题，积极向环境健康安全法律法规领域的工作人员寻求帮助。

环境健康安全是国家近年来进行社会管理工作的热点，很多新的法律法规不断涌现。国家在进行相关立法制定和修改的过程中，也在征求社会各界包括企业界的立法意见，企业应注意搜集实际工作中所遇到的法律法规实施盲点和误区，积极参加国家面向社会的立法讨论活动。

在环境健康安全违规事件发生时，企业应根据事件的轻重程度设置不同的上报和处理程序，同时在不同层级指定拥有相应的应急处理职责的负责人员，优化处理流程，尽量将事件的影响降到最低，并且在事件解决完成后，要有详细的事故报告分析事件的起因和确定相关责任人，严格追究责任人的责任，杜绝类似事件的再次发生。

二、能力建设

企业应确保所有为它或代表它工作的人员，在环境健康安全合规方面都具备相应的能力。该能力基于必要的教育、培训或经历，企业应保存相关的记录。企业应确定与环境健康安全法律法规有关的培训需求并提供培训，或采取其他措施来满足这些需求。

培训的内容包括：环境健康安全领域法律法规的基本情况和最新规定，以及如何在工作中遵守相关法律法规。培训应使为企业或代表企业工作的人员都意识到符合环境健康安全法律法规的重要性，同时也使他们意识到在实现环境健康安全合规方面的作用与职责以及偏离法律规定的潜在后果。

企业还可以开展以提高工作人员环境健康安全合规能力的其他形式的活动，例如，汇集员工所提出的本职工作内常见的违规行为以吸引全员的注意力，组织部分员工参观一些合规建设成绩突出的部门或业务集团以学习好的工作经验。

三、评价和审核

为了履行遵守法律法规要求的承诺，企业应建立、实施并保持一个或多个程序，以定期评价对适用法律法规的遵守情况。企业应保存对上述定期评价结果的记录以备将来查看和比较。定期评价应考虑企业不同活动、产品和服务的类型和周期，不仅应考虑常规的活动、产品和服务的合规性评价的时间（时机），还应考虑非常规活动、产品和服务的合规性评价的时间（时机）。

合规性评价的内容一般应包含以下一些基本要素：①管理方针中的合规性承诺及内涵；②与企业环境健康安全管理体系运行有关的法律法规，其他要求的收集、发布、执行评价；③现存及潜在的不合规情况及纠正和预防措施；④方案中涉及合规性要求的目标、指标的实现途径及效果评价；⑤涉及确保企业活动符合性要求的评价；⑥合规性的内部沟通；⑦违规/不符合的报告、处置措施及反馈结果等。

企业应根据自身的运作模式、“适用要求”的数量种类等确定评价方式。可考虑的方式有两种：一是单独进行环境和职业健康安全法律法规符合性的评价，或与其他评价过程结合起来。如与内部审核结合在一起，须明确划分两者的目的和范围，必须达到合规性评价的要求和目的。二是单独进行“其他要求”遵守情况的评价，或与管理评审等结合起来一起进行。企业或部门应根据法律法规要求的性质决定对每项（类）法律法规要求评审的方法，合规性评价的结果（符合/不符合）应有相应的证据加以证实。

评价的结果如发现不符合法律法规要求的问题，企业或部门应根据问题的性质和影响的严重性采取相应的纠正和预防措施。当不符合超过了轻微、暂时的偏差时，企业或部门应建立由适宜指标和管理方案支持的、能够达到符合性的目标。

企业应确保按照计划的时间间隔对环境健康安全合规状况进行内部审核并向管理者报告审核结果。目的是判定各部门和各业务集团是否符合企业对环境健康安全合规的预定安排和要求以及环境健康安全法律法规是否得到了恰当的实施和保持。企业应策划、制定、实施和保持一个或多个审核方案，此时，应考虑到相关运行的环境健康安全法律法规的重要性和以往审核结果的实践性。

应建立、实施和保持一个或多个审核程序，用来规定：策划和实施审核及报告审核结果、保存相关记录的职责和要求；审核准则、范围、频次和方法。审核员的选择和审核的实施均应确保审核过程的客观性和公正性。

四、持续改进

管理者应按计划的时间间隔，对企业的环境健康安全合规状况进行评审，以确保制度的持续适宜性、充分性和有效性。评审应包括评价改进的机会和对现有制度修改的需求，包括制度目标、制度环境和制度措施的修改需求。企业应保存相关评审记录以保证制度建设的连贯性和继续改进的可能性。

评审的内容应包括合规性评价和内部审核的结果；来自外部相关方的交流信息；企业的环境健康安全绩效；目标和指标的实现程度；纠正和预防措施的状况；以前评审的后续措施；客观环境的变化，包括与企业环境健康安全因素有关的法律法规和其他要求的发展变化；改进建议；等等。

评审的结果应包括企业为在环境健康安全合规方面实现持续改进的承诺而做出的，与环境健康安全方针、目标以及其他与环境健康安全合规制度建设相关的要素的修改有关的决策和行动。

第十章　环境、健康和安全合规相关案例

第一节　通用电气 EHS 合规管理体系

通用电气（以下简称 GE）公司拥有一百三十多年的历史，是全球最大的多元化公司。GE 致力于解决世界上的各类基础需求，现有 6 个业务集团，包括能源、医疗、航空、运输、金融以及家庭与工业解决方案；拥有 500 多处生产基地，客户遍及全球 100 多个国家。迄今为止，GE 的所有工业产品集团都已在中国开展业务，拥有 12 300 多名员工，并建立了 50 多个经营实体。

在开展业务的同时，GE 也以成为具有责任感的企业公民自勉，EHS 文化就如 DNA 一样融入 GE 在中国的业务发展之中，并且在不断地完善和加强。GE 公司的“诚信政策”明确地指出 GE 承诺在环保、健康及安全方面达到最高标准：遵守适用的 EHS 法律法规；消除危险隐患、提供安全的工作场所；评估新活动和产品对于环境、健康和安全的影响；减少使用和排放有毒有害物质；将 EHS 管理体系和表现作为整体运营策略的有机组成部分推行并持续提高。遵守相关法律法规是 GE 环境、健康和安全运营制度的基础，也是 GE 一直坚持的原则。在中国，GE 的工厂严格遵照实施适用 EHS 法律法规，并保持与地方政府部门的良好沟通。例如，积极配合政府监管部门的例行监测，就有害废弃物的产生情况提交年度申报；在新建或扩建厂区时，接受政府部门的监督；在开发工业项目的同时建设环境保护配套设施等。这些都得益于公司建立了一套完整的 EHS 法规符合性管理体系。

一、EHS 管理体系中的合规制度

GE 很早就制定了适用于公司在全球所有业务的一整套环境、健康和安全方面的目标和期望，这些目标都采用相同的指标加以执行和评估。在世界范围内，为保证全球统一标准的实现，GE 建立了“健康安全框架”和“环境框架”，它们对法规符合、危害识别、工业卫生、化学品管理、溢出防范和废弃物处理等众

多环境、健康、安全问题都制定了全公司统一的标准。在中国，GE 严格执行这套标准，并通过严格的评估机制和员工培训来保证这些标准在生产运营过程中的有效实施。

不论是在“环境框架”还是“健康安全框架”中，法规符合都被认为是必须严格遵守的基本要求。因此，在中国，GE 根据国家相关的法律法规制定了适用于本土的 EHS 法规符合性检查表及法律法规指南，以供各工厂的 EHS 专职人员参照和执行。该检查表由 10 个模块、共 334 个问题组成，内容涉及一般环境、空气和噪声、水、废弃物、化学品、安全管理、工艺安全、职业健康、火灾和应急准备、放射安全等十个方面。每一个问题都有相应的法律法规指南作为参考附件，使用者还可以轻松地通过参考附件中的链接找到 EHS 法律法规数据库中完整的法规原文，对法规要求进行更加深入的解读。

为了确保法规符合性、促进 EHS 管理框架的高效实施以实现统一的全球目标，GE 在中国设立了总部 EHS 部门，为各业务集团提供包括法律法规在内的专业咨询、培训和指导。中国的总部 EHS 部门还专门设置 EHS 法律顾问，负责追踪和分析 EHS 法律法规的最新信息，为业务集团提供咨询和帮助。各业务集团也建立了包括负责 EHS 工作的区域经理、工厂经理、工厂专员等不同层级的管理架构，确保所在的业务集团保持对 EHS 法律法规的符合性。此外，GE 在中国还设立了跨业务集团的 EHS 委员会，成员是来自 GE 在中国各领域的 EHS 人员。委员会每年召集 GE 中国的区域 EHS 领导人、工厂 EHS 经理和专员举行三次会议，对 EHS 法律法规更新和趋势的讲解与讨论是该会议的重要内容。

二、EHS 法律法规的追踪、发布与沟通

在中国这个不断变化的市场，新的 EHS 法规层出不穷、日新月异。企业对这种变化不敏感，就会有违法的风险；相反，如果理解和应对得当，有时新的法规也会带来商机。GE 的 EHS 承诺之一是“100% 合规”，如果不了解规则，也就无法兑现承诺。而中国的 EHS 法规体系是庞大而复杂的，从中央到地方，从部门到部门，都会颁布相应的法规和规章。因此，为达到“100% 合规”，法规的追踪、发布和沟通是必不可少的。

GE 要求各工厂必须实时掌握对自身有影响的 EHS 法规，了解新的 EHS 办事程序，注意法规的生效日期和适用范围，并与相关政府部门维持良好的工作关系。同时，如果新的 EHS 法规带来的变化将严重影响运营，工厂、业务集团的

EHS 领导以及总部 EHS 部门应及时沟通、共同应对。在此基础上，总部与各业务集团的 EHS 部门之间形成完善的 EHS 法律法规沟通工作机制。

总部 EHS 部门负责对各相关政府部门发布的 EHS 法律法规最新信息进行日常追踪，并结合 GE 各工厂的基本情况对法规的适用性进行分析，初步判断对各业务集团的影响并给出建议。对于一些影响重大的法规征求意见稿，总部 EHS 部门会征集中国 EHS 委员会成员的意见并统一递交相关政府部门。最终，这些信息均会通过“月度 EHS 法规报告”系统地传达给各业务集团的 EHS 部门。如果各业务集团基于自身现状评估法规适用性的结果确实会对企业产生影响，工厂将展开进一步的准备和执行工作。而各业务集团 EHS 部门在执行法律法规的过程中若遇到困难或对法规不理解、不确定，则可通过邮件或电话的形式直接与总部 EHS 部门联系，总部 EHS 部门将对法规进行更加深入的分析，借鉴其他业务集团的经验，必要时向政府部门咨询，并最终给予解决问题的建议和方案。具体详见图 10－1。

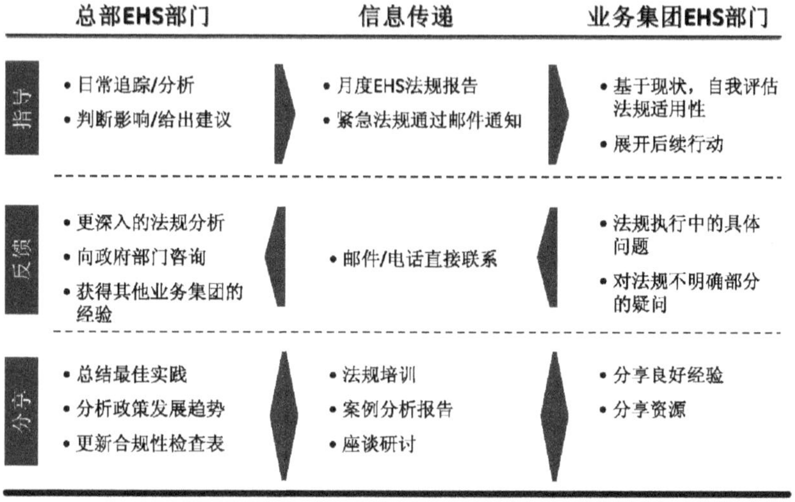

图 10－1　GE 中国 EHS 法律法规沟通工作机制

在与业务集团和政府部门的不断沟通过程中，总部 EHS 部门分析政策发展趋势，对工厂的最佳实践进行总结，并定期对 EHS 合规性检查表进行更新。每年，总部 EHS 部门都会组织一次中国 EHS 法律法规培训，讲解最新的 EHS 法律法规动向，分析 EHS 合规性检查表的更新内容，解答 EHS 委员会成员在法规执行方面的疑问，同时建立各业务集团分享自身经验的平台。在这样的沟通和反馈机制下，EHS 相关的法规信息和执行经验得到了最大程度的共享。

三、EHS 法律法规数据库

为配合 EHS 法律法规沟通工作机制，方便 EHS 专职人员及所有员工能够便捷地获取所需的 EHS 法律法规信息，GE 开发并建立了“一站式” EHS 法律法规数据库，囊括大量 EHS 相关的法规信息，并且拥有强大的搜索功能。该数据库收录了国家及地方的 EHS 相关法律法规、规章、标准、指南、强制性通告以及拟定中的法规，同时用户还可以按照所在的省份搜索需要的信息。主要的信息分类包括环保管理、工业卫生、安全管理、化学品管理、建设项目、应急与消防等。公司安排专人负责数据库的维护与更新，及时上传最新的法律法规、立法信息和发展趋势，并通过邮件和网页的形式定期发布 EHS 法规数据更新报告。

除了提供法律法规的搜索与更新，该 EHS 法律法规数据库还为用户提供典型 EHS 事故浏览、EHS 相关新闻、EHS 案例分析和报告，以供员工学习和借鉴。数据库的网站中还集中了重要政府部门、法律法规网站的链接，以提供更多的 EHS 相关政策及法律法规信息。截至目前，该数据库共收录 4 419 条 EHS 相关法律法规、4 142 条 EHS 相关的政府通告和其他新闻，以及 4 969 起 EHS 案例分析，并处于不断地添加和更新中。自 2002 年数据库建立至今，已获得近70 000 次的访问量。

四、EHS 法规符合性审核与持续改进机制

为确保 EHS 法规符合性，GE 制定了“三级合规性检查体系”，分别为年度工厂自检、每两年一次的业务集团/跨业务集团审核以及总部的专题运营评估。每年，各工厂都必须使用 EHS 法规符合性检查表进行自我达标评估，所有发现的问题都要经工厂和业务集团的 EHS 负责人以及工厂领导层审查、共同解决。同时，各工厂以两年为周期接受业务集团层面的审计，由所在业务集团和其他业务集团的 EHS 专业人员组成审核团队，以此相互监督和确保合规性及 GE 最佳行为与计划的实施。此外，总部 EHS 部门每年对选定的 EHS 主题进行抽查评估，如化学品管理、废弃物和危险货物运输等。对于检查和审核过程中发现的问题，工厂都需要制订相应的行动计划并及时实施和跟踪。而对于其中的法律法规不符合项，GE 要求在 30 天内解决 90%，在 180 天内解决 100%。

有效的执行是真正落实 EHS 要求、实现持续改进的关键所在，而数字化的管理工具能起到实现一致性和常规监控的重要作用，为此 GE 开发并为各业务集团的人员提供了统一的、综合的 EHS 数字化管理工具——Gensuite，并安排专人负责该系统的维护。EHS 相关负责人可以利用 Gensuite 中的“合规日历（Compliance Calendar）”、“合规性检查工具（Power Audit Tool）”、“审核追踪系统（Audit Tracking System）”等工具，有效地保证 EHS 法规符合性问题能够被准确地识别、记录和报告，并在有效的时间内得到解决。

召开 EHS 会议，及时总结 EHS 工作经验和教训，是逐步提高 EHS 合规和管理水平不可或缺的环节。Session E 是 GE 在全球各工厂统一要求开展的级别最高的 EHS 年会。GE 总部会提供标准化的汇报内容模板，由各工厂的厂长向业务集团首席执行官和 EHS 全球副总裁进行演示汇报，汇报内容包括工厂年度概况、衡量标准的符合率（包括违规次数）、健康安全框架和环境框架计分、员工感知调查结果等。通过明确 EHS 的工作状况、取得的成绩、存在的不足，提出今后工作方向和实施方案，使 EHS 管理形成循序渐进、步步提高的良性循环。

五、其他工具与资源

除了 EHS 法律法规数据库，GE 的总部 EHS 部门目前正在建立关于区域 EHS 政策结构的网页，根据 GE 目前的业务分布和拓展计划将全国划分为几个重点区域，并对各区域的 EHS 相关政策进行归纳和总结。具体内容包括国家 EHS 宏观政策、气候变化、EHS 立法现状与报告、能源政策、行业分析等。政策是制定法律的基础和指导，而法规是政策的法律化、条文化和具体化。因此，把握国家及各地方的 EHS 政策发展方向能够使企业更加超前地做出相应的准备和调整，迎接和面对即将到来的机遇与挑战，在符合 EHS 政策与法规的基础上，实现可持续的商业发展。

此外，GE 在北亚区 EHS 网站中还为 EHS 专职人员和其他用户提供了大量有用的 EHS 资源与工具的链接，分为环境、健康与安全、地方资源、EHS 法规资源、EHS 论坛、非政府组织等六大类，具体包括国家和地方政府部门、机构、资讯、论坛等网站。这些链接为员工提供了更为丰富的 EHS 法规信息资源。

六、对外交流与合作

在中国，GE 在遵守 EHS 法律法规的基础上，还积极参与法规和标准的制定工作、邀请政府人员讲解与分析EHS法规动态，并乐于与其他企业分享GE在EHS合规方面的经验和知识。

2009年8月，GE与上海市卫生局卫生监督所签订了卫生监督员培训实践基地合作协议书。通过该项目，GE为该所的卫生监督员提供了交流学习的平台和实际的企业挂职经历，使卫生监督部门更客观地了解企业在职业健康管理上的现状、存在的问题和障碍，同时也使GE更好地了解政府部门在职业健康管理上的标准、发展趋势和执法要求。

2010年11月和2011年5月，GE参加了工信部电子电气产品污染控制小组会议和年度会议，并参与起草了《电子电气产品污染控制标识要求》及《电子电气产品环境合规性评估通用说明》。

2011年9月，GE在中国组织了第四次EHS论坛，参加者包括政府相关部门的负责人、专家学者、跨国企业代表以及GE在中国的EHS团队，他们就中国EHS法规及中国未来的EHS发展趋势等问题进行了深入探讨，并分享各自的管理经验。

第二节　杜邦安全文化

在美国东部特拉华州，美丽的白兰地河依然在静静地流淌，岸边依然草木茂密，风景如画。如果不是矗立着一座杜邦公司的历史博物馆，几乎没人能够想象，这里曾经是一座庞大的黑火药生产厂。两百多年前，作为一个家族企业，杜邦公司诞生并成长于这条河畔。

经过两个多世纪的风雨沧桑，当年的火药厂已经成为杜邦公司历史的印记。今天的杜邦早已投入前景更为广阔的能源、电子科技、通讯与交通、工程塑料、食品与农业以及楼宇与建筑等相关产品的创新、研发和生产，发展为全球领先的科学公司。一家两百多年的老牌企业仍能在无数次的转型中不断前行，并且焕发出更强大的生命力，杜邦公司的发展历程无疑是一段传奇，而缔造这段传奇的秘籍之一便是贯穿于企业经营管理中的核心理念——安全。

（一）安全第一

在杜邦公司，所有的安全目标都是“零”，这意味着零伤害、零职业病和零事故。尽管在发展过程中也曾有过沉痛的教训，但长期的实践加上对安全无止境的追求，使得杜邦在安全方面积累了丰富的安全知识和经验，同时也创造了卓越的安全业绩。杜邦的宗旨是“从科学出发，一切事故均可避免”。

两百年里，决策层更迭数代，员工更换数茬，经营范围从最初的单一火药制作拓展到今天的综合产品开发，但杜邦公司“安全至上”的理念却始终不曾改变。

今天，“杜邦”就是“安全”的代名词。

杜邦安全管理的十大基本原则是一切事故是可以防止的，各级管理层对各自的安全直接负责，所有安全操作隐患是可以控制的，安全是被雇佣的条件，员工必须接受严格的安全培训，各级主管必须进行安全检查，发现安全隐患必须及时消除，工作外的安全和工作内的安全同样重要，良好的安全就是一门好的生意，员工的直接参与是关键。

在杜邦，安全体系由以下几个部分组成：新员工的安全教育，每月的安全会议，办公室安全规定（如上下楼梯必须扶扶手、在办公室不准奔跑、铅笔芯朝下插在笔筒内等），会议介绍惯例（所有会议的第一个话题必须是安全），以及通过电子邮件、员工通讯、其他刊物发布的安全常识和访问者登记制度。

在杜邦，管理者和员工是这样理解“安全”的：安全具有显而易见的价值，而不仅仅是一个项目、制度或培训课程；安全与企业的绩效息息相关；安全是习惯化、制度化的行为，影响企业的组织变革、感召力和员工。

（二）理念至上

1802 年，杜邦公司成立，在第一个百年里，杜邦主要以火药制造为主，特殊的行业造就了杜邦“特殊的”安全理念。该公司是世界上最早制定出安全条例的公司。但是，正如一位杜邦人所说，杜邦并不是一家被“神化”了的公司，也不是生来就承担引领全球企业安全生产使命的特殊企业，其今天在安全管理上的成功，同样来源于公司历史上因为安全不够而造成的教训，甚至，这些教训足以用惨痛来形容。就在杜邦的家族企业雄心勃勃地研发和生产中，火药厂曾在 19 世纪初期发生了数次大爆炸，遭受了巨大的生命与财产损失。也正是因为这样，杜邦的领导层深深体会到了安全的重要性，这促使其在 1811 年创建了第一套安全管理规范并逐步制定并完善了三项严格的安全管理决策：一是生产管理人对安全直接负责，而不仅仅依靠专门的安全部门；二是建立公积金制度；三是让员工真正认识到，安全生产并不是对他们生产行为的约束与纠正，而是对人身的真正关怀与体贴。杜邦规定，在最高管理层亲自操作前，任何员工不得进入一个新的或重建的工厂去操作，进入工场区的马匹不得钉铁掌，马蹄要用棉布包裹起来，以免马蹄碰撞其他物品产生明火，引起火药爆炸等，目的是体现杜邦对安全的重视和承诺。

两百多年的发展，杜邦已把“安全、健康和环境”作为企业的核心价值之一。杜邦大力倡导“有感领导”理念。在杜邦，从领导层、高级管理人员、工厂各部门主管到运营团队，乃至所有操作员工，都必须把安全视为企业的核心价值。所有安全管理规定总是由上而下从最高管理者开始实施，管理者必须在工作人员中树立遵守安全管理规定的榜样，同时必须在实施安全规定的过程中提供资源保障。在日常工作中，比如每次开会前，都会开展安全经验分享，通过关注、了解和分析工作与生活当中每一个安全细节，提醒和强化所有员工对安全的关注与重视，从而形成一种氛围。当你走进杜邦的企业，你会发现，各种安全警示标志随处可见，现场管理清洁有序，员工自觉遵守安全规则，充分体现出“员工的直接参与是关键”的安全理念。

杜邦这种安全文化的形成经历了自然本能反应、依赖严格的监督、独立自主管理、团队互助管理四个发展阶段：

第一阶段：自然本能反应。处在该阶段的企业和员工对安全的重视仅仅是一种自然本能保护的反应，员工对安全是一种被动的服从，安全缺少高级管理层的参与。

第二阶段：依赖严格的监督。处在该阶段的安全行为特征是各级管理层对安全责任做出承诺，员工执行安全规章制度是被动的。

第三阶段：独立自主管理。此阶段企业已具有良好的安全管理体系，安全意识深入人心，把安全视为个人成就。

第四阶段：团队互助管理。此阶段员工不但自己遵守各项规章制度，而且帮助别人遵守；不但观察自己岗位上的不安全行为和条件，而且留心观察他人岗位上的；员工将自己的安全知识和经验分享给其他同事；关心其他员工的异常情绪变化，提醒安全操作；员工将安全作为一项集体荣誉。

（三）精于管理

1911 年，杜邦成立了世界上第一个企业安全委员会，至今都保存着安全操作记录。1912 年，杜邦开始安全统计和分析。1923 年，建立起“无事故记录总统奖”，并逐步完善了将工伤、疾病和事故降为零的杜邦安全制度。1940 年，“所有的伤害都是可以预防的”的信念建立。1950 年开始非工作时间安全计划。可以说，杜邦一直致力推动安全理念、技术和制度的不断革新，建立了一整套安全管理体系。杜邦员工最引以为傲的是两个“十倍”，即杜邦的安全记录优于其他工业企业平均水平十倍，杜邦员工上班时比下班后还要安全十倍。

杜邦公司的安全管理包含行为安全和工艺安全两部分。行为安全方面，杜邦公司提出了具体的要求，比如设定具有挑战性的安全目标、分清安全管理的职责、完整的制度架构等；在工艺安全上，杜邦公司也提出了明确的要求。但仅仅有这些还是不够的。在杜邦公司对行为安全和工艺安全所提出的要求里，有一个最核心的元素是要实实在在地体现出最高领导层对安全的承诺和领导。在杜邦公司，这种安全管理模式就是上文提到的"有感领导"，它要求领导层必须让员工听到、看到、体会到其对安全的重视。

（四）不断学习

杜邦有一套非常成熟的安全培训系统，公司安全培训队伍遍布世界各地。杜邦把安全理念、安全系统、安全管理最终形成一种安全产品——全套 DuPontTM 工厂安全系统，在各地推广。每一个杜邦员工在加入杜邦时，都必须承诺信守杜邦"安全是被雇佣的条件"的安全理念。杜邦从 1951 年开始考察员工下班后的安全观念，就连员工乘车、过马路、就餐、在家做家务，公司都时时提醒做好安全防范。无论是内部会议还是与政府首脑会谈，主持人的第一句话都是"开会前，我先向诸位介绍安全出口通道"，以保证每一个员工都知道他所应遵守的安全管理规定，所有参加安全培训的员工在培训结束后都有考核/考试记录，该记录作为人事部门考查员工业绩和提升的重要依据之一。在杜邦，不能遵守安全管理规定的员工，哪怕别的方面工作能力再强，也不能在杜邦工作下去。

以安全文化来建设本质安全型企业往往不是一蹴而就的，而是需要长期不懈的努力才能建成。在这过程中，企业各级管理层必须对安全责任做出承诺并付诸行动，每位员工不仅对自己的安全负责，而且也要对同事的安全负责。这种对个人和集体负责的概念，连同以"任何事故都可预防"的信念为指导原则，坚信零伤害、零疾病、零事故的安全目标是可以实现的。杜邦安全文化的实施，必然可以使企业安全管理机构更加完善，职责更加明确，制度更加科学系统，生产系统更加安全合理，作业环境更加安全卫生，人员素质不断提高，企业经济效益不断提升，从而实现企业整体的本质安全，成为本质安全型企业。

第三编　EHS 危害的识别与评价

第十一章　危险源辨识与安全风险评价

第一节　基础知识

在进行危害因素辨识之前，需先了解以下有关概念，以便理清思路，明白有关事故的概念及其逻辑关系。

（一）危险

危险指系统中一个过程、一种行为、一种状态或一种环境存在导致发生不期望后果的可能性超过人的承受程度。

（二）危险辨识

危险辨识指识别危险在什么情况下发生，为什么能发生，怎样发生的过程。危险辨识的两个关键任务是辨识可能发生的特定的不期望的后果；辨识导致这些后果的材料、系统、过程和设备的特性。

（三）危害

危害指可能造成伤亡、职业病、财产损失、作业环境破坏的根源或状态，即所有可能引发事故或职业病的各种危险因素。

（四）危害辨识

危害辨识指识别危害的存在并判定其性质的过程。危险因素种类繁多，存在形式和阶段各异。按其性质可分为物理性因素、化学性因素、生物性因素、心理和生理性因素、行为性因素、社会性因素等。按照在生产过程和作业现场的存在方式可划分为潜在因素和现在因素。

（五）危险危害因素

危险因素是指能对人造成伤亡或对物造成突发性损坏的因素（强调社会性和瞬间作用）；危害因素则是指能影响人的身体健康、导致疾病或对物造成慢性损坏的因素（强调在一定时间内的积累作用）。通常为了区别客体对人体不利作用的特点和效果，分为危险因素和危害因素。有时对两者不加区分，统称危险危害因素。

（六）危险源

危险源是指可能造成人员伤亡、伤害、职业病、财产损失或其他损失的根源或状态。危险源是事故发生的根本原因。危险源可分为两类：第一类危险源是指系统中存在的可能发生意外释放的能量或危险物品；第二类危险源是指导致约束、限制能量或危险物品意外释放措施失效或破坏的各种不安全因素。主要包括人的失误、物的故障和环境因素。

（七）重大危险源

重大危险源是指长期或临时生产、加工、搬运、使用或储存危险物质，且危险物质的数量超过临界量的单元（包括场所和设施）。

危险物质是指具有易导致火灾、爆炸或中毒危险的一种物质或若干种物质的混合物，如易燃易爆物质、有毒化学物质、放射性物质等能够危及人身安全和财产安全的物质。

单元是指一个（套）装置、设施或场所，或属于同一个工厂且边缘距离小于 500 m 的几个（套）装置、设施或场所。

临界量是指对于某种或某类危险物质规定的数量。若单元中的物质数量等于或超过该数量，则该单元为重大危险源。

单物质的临界量可直接查表（GB 18218—2000），多种物质用加权值计算，即

$$\sum_{i=1}^{M} \frac{qi}{Qi} \geqslant 0$$

式中：qi——第 i 种物质储有量；

$\Sigma = \max f\ (X,\ R,\ C)$ ——第 i 种物质临界量。

重大危险源分为生产场所重大危险源和储存区重大危险源两种。生产场所是指危险物质的生产、加工及使用等的场所，包括生产、加工及使用过程中的中间储罐储存区及半成品、成品的周转库房。储存区是指专门用于储存危险物质的储罐或仓库组成的相对独立的区域。

第二节　危险因素辨识及确定

一、危险危害因素辨识的基本要求

在现代科学技术高度发展的今天，由于装置大型化和过程自动化，一旦发生事故，后果相当严重。因此，发现问题比解决问题更重要，即在过程的设计阶段就要分析危险危害性，并通过对设计、安装、试车、开车、运行、抢修等阶段的危险危害性进行分析，然后研究安全对策措施，这是保证系统安全的重要手段。实际生产全过程中存在的危险往往不是单一的，而且常常有多项危险相关联。因此，在进行危险危害因素的辨识中，万万不能顾此失彼，遗漏隐患，而应该确定不同危险的相互关系、相关程度和危及范围。要做到这一点，首先必须辨识危险物质/能量覆盖的范围，凡是在此范围内均处于危险之中。因此对危险能量覆盖的时空范围，应在充分估计各方面因素作用的条件下，绘制出平面或空间关系图和时间区域图。其次，要辨识出危险能量的损害特性，有的只是对人员产生伤害，如窒息缺氧、毒害；有的可能对人员和财产均产生损害；有的对环境和生态条件产生长期的损害；或者是三者均有，如切尔诺核电站爆炸事故。

在进行危险危害因素辨识时，应首先了解生产条件，同时必须考虑材料性质和与生产有关的条件。由于许多生产条件会产生危险或使生产过程中材料的危险性加剧，故在进行危险危害因素辨识时应全面、有序地进行，并应防止出现漏项现象。例如水，仅就其性质来说没有爆炸危险，然而如果生产条件中的温度和压力超过了水的沸点，那么水就有蒸汽爆炸的危险。因此，在危险辨识时宜按厂址、总平面布置、道路运输、建（构）筑物、生产工艺、物流、主要设备装置、作业环境管理等几个方面进行。危险危害因素的辨识过程实际上就是系统安全分析的过程。

二、危险危害因素的产生

危险因素与危害因素的表现形式不同，但从事故发生的本质讲，危险因素与危害因素均可归结为能量的意外释放或有害物质的泄漏、扩散。

人类的生产和生活离不开能量，能量在受控条件下可以做有用功，例如制造产品或提供服务等；一旦失控，能量就会做破坏功。如果意外释放的能量作用于人体，并且超过人体的承受能力，则造成人员伤亡；如果意外释放的能量作用于设备、设施、环境等，并且能量的作用超过其抵抗能力，则造成设备、设施的损失或环境的破坏。

用此观点解释事故产生的机理，可以认为所有事故都是因为有机体接触了超过机体组织或结构抵抗力的能量，或有机体与周围环境的正常能量交换受到了干扰。

（一）能量与有害物质

能量与有害物质是危险危害因素产生的根源，也是最根本的危险危害因素。一般来说，系统具有的能量越大，存在有害物质能量越多，其潜在危险性和危害性就越大。另一方面，只要进行生产活动，就需要相应的能量和物质（包括有害物质），因此危险危害因素是客观存在的。

一切产生、供给能量的能源和能量的载体在一定条件下，都可能是危险危害因素。例如，锅炉、压力容器或爆炸物爆炸时产生的冲击波和压力能，高处作业（或吊起的重物等）的势能，带电导体上的电能，行驶车辆（或各类机械运动部件、工件等）的动能，噪声的声能，激光的光能，高温作业及剧烈热反应工艺装置的热能以及各类辐射能等，在一定条件下，都能造成各类事故。静止的物体棱角、毛刺、地面等之所以能伤害人体，也是人体运动、摔倒的动能和势能造成的。这些都是由于能量意外释放形成的危险因素。

有害物质在一定条件下能损伤人体的生理机能和正常的代谢功能，破坏设备和物体的效能，也是危险危害因素。例如，作业或储存场所中由于有毒物质、腐蚀性物质、有害粉尘、窒息性气体等有害物质的存在，当它们直接或间接与人体或物体发生接触时，会导致人员的伤亡、职业病、财产损失或环境破坏等危险的发生。

（二）失控

在生产实践中，能量与危险物质（在受控条件下）按照人们的意志在系统中流动、转换，进行生产。如果发生失控（没有控制、屏蔽措施或控制措施失效），就会发生能量与有害物质的意外释放和泄漏，造成人员伤害和财产损失。因此，失控也是一类危险危害因素，主要体现在故障（或缺陷）、人的失误和管理缺陷、环境因素等方面，并且可相互影响。伤亡事故调查分析的结果表明，能量或危险物质失控都是由于人的不安全行为或物的不安全状态而造成的。

人的不安全行为和物的不安全状态是导致能量意外释放的直接原因，是管理缺陷、控制不力、缺乏知识、对存在的危险估计错误或其他个人因素等基本原因的征兆。

国家标准 GB 6441—86《企业职工伤亡事故分类》中，将人的不安全行为归纳为操作失误、造成安全装置失效、使用不安全设备等十三大类；将物的不安全状态归纳为防护、保险、信号等装置缺乏或有缺陷，设备、设施、工具、附件有缺陷，个人防护用品用具缺少或有缺陷以及生产（施工）场地环境不良等四大类。

三、危险危害因素的分类

为了便于在安全评价时进行危险危害因素的辨识和分析，需要对危险危害因素进行分类。危险危害因素的分类方法多种多样，这里主要介绍按导致事故和危害的直接原因进行分类的方法以及参照事故类别、职业病类别进行危险危害因素分类的方法。

（一）按导致事故和职业危害的直接原因进行分类

根据 GB/T 13816—92《生产过程危险和危害因素分类与代码》的规定，将生产过程中的危险危害因素分为六类：

1. 物理性危险危害因素

（1）设备、设施缺陷（强度不够、刚度不够、稳定性差、密封不良、应力集中、外形缺陷、外露运动件、制动器缺陷、控制器缺陷、设备设施其他缺陷）。

（2）防护缺陷（无防护、防护装置和设施缺陷、防护不当、支撑不当、防护距离不够、其他防护缺陷）。

（3）电危害（带电部位裸露、漏电、雷电、静电、电火花、其他电危害）。

（4）噪声危害（机械性噪声、电磁性噪声、流体动力性噪声、其他噪声）。

（5）振动危害（机械性振动、电磁性振动、流体动力性振动、其他振动）。

（6）电磁辐射（电离辐射：X 射线、γ 射线、α 粒子、β 粒子、质子、中子、高能电子束等；非电离辐射：紫外线、激光、射频辐射、超高压电场）。

（7）运动物危害（固体抛射物、液体飞溅物、反弹物、岩土滑动、堆料垛滑动、气流卷动、冲击地压、其他运动物危害）。

（8）明火。

（9）能造成灼伤的高温物质（高温气体、高温固体、高温液体、其他高温物质）。

（10）能造成冻伤的低温物质（低温气体、低温固体、低温液体、其他低温物质）。

（11）粉尘与气溶胶（不包括爆炸性、有毒性粉尘与气溶胶）。

（12）作业环境不良（基础下沉、安全过道缺陷、采光照明不良、有害光照、通风不良、缺氧、空气质量不良、排水不良、涌水、强迫体位、气温过高、气温过低、气压过高、气压过低、高温高湿、自然灾害、其他作业环境不良）。

（13）信号缺陷（无信号设施、信号选用不当、信号位置不当、信号不清、信号显示不准、其他信号缺陷）。

（14）标志缺陷（无标识、标志不清楚、标志不规范、标志选用不当、标志位置缺陷、其他标志缺陷）。

（15）其他物理性危险危害因素。

2. 化学性危险危害因素

（1）易燃易爆性物质（易燃易爆性气体、易燃易爆性液体、易燃易爆性固体、易燃易爆性粉尘与气溶胶、其他易燃易爆性物质）。

（2）自燃性物质。

（3）有毒物质（有毒气体、有毒液体、有毒固体、有毒粉尘与气溶胶、其他有毒物质）。

（4）腐蚀性物质（腐蚀性气体、腐蚀性液体、腐蚀性固体、其他腐蚀性物质）。

（5）其他化学性危险危害因素。

3. 生物性危险危害因素

（1）致病微生物（细菌、病毒、其他致病微生物）。

（2）传染病媒介物。

（3）致害动物。

（4）致害植物。

（5）其他生物性危险危害因素。

4. 心理、生理性危险危害因素

（1）负荷超限（体力负荷超限、听力负荷超限、视力负荷超限、其他负荷超限）。

（2）健康状况异常。

（3）从事禁忌作业。

（4）心理异常（情绪异常、冒险心理、过度紧张、其他心理异常）。

（5）辨识功能缺陷（感知延迟、辨识错误、其他辨识功能缺陷）。

（6）其他心理、生理性危险危害因素。

5. 行为性危险危害因素

（1）指挥错误（指挥失误、违章指挥、其他指挥错误）。

（2）操作错误（误操作、违章作业、其他操作错误）。

（3）监护错误。

（4）其他行为性危险危害因素。

6. 其他危险危害因素

（1）搬举重物。

（2）作业空间狭小。

（3）工具不合适。

（4）标识不清、通道和道路有缺陷等。

（二）参照事故类别、职业病类别进行分类

参照《企业职工伤亡事故分类》（GB 6441—1986），综合考虑起因物、引起事故先发的诱导性原因、致害物、伤害方式等，将危险危害因素分为二十类：

1. 物体打击

指物体在重力或其他外力的作用下产生运动，打击人体造成人身伤亡事故，不包括因机械设备、车辆、起重机械、坍塌等引发的物体打击。

2. 车辆伤害

指企业机动车辆在行驶中引起的人体坠落和物体倒塌、下落、挤压伤亡事故，不包括起重设备提升、牵引车辆和车辆停驶时发生的事故。

3. 机械伤害

指机械设备运动（静止）部件、工具、加工件直接与人体接触引起的夹击、碰撞、剪切、卷入、绞、碾、割、刺等伤害，不包括车辆、起重机械引起的机械伤害。

4. 起重伤害

指各种起重作业（包括起重机安装、检修、试验）中发生的挤压、坠落（吊具、吊重）、物体打击和触电。

5. 触电

包括雷击伤亡事故。

6. 淹溺

包括高处坠落淹溺，不包括矿山、井下透水淹溺。

7. 灼烫

包括火焰烧伤、高温物体烫伤、化学灼伤（酸、碱、盐、有机物引起的体内外灼伤）、物理灼伤（光、放射性物质引起的体内外灼伤），不包括电灼伤和火灾引起的烧伤。

8. 火灾

9. 高处坠落

指在高处作业中发生坠落造成的伤亡事故，不包括触电坠落事故。

10. 坍塌

指物体在外力或重力作用下，超过自身的强度极限或因结构稳定性破坏而造成的事故，如挖沟时的土石塌方、脚手架坍塌、堆置物倒塌等，不适用于矿山冒顶片帮和车辆、起重机械、爆破引起的坍塌。

11. 冒顶片帮

12. 透水

13. 放炮

指爆破作业中发生的伤亡事故。

14. 火药爆炸

指火药、炸药及其制品在生产、加工、运输中发生的爆炸事故。

15. 瓦斯爆炸

16. 锅炉爆炸

17. 容器爆炸

18. 其他爆炸

包括化学性爆炸（指可燃性气体、粉尘等与空气混合形成爆炸性混合物，接触引爆能源时发生的爆炸事故）。

19. 中毒和窒息

包括中毒、缺氧（窒息、中毒性窒息）。

20. 其他伤害

除上述以外的危险因素，如摔、扭、挫擦、刺割伤和非机动车碰撞、扎伤等。

另外，参照卫生部、原劳动部、总工会等颁发的《职业病范围和职业病患者处理办法的规定》，将危险危害因素分为生产性粉尘、毒物、噪声和振动、高温、低温、辐射（电离辐射、非电离辐射）、其他危险危害因素等七类。

四、危险危害因素的辨识原则

（一）科学性

危险危害因素的辨识是分辨、识别、分析确定系统内存在的危险，而并非研究防止或控制事故发生的实际措施。它是预测安全状态和事故发生途径的一种手段。这就要求在进行危险危害因素识别时必须要有科学的安全理论指导，使之能真正揭示系统安全状况、危险危害因素存在的部位和方式、事故发生的途径及其变化规律，并予以准确描述，以定性、定量的概念清楚地表示出来，用严密的合乎逻辑的理论予以清楚解释。

（二）系统性

危险危害因素存在于生产活动的各个方面，因此要对系统进行全面、详细的剖析，研究系统与系统以及各子系统之间的相关和约束关系。分清主要危险危害因素及其相关的危险危害性。

（三）全面性

辨识危险危害因素时不要发生遗漏，以免留下隐患。要从厂址、自然条件、总图运输、建构筑物、生产工艺、生产设备装备、特种设备、公用工程、安全管理系统、设施、制度等各个方面进行分析与识别。不仅要分析正常生产运行时操作中存在的危险危害因素，还要分析识别开车、停车、检修，装置受到破坏及操作失误情况下的危险危害性。

（四）预测性

对于危险危害因素，还要分析其触发事件，即危险危害因素出现的条件或设想的事故模式。

五、危险危害因素辨识的基本步骤

（一）辨识危险危害因素范围

1. 厂址及环境条件

对厂址地质、地形、自然环境、社会环境、资源、交通、抢险救灾等条件进行分析。

2. 厂区布局

生产、管理、生活区布置，高温、有害物质、噪声、辐射、易燃易爆品等布置，工艺流程布置，建筑物、构筑物布置，风向、安全距离，厂区道路、货物装卸区等。

3. 建筑物

结构、防火、防爆、朝向、采光、运输、通道、开门、生产卫生设施。

4. 生产工艺过程

物料（毒性、腐蚀性、燃爆性）、温度、压力、速度、作业及控制条件、事故及失控状态。

5. 生产设备及装置

（1）化工设备、装置：高温、低温、腐蚀、高压、振动等设备及其备用、控制、操作、检修、故障、失误等紧急异常情况。

（2）机械设备：运动零部件和工件、操作条件、检修作业、误运转和误操作。

（3）电气设备：断电、触电、火灾、爆炸、误操作、静电、雷电。

（4）危险性较大的设备、高处作业设备。

（5）特殊单体设备、装置：危险品、温湿试验装置、钻床、气泵等。

（6）粉尘、毒物、噪声、振动、辐射、高温、低温等有害作业部位。

（7）管理设施、事故应急抢险设施和辅助生产、生活卫生设施等。

（8）劳动组织、生理、心理因素、人机工程学因素等。

6. 流动或临时作业场所

工程施工场所、技术服务场所、车船等交通工具。

（二）危害危险辨识、风险评价和风险控制研究的基本步骤

1. 工作活动分类

编制一份工作活动表，其内容包括厂房、设备、人员和程序，并收集有关信息。

2. 危险源辨识

辨识与各项工作活动有关的所有危险源，考虑谁会受到伤害以及如何受到伤害。

3. 风险评价

在假定计划或现有控制措施适当的情况下，对与各项危险源有关的风险做出主观评价。评价人员还应考虑控制的有效性以及一旦失败所造成的后果。

4. 确定风险是否可容许

判断计划或现有的职业安全卫生措施是否足以把危险源控制住并符合法规的

要求。

5. 编制风险控制措施计划

编制计划以处理评价中发现的、需要重视的问题。组织应确保新采取的和已有的控制措施仍然适当和有效。

6. 评审措施计划的充分性

针对已修正的控制措施，重新评价风险，并检查风险是否可容许。如图 11－1 所示。

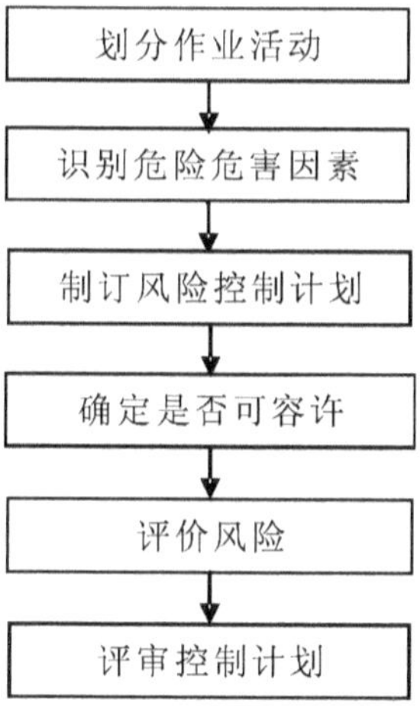

图 11－1　危害危险辨识、风险评价和风险控制研究的基本步骤

六、危险危害因素的辨识方法

危险危害辨识过程是组织建立职业安全卫生管理体系的基础，许多系统安全评价方法，都可用来进行危险危害因素的辨识。方法是分析危险危害因素的工具，选用哪种方法要根据分析对象的性质、特点、寿命的不同阶段和分析人员的知识、经验和习惯来定。常用辨识方法大致可分为两大类：

（一）直观经验法

适用于有可供参考先例、有以往经验可以借鉴的危害辨识过程，不能应用在没有可供参考先例的新系统中。

1. 对照、经验法

对照有关标准、法规、检查表或依靠分析人员的观察分析能力，借助于经验和判断能力直观地评价对象危险性和危害性的方法。经验法是辨识中常用的方法，其优点是简便、易行；其缺点是受辨识人员知识、经验和占有资料的限制，可能出现遗漏。为弥补个人判断的不足，常采取专家会议的方式来相互启发、交换意见、集思广益，使危险危害因素的辨识更加细致、具体。

对照事先编制的检查表辨识危险危害因素，可弥补知识、经验不足的缺陷，具有方便、实用、不易遗漏的优点，但须有事先编制的、适用的检查表。检查表是在大量实践经验基础上编制的，美国职业安全卫生局（OHSA）制定、发行了各种用于辨识危险危害因素的检查表，我国一些行业的安全检查表、事故隐患检查表也可作为借鉴。

2. 类比方法

利用相同或相似系统或作业条件的经验和职业安全卫生的统计资料来类推、分析评价对象的危险危害因素。多用于危害因素和作业条件危险因素的辨识过程。

（二）系统安全分析方法

即应用系统安全工程评价方法的部分方法进行危害辨识。系统安全分析方法常用于复杂系统、没有事故经验的新开发系统。常用的系统安全分析方法有事件树（ETA）、事故树（FTA）等。美国拉氏姆逊教授曾在没有先例的情况下，大规模、有效地使用了FTA、ETA方法，分析了核电站的危险、危害因素，并被以后发生的核电站事故所证实。

第三节　安全风险评价分析与实施

一、基本概念

（一）风险

风险是指特定危害发生的可能性与后果严重程度的综合。“风险”这个概念是综合考虑了某个特定的危害事件发生的可能性和后果严重程度后得出的结论。比如高处作业风险大，就是考虑了其发生高处坠落的可能性和造成损失大小后得出的结论。

（二）可承受风险（一般风险）

在法律义务范围内，能够为组织、员工和相关方所接受的风险。

（三）不可承受风险（重大风险）

超出法律义务范围，不能够为企业、员工和相关方所接受的风险。

（四）安全风险评价

安全风险评价是指在危害因素辨识的基础之上，根据法律法规及标准，分析、预测存在的危险危害因素的程度，以利于提出科学合理的和可行的管理办法和技术措施。

二、安全风险评价的基本原理

虽然安全风险评价的领域、种类、方法、手段繁多，而且评价系统的属性、特征及事件的随机性千变万化，各不相同，但其所遵循的基本原理却是一致的。可归纳为以下四个基本原理，即相关性原理、类推原理、惯性原理和量变到质变原理。

（一）相关性原理

一个系统，其属性、特征与事故和职业危害存在着因果的相关性，这是系统因果评价方法的理论基础。

1. 系统的基本特征

安全风险评价把研究的所有对象都视为系统。系统是指为实现一定的目标，由多种彼此有机联系的要素组成的整体。系统有大有小，千差万别，但所有的系统都具有以下普遍的基本特征。

（1）目的性：任何系统都具有目的性，要以实现一定的功能为目标。

（2）集合性：一个系统是由若干个元素，或是由若干层次的要素（子系统、单元、元素集）集合组成的一个系统整体。

（3）相关性：一个系统内部各要素（或元素）之间存在着相互影响、相互作用、相互依赖的有机联系，通过综合协调，实现系统的整体功能。在相关关系中，二元关系是基本关系，其他复杂的相关关系是在二元关系基础上发展起来的。

（4）阶层性：在大多数系统中，存在着多阶层性。通过彼此作用，互相影响和制约，形成一个系统整体。

（5）整体性：系统的要素集、相关关系集、各阶层构成了系统的整体。

（6）适应性：系统对外部环境的变化有着一定的适应性。

系统的整体功能或目标是由组成系统的各子系统、单元综合发挥的结果。因此，不仅系统与子系统，子系统与单元有着密切的关系，而且各子系统之间、各单元之间、各元素之间也都存在着密切的相关关系。所以，在评价过程中只有找出这种相关关系，并建立相关模型，才能正确地对系统的安全性做出评价。

系统的结构可用下列公式表达：

$$E = \max f\ (X,\ R,\ C)$$

式中 E ——最优结合效果；

X——系统组成的要素集，即组成系统的所有元素；

R——系统组成的要素及相关关系集，在系统各元素之间的所有相关关系；

C——系统组成的要素及相关关系在各阶层上可能的分布形式；

f——X，R，C 的结合效果函数。

对系统的要素集（X）、关系集（R）和层次分布形式（C）的分析，可阐明系统的性质。要使系统目标达到最佳程度，只有使上述三者达到最优结合，才能产生最优的结合效果 E。

对系统进行安全风险评价，就是要寻求 X、R 和 C 的最合理的结合形式。即具有最优结合效果 E 的系统结构形式在对应系统目标集和环境因素约束集的条件，给出最安全的系统结合方式。例如，一个生产系统一般是由若干生产装置、物料、人员（X 集）集合组成的；其工艺过程是在人、机、物料、作业环境结合过程（人控制的物理、化学过程）中进行的（R 集）；生产设备的可靠性、人的行为的安全性、安全管理的有效性等因素层次上存在各种分布关系（C 集）。安全评价的目的，就是寻求系统在最佳生产（运行）状态下的最安全的有机结合。

因此，在评价之前要研究与系统安全有关的系统组成要素，要素之间的相互关系，以及它们在系统各层次的分布情况。例如，要调查、研究构成工厂的所有要素（人、机、物料、环境等），明确它们之间存在的相互影响、相互作用、相互制约的关系和这些关系在系统的不同层次中的不同表现形式等。

要对系统做出准确的安全风险评价，必须对要素之间及要素与系统之间的相关形式和相关程度给出量的概念。这就需要明确哪个要素对系统有影响，是直接影响还是间接影响；哪个要素对系统影响大，大到什么程度；彼此是线性相关，还是指数相关等。要做到这一点，就要求在分析大量生产运行、事故统计资料的基础上，得出相关的数学模型，以便建立合理的安全评价数学模型。例如，用加权平均法进行生产经营单位安全风险评价中确定各子系统安全风险评价的权重系数，实际上就是确定生产经营单位整体与各子系统之间的相关系数。这种权重系数代表了各子系统的安全状况对生产经营单位整体安全状况影响的大小，也代表了各子系统的危险性在生产经营单位整体危险性中的比重。一般来说，权重系数都是通过大量事故统计资料的分析，权衡事故发生可能性的大小和事故损失的严重程度而确定下来的。

2. 因果关系

有因才有果，这是事物发展变化的规律。通过分析研究各个系统之间的依存关系和影响程度就可以探究其变化的特征和规律，并可以预测其未来状态的发展变化趋势。

事故和导致事故发生的各种原因（危险要素）之间存在着相关关系，表现为依存关系和因果关系。危险因素是原因，事故是结果。事故的发生是由许多因素综合作用的结果。分析各因素的特征、变化规律、影响事故发生和事故后果的程度以及从原因到结果的途径，提示其内在联系和相关程度，才能在评价中得出正确的分析结论，采取恰当的对策措施。例如，可燃气体泄漏爆炸事故是由可燃气体泄漏、与空气混合达到爆炸极限和存在引燃能源三个因素综合作用的结果；而这三个因素又是设计失误、设备故障、安全装置失效、操作失误、环境不良、管理不当等一系列因素造成的；爆炸后果的严重程度又和可燃气体的性质（闪点燃点、燃烧速度、燃烧热值等）、可燃性气体的爆炸量及空间密闭程度等因素有着密切的关系。在评价中需要分析这些因素的因果关系和相互影响程度，并定量地加以评述。

事故往往不是由单一因素造成的，而是若干个原因因素耦合在一起，当达到事故发生的充分必要条件时，事故就必然会发生。而每一个原因因素又由若干个二次原因因素构成，二次原因因素又由若干个三次原因因素构成，以此类推。消除一次、二次或三次或若干原因因素，破坏发生事故的充分与必要条件，事故就不会产生。这就是采取技术、管理、教育等方面的安全对策措施的理论依据。

在评价时，找出事故发展过程中的相互关系，借鉴历史、同类事故的数据、典型案例等，建立起接近真实情况的数学模型，模型越接近真实情况，评价结果越准确。

（二）类推原理

类推也称“类比”。类推推理是人们经常使用的一种逻辑思维方法，常用来作为推出一种新知识的方法。它是根据两个或两类对象之间存在着某些相同或相似的属性，从一个具有某个属性的已知对象来推断另一个具有此种属性对象的一种推理。它在人们认识世界和改造世界的活动中，有着非常重要的作用。在安全风险评价中同样也有着特殊的意义和重要的作用。

例如：若A、B表示两个不同对象，A有属性P_1，P_2，…，P_m，P_n，B有属性P_1，P_2，…，P_m，则推理可知对象B也有属性P_n（$n>m$）。

类比推理的结论是或然性的，为了提高其结论的可靠性，在类推时应注意：

（1）要尽量多地列举两个或两类对象所共有或共缺的属性。

（2）两个类比对象所共有或共缺的属性愈本质，则推出的结论愈可靠。

（3）两个类比对象共有或共缺的属性与类推的属性之间具有本质和必然的联系，则推出结论的可靠性就高。

在安全风险评价中，类比推理常常被用来类比同类装置或类似装置职业安全的经验和教训，采取相应的对策措施防患于未然，实现安全生产。

类推评价法是经常使用的一种安全风险评价方法。它不仅可以由一种现象推测另一种现象，还可以依据已掌握的实际统计资料，采用科学的估计推算方法来推算得到基本符合实际的所需资料，以弥补调查统计资料的不足，供分析研究使用。

类推评价法的种类及其应用领域取决于评价对象事件与先导事件之间联系的性质。若这种联系可用数字表示，则称为“定量类推”；如果这种联系只能定性处理，则称为“定性类推”。常用的类推方法有以下几种：

1. 平衡推算法

根据相互依存的平衡关系来推算所缺的有关指标的方法。例如，利用海因利希关于重伤、死亡、轻伤及无伤害事故比例1∶29∶300的规律，在已知重伤、死亡数据的情况下，可推算出轻伤和无伤害事故数据。利用事故的直接经济损失与间接经济损失的比例为1∶4的关系，从直接损失推算间接损失和事故总经济损失。利用爆炸破坏情况可以推算离爆炸中心一定距离处的冲击波超压（Δp，MPa）或爆炸坑（漏斗）的大小，推算爆炸物的TNT当量。这些都是平衡推算法的应用。

2. 代替推算法

利用具有密切联系（或相似）的有关资料、数据，来代替所缺资料、数据的方法。例如，对新建装置的安全风险预评价，可使用与其类似的已有装置资料、数据对其进行评价。在职业卫生的评价中，人们常常类比同类或类似装置的工业卫生检测数据进行评价。

3. 因素推算法

根据指标之间的联系，从已知因素的数据推算有关未知指标数据的方法。例如，已知系统事故发生概率 P 和事故损失严重度 S，就可以利用风险率 R 与 P、S 的关系来求风险率 $R=PS$。

4. 抽样推算法

根据抽样或典型调查资料推算系统总体特征的方法。这种方法是数理统计分析中常用的方法，是以部分样本代表整个样本空间来对总体进行统计分析的一种方法。

5. 比例推算法

根据社会经济现象的内在联系，用某一时期、地区、部门或单位的实际比例，推算另一类似时间、地区、部门或单位有关指标的方法。

例如，控制图法的控制中心线的确定，是根据上一个统计期间的平均事故率来确定的。国外各行业安全指标的确定，通常也都是根据前几年的年度事故平均数据来确定的。

6. 概率推算法

概率是指某一事件发生的可能性的大小，事故的发生是一种随机事件。任何随机事件，在一定条件下是否发生是没有规律的，但其发生概率是一客观存在的定值。因此，根据有限的实际统计资料，采用概率论和数理统计方法可求出随机事件出现各种状态的概率。可以用概率值来预测未来系统发生事故可能性的大小，以此来衡量系统危险性的大小和安全程度的高低。

（三）惯性原理

任何事物在其发展过程中，从过去到现在以及延伸至将来，都具有一定的延续性，这种延续性称为“惯性”。

利用惯性可以研究事物或一个评价系统的未来发展趋势。如从一单位过去的安全生产状况、事故统计资料找出安全生产及事故发展变化趋势，以推测其未来的安全状态。

利用惯性原理进行评价时应注意以下两点：

（1）惯性的大小。惯性越大，影响越大；反之，则影响越小。例如，一个生产经营单位如果疏于管理、违章作业、违章指挥、违反纪律严重，事故就多。若任其发展则会愈演愈烈，而且有加速的态势，惯性越来越大。对此，必须要立即采取相应对策措施，破坏这种格局，即中止或改变这种不良惯性，才能防止事故的发生。

（2）一个系统的惯性是这个系统内的各种内部因素之间互相联系、互相影响、互相作用，并按照一定的规律发展变化的一种状态趋势。因此，只有当系统稳定、受外部环境和内部因素影响产生的变化较小时，其内在联系和基本特征才可能延续下去，该系统所表现的惯性发展结果才基本符合实际。但是，绝对稳定的系统是没有的，因为事物发展的惯性在受外力作用时，可使其加速或减速甚至改变方向。这样就需要对一个系统的评价进行修正，即在系统主要方面不变、其他方面有所偏离时，根据其偏离程度对所出现的偏离进行修正。

（四）量变到质变原理

任何事物在发展变化过程中都存在着从量变到质变的规律。同样，在一个系统中，许多有关安全的因素也都存在着量变到质变的规律。例如，许多定量评价中，有关危险等级的划分无不应用着量变到质变的原理。如《道（DOW）化学公司火灾、爆炸危险指数评价法》（第 7 版）中，关于按 F&EI（火灾、爆炸指数）划分的危险等级，从“1 ~ ≥159”，经过了“≤60，61 ~ 96，97 ~ 127，128 ~ 158，≥159”的量变到质变的不同变化层次。即分别为“最轻”级、“较轻”级、“中等”级、“很大”级、“非常大”级。而在评价结论中，“中等”及其以下的级别是“可以接受的”，而“很大”级、“非常大”级则是“不能接受的”。

因此，在安全风险评价中，考虑各种危险危害因素对人体的危害以及采用评价方法进行等级划分时，均需要应用量变到质变的原理。

掌握评价的基本原理可以建立正确的思维程序，对于评价人员开拓思路、合理选择和灵活运用评价方法都是十分必要的。由于世界上没有一成不变的事物，评价对象的发展不是过去状态的简单延续，评价的事件也不会是自身类似事件的机械再现，相似不等于相同。因此，在评价过程中，还应对客观事物进行具体细致的分析，以提高评价结果的准确性。

三、安全风险评价的依据

安全风险评价是政策性、技术性很强的一项工作，必须依据中国现行的法律法规、相关的技术标准和委托单位的技术、管理资料以及现场勘查情况进行工作，以保障评价项目的安全运行，保障劳动者在劳动过程中的安全与健康。

（一）安全评价目前所依据的主要法律法规

1.《中华人民共和国劳动法》

本法设立了劳动安全专章，对以下方面提出了明确要求：劳动安全卫生设施必须符合国家规定的标准；劳动安全卫生设施必须与主体工程同时设计、同时施工、同时投入生产和使用的“三同时”原则；从事特种作业的劳动者必须经过专门培训并取得特种作业资格。

2.《中华人民共和国安全生产法》

本法涉及安全风险评价的规定有依法设立为安全生产提供技术服务的机构；为求客观性、公正性，安全评价必须由既独立于政府监督部门，又独立于生产经营单位的中介技术服务机构来进行；矿山建设项目和用于生产、储存危险物品的建设项目，应当分别按照国家有关规定进行安全条件论证和安全评价；生产经营单位对重大危险源，应当登记建档，进行定期检测、评估、监控，并制定应急预案，告知从业人员和相关人员在紧急情况下应采取的应急措施；承担安全评价、认证、检测、检验工作的机构，应对其做出的安全评价、认证、检测、检验的结果负责，并承担相应的法律责任。

3.《中华人民共和国矿山安全法》

本法对矿山建设的安全保障、矿山开采的安全保障、矿山生产经营单位的安全管理、矿山事故处理、矿山安全的行政管理及法律责任等作了明确规定。

4. 国家安全生产监督管理局、国家煤矿安全监督局（安监管技装字［2002］45号）《关于加强安全评价机构管理的意见》

本文件首次明确指出，安全评价是指运用定量或定性的方法，对建设项目或生产经营单位存在的职业危险因素和有害因素进行识别、分析和评估；安全评价包括安全预评价、安全验收评价、安全现状评价和专项安全评价。

5. 国家安全生产监督管理局《安全评价通则》及不同安全评价的导则

通则和导则制定了安全评价的基本原则和要求、评价工作程序、评价报告书的内容及要求、评价方法的选择原则、评价报告书的格式等，是具体进行评价工作的操作依据。

（二）安全风险评价所依据的技术标准

安全风险评价所依据的技术标准众多，不同行业会涉及不同的标准。应该注意的是，标准有可能更新，应注意使用最新版本的标准。

（三）安全风险评价所依据的现场资料

被评价单位的设计技术资料、安全管理资料、现场勘查记录、现场监测采集数据、安全卫生设施及运行效果、安全卫生、消防管理机构情况等反映现实状况的各种资料和数据是安全风险评价的重要依据。

四、安全风险评价的方法及选择

（一）安全风险评价的方法

1. 安全检查法（Safety Review，SR）

安全检查法可以说是第一个安全风险评价方法，它有时也称为工艺安全审查或损失预防审查。它可以用于建设项目的任何阶段。对现有装置（在役装置）进行评价时，传统的安全检查主要包括巡视检查、正规日常检查或安全检查。如果工艺尚处于设计阶段，设计项目小组可以对一套图纸进行审查。

安全检查法的目的是辨识可能导致事故、引起伤害、重要财产损失或对公共环境产生重大影响的装置条件或操作规程。完成了安全检查后，评价人员对亟待改进的地方应提出具体的措施、建议。

2. 安全检查表法（Safety Checklist Analysis，SCA）

为了查找工程、系统中各种设备设施、物料工件、操作、管理和组织措施中的危险危害因素，事先把检查对象加以分解，将大系统分成若干小的子系统。以提问或打分的形式，将检查项目列表逐项检查，避免遗漏，这种表称为安全检查表。

3. 危险指数方法（Risk Rank，RR）

常用的危险指数评价方法有危险度评价，道化学火灾、爆炸危险指数法，蒙德法，化工厂危险等级指数法和其他的危险等级评价法。这些方法使用起来可繁可简，形式多样，既可定性，又可定量。例如，评价者可依据作业现场危险度、事故概率、事故严重度的定性评估，对现场进行简单分级；或者通过对工艺特性赋予一定的数值组成数值图表，用此表计算数值化的分级因子。

4. 预先危险分析法（Preliminary Hazard Analysis，PHA）

预先危险分析法的目的是识别系统中的潜在危险，确定其危险等级，防止危险发展成事故。

预先危险分析法通常用于对潜在危险了解较少或无法凭经验察觉的工艺项目的初期阶段，也通常用于初步设计或工艺装置的研究和开发。当分析一个庞大现有装置或当环境无法使用更为系统的方法时，常常优先考虑 PHA 法。

5. 故障假设分析方法（What … If，WI）

故障假设分析方法是一种针对系统工艺过程或操作过程的创造性分析方法。

故障假设分析方法一般要求评价人员用“What … If”作为开头，对有关问题进行考虑。任何与工艺安全有关的问题，即使它与之不太相关，也可提出加以讨论。

通常将所有的问题都记录下来，然后将问题分门别类。例如，按照电气安全、消防、人员安全等问题分类，分别进行讨论。对正在运行的现役装置，则与操作人员进行交谈，所提出的问题要考虑到任何与装置有关的不正常的生产条件，而不仅仅是设备故障或工艺参数的变化。

6. 故障假设分析/检查表分析法（What…If/ Checklist Analysis，WI/CA）

故障假设分析/检查表分析法是由具有创造性的假设分析方法与安全检查表分析方法组合而成的，它弥补了单独使用时各自的不足。

故障假设分析/检查表分析法可用于工艺项目的任何阶段，但一般主要用于对过程危险进行初步分析，然后再用其他方法进行更详细的评价。

7. 危险和可操作性研究（Hazard and Operability Study，HAZOP）

HAZOP 是一种定性的安全评价方法，基本过程以引导词为引导，找出过程中工艺状态的变化（即偏差），再通过分析找出偏差的原因、后果及可采取的对策。

虽然危险和可操作性研究技术起初是专门为评价新设计和新工艺而开发的，但是这一技术同样可用于整个工程、系统项目生命周期的各个阶段。

危险和可操作性研究与其他安全风险评价方法的明显不同之处是其他方法可由某人单独去做，而危险和可操作性研究则必须由一个多方面的、专业的、熟练的人员组成的小组来完成。

8. 故障类型和影响分析（Failure Mode Effects Analysis，FMEA）

故障类型和影响分析是系统安全工程的一种方法。根据系统可以划分为子系统、设备和元件的特点，按实际需要将系统进行分割，然后分析各自可能发生的故障类型及其产生的影响，以便采取相应的对策，提高系统的安全可靠性。

9. 故障树分析（Fault Tree Analysis，FTA）

故障树是一种描述事故因果关系的右方向的“树”，是安全系统工程中的重要的分析方法之一。它能对各种系统的危险性进行识别评价，既适用于定性分析，又能进行定量分析。具有简明、形象化的特点，体现了以系统工程方法研究安全问题的系统性、准确性和预测性。FTA 作为安全分析评价和事故预测的一种先进的科学方法，已得到国内外的公认和广泛采用。

10. 事件树分析（Event Tree Analysis，ETA）

事件树分析是用来分析普通设备故障或过程波动（称为初始事件）导致事

故发生的可能性。

事件树分析适于被用来分析那些产生不同后果的初始事件。事件树分析强调的是事故可能发生的初始原因以及初始事件对事件后果的影响。事件树的每一个分支都表示一个独立的事故序列。对一个初始事件而言，每一个独立事故序列都清楚地界定了安全功能之间的功能关系。

11. 人员可靠性分析（Human Reliability Analysis，HRA）

人员可靠性行为是人机系统成功的必要条件，人的行为受很多因素的影响。这些“行为成因要素”可以是人的内在属性，比如紧张、情绪、教养和经验等；也可以是外在因素，比如工作间、环境、监督者的举动、工艺规程和硬件界面等。影响人员行为的“行为成因要素”数不胜数。尽管“行为成因要素”是不能控制的，但许多是可以控制的，可以对一个过程或一项操作的成功或失败产生明显的影响。

但是不与整个系统的分析相结合而单独使用 HRA 技术的话，似乎是太突出人的行为而忽视了设备特性的影响。因此，建议将 HRA 方法与其他安全风险评价方法结合使用。一般来说，HRA 技术应该在其他评价技术（如 HAZOP、FMEA、FTA）之后使用，识别出具体的、有严重后果的人为失误。

12. 作业条件危险性评价方法（Job Risk Analysis，JRA）

该方法将作业条件的危险性做因变量（D），事故或危险事故发生的可能性（L）、暴露于危险环境的频率（E）及危险严重程度（C）为自变量，确定了它们之间的函数式。根据实际经验，给出了三个自主变量的各种不同情况的分数值，采取对所评价的对象根据情况进行“打分”的方法，然后根据公式计算出其危险性分数值，再在按经验将危险性分数值划分的危险程度等级表或图上查出其危险程度。这是一种简单易行的评价作业条件危险性的方法。

13. 定量风险评价法（Quantity Risk Analysis，QRA）

在识别危险分析方面，定性和半定量的评价是非常有价值的。但是这些方法仅是定性的，不能提供足够的量化数据，特别是不能对复杂又存在危险的工业流程等提供决策的依据和足够的信息。在这种情况下，必须能够提供完全的定量的计算和评价。定量风险评价可以将风险的大小完全定量化，风险可以表征为事故发生的频率和事故后果的乘积。QRA 对这两方面均进行评价，并提供足够的信息，为业主、投资者、政府管理者提供有力的定量化的决策依据。

（二）安全风险评价方法的选择

1. 选择安全风险评价方法的原则

任何一种安全风险评价方法都有其适用条件和范围。在安全风险评价中如果使用了不适用的方法，不仅浪费工作时间，影响评价工作正常开展，而且可能导致评价结果严重失真。因此，在安全风险评价中，合理选择评价方法是十分重要的。

在进行安全风险评价时，应该在认真分析并熟悉被评价系统的前提下，选择安全风险评价方法。选择安全风险评价方法应遵循充分性、适应性、系统性、针对性和合理性的原则。

（1）充分性原则。充分性是指在选择安全风险评价方法之前，应该熟悉并分析被评价系统的内容及构成特点，掌握足够多的安全风险评价方法，充分了解各种安全风险评价方法的优缺点、适应条件和范围，准备好详细的资料，供评价方法选择时参考和使用。

（2）适应性原则。适应性是指选择的安全风险评价方法应该适应被评价的系统。被评价的系统可能是由多个子系统构成的复杂系统，各子系统评价的特点可能有所不同，应该根据系统和子系统、工艺、装置的特点，选择与之相适应的安全风险评价方法。

（3）系统性原则。系统性是指安全风险评价方法与被评价系统的初值和边值条件应互相协调一致。即可信的安全风险评价结果，必须建立在真实、合理和系统的基础数据之上，被评价的系统应该能够提供所需的系统化的数据和资料。

（4）针对性原则。针对性是指所选择的安全风险评价方法应该能够提供所需的针对性强、准确性高的评价结果。由于评价的目的不同，需要安全风险评价提供的结果可能是危险危害因素识别、事故发生的原因、事故发生概率、事故后果或系统的危险性等。只有安全风险评价方法能够给出所要求的结果才能被选用。

（5）合理性原则。在满足安全风险评价目的、能够提供所需的安全风险评价结果的前提下，应该选择计算过程最简单、所需基础数据最少和最容易获取的安全风险评价方法。在安全风险评价工作量和要获得的评价结果都是合理的前提下，不要使安全风险评价出现无用的工作和不必要的麻烦。

2. 安全风险评价方法的选择过程

在选择安全风险评价方法时，应首先明确通过安全风险评价要达到的目的，即通过安全风险评价需要给出哪些和什么样的安全风险评价结果；然后详细分析被评价的对象，明确被评价的对象能够提供的基础数据、工艺和其他资料；最后，在充分收集安全风险评价方法的基础上，根据安全风险评价要达到的目标以及所需的基础数据资料，选择适用的安全风险评价方法。一般可按图 11－2 所示的步骤选择评价方法。

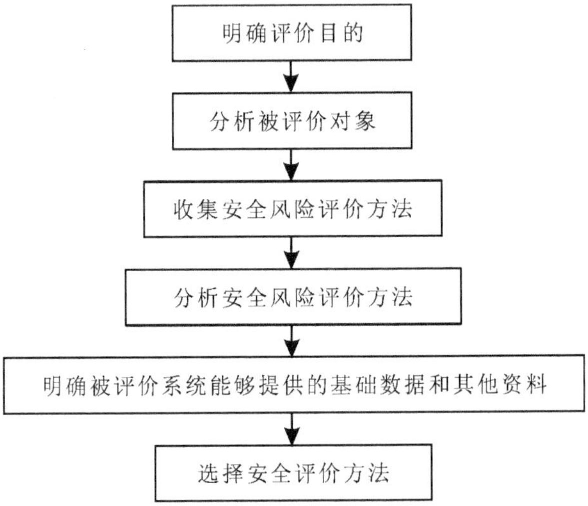

图 11－2　安全风险评价方法选择过程

在确定评价目标时，应根据评价对象的现状和被评价单位的要求确定评价结果的输出类型。如危险危害因素分布、重大危险源辨识及危害后果、事故隐患表、预防事故的对策措施、安全生产条件符合性评价等。

首先，在分析被评价系统时，要对其涉及的物料特性进行详细分析；同时对工艺技术的现状进行调研分析，确定其工艺技术的先进程度，了解国内外同类工艺技术的发展现状，明确其工艺危险性的大小、复杂程度及操作方法；还应对同类评价对象以往发生事故的情况进行统计分析，以明确评价的重点和特点。

然后，尽可能充分地收集相关基础数据、工艺参数、设备运行维修记录、检测检查记录、人员培训记录、事故记录、设计安装技改验收资料、设备管理档案、剧毒危险化学品管理制度、消防器材配备、劳保用品发放档案和事故应急救援预案等。

最后，在收集和分析安全风险评价方法的基础上，结合评价目标和被评价对象实际进行评价方法的选择。

3. 选择安全风险评价方法应注意的问题

选择安全风险评价方法应根据安全风险评价的特点、具体要求和需要，针对被评价对象的实际情况、特点和评价目标，认真地分析、比较。必要时，要根据评价目标的要求，选择几种安全风险评价方法进行安全风险评价，互相补充、分析综合和相互验证，以提高评价结果的可靠性。在选择安全风险评价方法时应特别注意以下几个方面的问题：

（1）被评价对象的特点。根据被评价对象的规模、组成、复杂程度、工艺类型、工艺过程、工艺参数以及原料、中间产品、产品、作业环境等，选择安全风险评价方法。

随着被评价对象的规模及复杂程度的增大，有些评价方法的工作量、工作时间和费用相应增大，甚至超过容许的条件。在这种情况下，有些评价方法即使很适合，也不能选用。

任何安全风险评价方法都有一定的适用范围和条件。如危险指数评价法一般较适用于化工类工艺过程（系统）的安全评价；故障类型和影响因素分析适用于机械、电气系统的安全风险评价；而故障树评价法适用于分析基本的事故致因因素等。

一般而言，对危险性较大的系统可采用系统的定性、定量安全风险评价方法，工作量也较大，如故障法、危险指数评价法、TNT 当量法等。反之，可采用经验的定性安全风险评价方法或直接引用分级（分类）标准进行评价，如安全检查表、直观经验法或直接引用高处坠落危险性分级标准等。

被评价系统若同时存在几类危险危害因素，往往需要用几种安全风险评价方法分别进行评价。对于规模大、复杂、危险性高的系统可先用简单的定性安全风险评价方法进行评价筛选，然后再对重点部位（设备或设施）采用系统的定性或定量安全风险评价方法进行评价。

（2）评价的具体目标和要求的最终结果。在安全风险评价中，由于评价目标不同，要求的评价最终结果是不同的。如查找引起事故的基础危险危害因素、由危险危害因素分析可能发生的事故、评价系统发生事故的可能性、评价系统事故后果的严重程度、评价某危险危害因素对发生事故的影响程度等。因此，需要根据被评价目标选择安全风险评价方法。

（3）评价资料的占用情况。如果被评价对象的技术资料、数据齐全，可进行定性、定量评价并选择合适的定性、定量评价方法。反之，如果是一个正在设计的系统，缺乏足够的数据资料或工艺参数不全，则只能选择较简单的、需要数据较少的安全风险评价方法。

（4）安全风险评价的人员。安全风险评价人员的知识、经验、习惯，对安全风险评价方法的选择是十分重要的。

一个企业进行安全风险评价的目的是为了提高全体员工的安全意识，充分认识本企业在生产经营过程中存在的危险危害因素，全面提高企业的安全管理水平，实现企业生产过程的本质安全。因此，安全评价需要全体员工的参与，使他们能够识别出与自己作业相关的危险危害因素，找出事故隐患。这时应采用较简单的安全风险评价方法，并且便于掌握和使用，同时还要能够提供危险性的分级标准，因此作业条件危险的分析方法或类似评价方法是适用的。

一个企业为了某项工作的需要，需请专业的安全风险评价机构进行安全风险评价。参加安全风险评价的人员都是专业的安全风险评价人员，他们有丰富的安全风险评价工作积累，掌握许多安全风险评价方法，甚至有专用的安全风险评价软件，因此可以使用定性、定量安全风险评价方法对评价的对象进行深入的分析和系统的安全风险评价。

五、安全风险评价程序

安全风险评价程序主要包括签订委托协议书、编制评价方案、现场勘查、按评价内容进行评价、编制评价报告、评价报告评审、评价报告交接等过程。如图11－3所示。

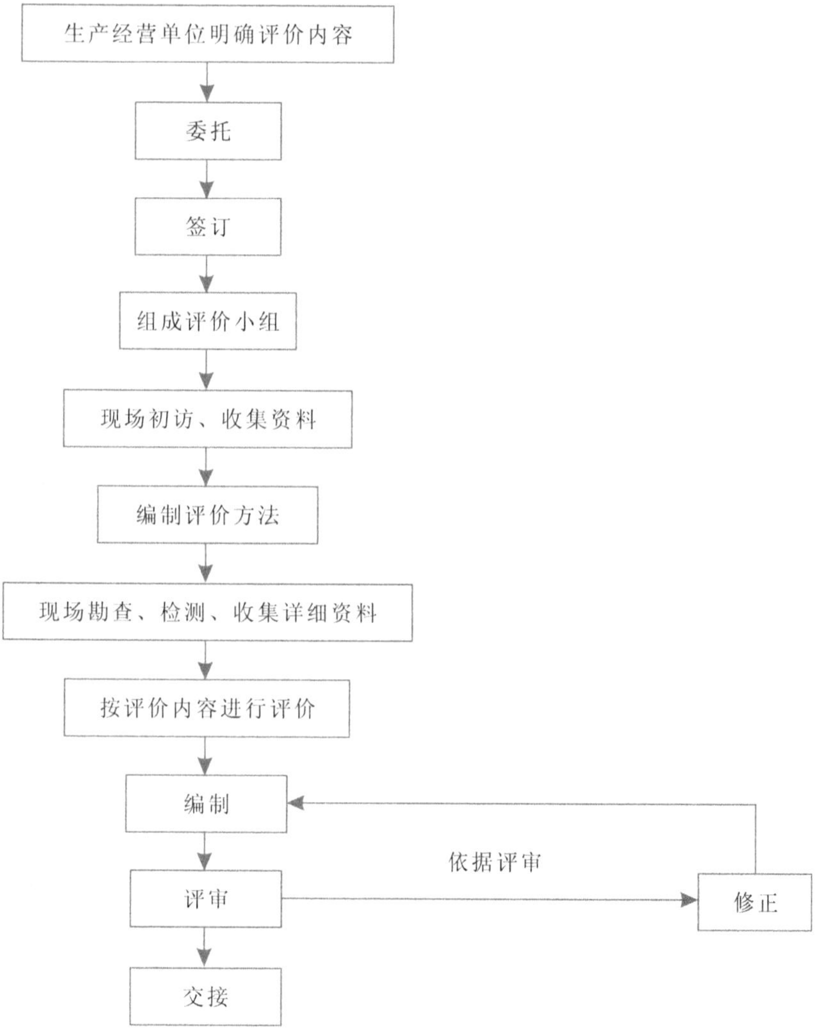

图 11－3　安全风险评价基本程序

第十二章　职业危害因素识别与评价

第一节　职业危害因素识别

一、基本概念

（一）职业危害

职业危害是指存在于工作场所或者接触特定职业，对从事该职业活动的劳动者可能造成健康影响或者损害的各种危害。

（二）职业危害因素

职业危害因素是在生产过程、劳动过程和生产环境中存在的各种对职业人群健康有损害的因素。

二、职业危害因素识别原理

（一）职业危害因素识别的必要性

1. 职业危害因素的复杂性决定了职业危害因素识别的必要性

职业危害因素是十分复杂的，根据来源和性质的不同可以分为各种不同的类型，具体分类情况将在第四小节“职业危害因素的分类”中加以介绍。

2. 我国职业危害的特点已说明了进行职业危害因素识别是必要的

（1）我国职业危害分布行业广。从煤炭、冶金、化工、建筑等传统工业，到汽车制造、医药、计算机、生物工程等新兴产业，都不同程度地存在职业危害。

（2）我国职业危害流动性大、转移严重。在引进国外投资和技术时，一些存在职业危害的生产企业和工艺技术由国外向国内转移。国内职业危害也存在从城市和工业区向农村转移，从经济发达地区向次发达地区转移的情况。这就加大了职业危害因素识别的难度。

（3）职业病具有隐匿性、迟发性特点，其危害往往被忽视。慢性职业病特别是尘肺病和某些化学中毒的潜伏期较长，一旦发病，往往难以治疗，病死率高。职业危害因素的早期识别与治疗可以减少此类情况的发生。

（二）职业危害因素识别的目的和意义

职业危害因素识别可以确定职业危害因素的性质、种类、分布和作用条件，因为一种危害因素在不同条件下的作用是不同的。对危害因素的性质、种类、分布和作用条件的确定有助于改善劳动者的作业方式，减少职业病的发生。职业危害因素识别还是职业病预防工作的主要任务之一，是职业病危害评价工作的基础和重要环节，关系到评价结果的科学性、正确性；也可以明确职业病危害控制的目标，指导职业病危害防护措施的实施，为职业卫生管理提供科学依据。

（三）职业危害因素的产生

在生产过程、劳动过程和作业环境中存在的危害劳动者健康的因素，称为职业危害因素。职业危害因素的产生来源如下：

1. 生产工艺过程

来源于原料、半成品、产品及其他的工业毒粉、粉尘、噪声、振动、高温、电离辐射及非电离辐射、污染性因素的职业危害因素，均与生产工艺过程有关。

2. 劳动生产过程

作业时间过长、作业强度过大、劳动制度与劳动组织不合理、长时间强迫体位劳动、个别器官或系统过度紧张均可造成对劳动者的伤害。

3. 作业环境

主要是指一般环境因素，如露天作业的不良气象条件、厂房狭小、车间位置不合理、照明不良等。

（四）职业危害因素的分类

1. 按来源分

职业危害因素可分为以下三类：

（1）生产工艺过程中的有害因素：主要包括原材料、工业毒物、辐射等。

（2）劳动过程中的有害因素：主要包括劳动组织和劳动制度不合理、劳动强度过大、过度精神或心理紧张、劳动时个别器官或系统过度紧张、长时间不良体位、劳动工具不合理等。

（3）生产环境中的有害因素：主要包括自然环境因素、厂房建筑或布局不合理、来自其他生产过程散发的有害因素造成的生产环境污染。

2. 按性质分

职业危害因素可分为以下三类：环境因素、与职业有关的因素和其他因素。

（1）环境因素可分为化学因素、物理因素和生物因素：①化学因素：包括生产过程中的许多化学物质和生产性粉尘；②物理因素：包括异常气象条件、异常气压、噪声、振动、非电离辐射、电离辐射等；③生物因素：如附着在动物皮毛上的炭疽杆菌、甘蔗上的真菌、医务工作者可能接触到的生物传染性病原物等。

（2）与职业有关的因素：①劳动组织与作息时间的不合理；②工作的紧张程度；③个人不良的生活习惯；④劳动负荷过重；⑤长时间的单调作业。

（3）其他因素：①社会经济因素：如经济发展、文化教育、管理水平等；②法制健全程度；③科技的发展水平。

在实际工作场所，往往同时存在多种有害因素，对劳动者的健康产生联合作用。

三、职业危害因素识别原则

（一）科学性

职业危害因素识别是分辨、识别、分析确定在生产过程、劳动过程和生产环境中存在的各种对职业人群健康有损害的因素，而并非研究防止或控制事故发生的实际措施。它是预测安全状态和损害的一种手段。这就要求进行职业危害因素识别时必须要有科学的安全理论指导，使之能解释系统安全状况危险危害因素存在的部位和方式、事故发生的途径及其变化规律，并予以准确描述，以定性、定量的概念清楚地表示出来，用严密的合乎逻辑的理论予以解释清楚。

（二）系统性

职业危害因素存在于生产过程、劳动过程和生产环境中各个方面，因此要对系统进行全面、详细的剖析，全面辨识出究竟哪些作业场所、何种工艺流程中存在及产生职业病危害因素，经过分析工艺流程所产生的危害因素和准确地识别产生原因，确定出有意义的职业危害因素。

（三）全面性

识别职业危害因素时不要发生遗漏，以免留下隐患。

（四）预测性

对于职业危害因素，还要分析其触发事件，即职业危害因素出现的条件或设想的损害模式。

四、职业危害因素识别的程序

（一）收集可能产生职业危害因素作业场所的大量资料

这些资料主要有以下内容：

（1）项目概况、选址、布置、生产设备、工艺流程，可能产生的危害因素种类、部位，设备机械化、自动化、密闭化程度。

（2）生产过程使用的原料、辅料、中间品、产品化学名称、用量或产量；生产、运输、储存和不同条件下发生化学反应产生的有害因素。

（3）工程技术、防护、应急救援及职业卫生管理措施，建筑学卫生要求，如车间采暖、通风、采光、照明、墙体、墙面、地面等，防尘、防毒、防噪、防振、防暑、防湿、防寒、防电离辐射、防非电离辐射、防生物危害措施等。

（二）合理划分识别单元

对于工艺流程复杂、职业危害因素多的识别对象，应划分为若干个识别单元逐一识别。例如：在火电建设项目的职业危害因素识别中，一般划分热机单元、输煤单元、除灰渣单元、化学单元、电气单元、热工自动化单元、水工单元、采暖通风及空气调节单元等若干单元分别进行评价，然后在此基础上综合为整个系统的分析。识别单元可按职业危害因素类别、工艺流程和布局区域划分。

（1）按职业危害因素类别划分要结合类比工程的调查资料、经验、接触时间及劳动方式，确定每个识别单元职业危害因素种类、危害程度及防护措施。

（2）按照类比法划分不能满足时，应结合工艺流程划分或布局区域划分评价单元的方法进行。要求涵盖产生职业危害因素的全部作业点及不同类别的危害因素。

五、职业危害因素识别方法

由于行业不同，生产工艺、致害途径、有害物质种类、数量等差别悬殊，对作业场所的影响也各不相同。在进行职业危害因素识别时，首先要明确项目概况、主要生产设备、工艺流程及其布局，生产过程使用的原料、辅料、中间品等基本情况。在此基础上，应用检查表法、经验法、类比法、工程分析法、综合法等方法对职业危害因素进行识别。全面辨识出究竟哪些作业场所、何种工艺流程中存在及产生职业病危害，经过分析工艺流程所产生的危害因素和准确地识别产生原因，确定出有研究意义的职业危害因素。

（一）检查表法（危害因素识别表）

检查表是针对不同的行业，专为各种职业危害因素识别设计编制的表格，表格中能直观地反映出不同工艺流程中存在和产生的职业危害因素或原因、有害物的种类及危害因素的类型、操作方式及作业人员所处的岗位、可能导致的职业病等。检查表的特点是简明易懂，方法简单适用，易于掌握，能弥补有关人员知识经验的不足。

（二）经验法

经验法是依据掌握的相关专业知识和实际工作经验，凭借经验和判断能力直观地对评价对象的职业危害因素进行识别。要点是依据具体情况决定是否需要采用经验法，是否收集了足够的相关行业、生产工艺的职业卫生基础资料，能否全面识别、分析项目职业危害因素及其防护措施的有效性。

（三）类比法

类比法是指利用已经建成投产的相同或类似工程的职业卫生检测、监护和统计分析资料进行类比，分析评价项目的职业危害因素及其防护措施的有效性。实际应用中，通常采用的有全部类比法和部分类比法。

（四）工程分析法

工程分析法是指对识别对象的生产工艺流程、生产设备布局、化学反应原理、所选原辅材料及其所含有毒杂质的名称、含量等进行分析，推测可能存在的职业危害因素。

（五）综合法

综合法是指在不能完全用一种方法完成识别时，可以将项目划分为几个部分，综合使用经验法、类比法等方法进行职业危害因素识别，要点是将几种评价方法进行划分，根据各自的要点逐一分析。特别应注意其可比性、完整性和真实性。

第二节　职业病危害评价

一、基本概念

（一）职业病

根据《中华人民共和国职业病防治法》的法律界定，职业病是指“企业、事业单位和个体经济组织（以下统称为“用人单位”）的劳动者在职业活动中，因接触粉尘、放射性物质和其他有毒、有害物质等因素而引起的疾病”。

医学上所称的职业病从广义上是指由于工作环境中有害因素作用于人体后所引起的疾病。但实际上，由于社会保障的需要，每个国家根据各自的具体情况，由国家和政府部门以法律法规形式规定了职业病范围，即在该范围内的疾病，则谓之职业病。这类职业病一经确诊后，则享有政府规定的劳保待遇。

与其他职业伤害相比，职业病有以下特点：

（1）职业病的起因是由于劳动者在职业性活动过程中或长期受到来自化学的、物理的、生物的职业性危害因素的侵蚀，或长期受不良的作业方法、恶劣的作业条件的影响。这些因素及影响可能直接或间接地、个别或共同地发生着作用。

（2）职业病不同于突发的事故或疾病，其病症要经过一个较长的逐渐形成期或潜伏期后才能显现，属于缓发性伤残。

（3）由于职业病多表现为体内生理器官或生理功能的损伤，因而是只见“疾病”，不见“外伤”。

（4）职业病属于不可逆性损伤，很少有痊愈的可能。换言之，除了促使患者远离致病源，自然痊愈之外没有更为积极的治疗方法。因而对职业病预防问题的研究尤为重要，可以通过作业者的注意、作业环境条件的改善和作业方法的改进等管理手段降低患病率。

可见，职业病虽然被列入因工伤残的范围，但它同因工伤残又是有区别的。

（二）职业病危害评价

职业病危害评价是一门方法学，以消除生产中存在的职业危害为目的，应用职业卫生学原理，运用预防医学、流行病学、工业毒理学、人机功效学、劳动心理学、环境医学、工程学、卫生工程学、环境监测的理论和技术，对生产过程中存在的危害因素进行定性、定量的评估，判别其危害程度，有针对性地提出控制对策和建议，并对控制措施的效果进行评价，以达到消除职业危害、预防职业病、保护劳动者健康的目的。

二、职业病危害评价的基本原理

（一）职业病危害评价的作用

职业病危害评价是指从事职业活动的劳动者可能导致职业病的各种危害因素的评价工作，是职业卫生工作中的一项重要内容。无论是对职业危害因素的辨识，还是对职业危害因素的控制，都需要职业病危害评价的连接。职业病危害评价是为职业危害管理服务的，既是国家决策和制定措施的依据，也是生产单位职业危害管理的依据。它的作用在于：

（1）突出地体现了“预防为主”的方针。有利于职业卫生监督机构对生产单位的监督和管理，使监督部门有目标、有计划地对生产单位依法实施有效的监督和管理。

（2）有利于生产单位从工程建设到工程运行终止实行全过程的主动控制，使企业的职业卫生管理成为生产管理的组成部分，特别是职业危害严重的生产单位，有预见的预防性防护措施，有利于避免生产中遇到职业病危害的风险，保证生产健康、持续地发展。

（3）有利于职业安全卫生投资合理有效地分配，有计划地确定职业卫生措施投资方向，减少职业危害造成的损失，提高职业卫生的管理水平。

（二）职业病危害评价的内容

企业在了解职业病危害知识的同时，依据《安全生产法》和《职业病防治法》，在各不同阶段依法进行职业病危害评价，以保证安全生产，保护劳动者的安全和健康。公司将从评价依据、评价流程、评价内容、工程分析、评价方法、对策措施等方面对企业的职业病危害情况进行评价分析，并出具可信的评价报告。

由于企业危险、有害因素与职业病危害因素的差异，职业病危害评价侧重对作业环境中可能影响企业职工身体健康的职业病危害因素进行识别、评价和控制，重点在于职业病的预防和控制。

安全评价和职业病危害评价在部分评价内容方面有一定的交叉，比如在厂址选择及总平面布置方面，都要求：厂址选择符合工业布局和城市规划的要求；考虑不同地质条件和水文条件对厂址的影响；考虑当地气象条件（如风向因素）的影响；新建厂选址应满足有关国家标准中关于防火距离及卫生防护距离的要求，包括企业与外部的居民区、周边企业等的防护距离，企业内部车间、设备装置、办公区、生活区等相互之间的安全距离等。

三、职业病危害评价的依据

（一）职业病危害评价的基础资料

职业病危害评价所需要的基础资料可归纳为以下三个方面：毒理学资料、流行病学资料和接触水平资料。

1. 毒理学资料

（1）急性毒性资料，包括急性毒性（LD50、LC50）、经皮侵入能力及经皮LD50、局部刺激作用、急性阈浓度（剂量）、皮肤致敏效应等。

（2）蓄积、亚急性、慢性毒性资料。

（3）诱发、致癌性评价资料。

（4）生殖毒性评价资料。

（5）微毒或无毒粉尘的致纤维化能力实验资料。

凡是已经投入生产的化学物质，都应该有这些毒理学资料，至少应该有急性毒性资料。这些资料应是生产建设单位主动提供的，但实际情况是，目前大多数企业无这方面资料，许多新投产的新化学物质更缺乏这方面资料。首先想到的是应该而且必须从国际权威性文献上查找，如果再查不到，只好由生产建设单位委托权威机构进行试验。

评价时必须向生产或使用该物质的单位、部门索取该物质的化学、物理特性资料，包括分子式、分子量、化学结构、化学组成、纯度、混杂物、溶解度、挥发性、稳定性、比重、熔点及燃点等资料。化学物的化学结构与成分是其毒性、毒效应的决定性因素。化学结构决定该物质的理化特性和化学活性，理化特性和化学活性与生物学活性密切相关，如果缺少毒性资料，化学结构就有参考价值，至少可克服一无所知的状态。实际上，理化特性资料是职业卫生日常服务、管理和调查工作中必须掌握的基础资料，是职业危害因素之本。比如当我们从化学成分中了解到该种粉尘中含有大量石英时，就不必再进行致纤维化的实验。

2. 流行病学资料

系统、可靠的流行病学资料是危害评价中不可缺少的，它不仅是确立因果关系、危害定性评价所必需的，而且是评估剂量反应关系、进行定量分析时可靠的依据。但取得完整、可靠的流行病学资料是相当困难的，无论是接触人群的人口资料，还是与此相联系的接触水平资料，都需要艰苦的基础性工作才能达到要求。对新建的工程项目，不可能得到本身的流行病学资料，但可通过收集同类性质或性质接近的生产单位的流行病学资料参考类比。

3. 接触水平资料

目前，一般是利用各种测定和监测资料中的环境浓度作为评估接触水平的依据。环境浓度是“外剂量”，还有“内剂量”问题。

（1）外剂量——环境浓度。

环境浓度是指在作业场所测定的空气中有害物质的浓度。目前测定环境浓度有以下几种采样测定方法：

第一种是定点短时间一次采样测定的浓度。这是我国企业21世纪前主要的测定方法，用它来衡量接触水平时，显然在空间和时间上的代表性都不够理想。

第二种是连续采样、间断采样测定的平均浓度。工作时间（8 h）内在测定点上连续采样或间断采样，最后计算一班8 h的平均浓度或时间加权平均浓度。问题是一个或几个点的平均浓度，能否反映整个工作场所和实际接触的状态，仍值得商榷。但它的代表性必定比一次测定结果的代表性要好得多。

第三种是个体接触浓度。操作工人佩戴个体采样器，在工作时间内连续采样所测定的结果通常称为个体接触浓度。这种采样方法能比较真实地反映生产者在工作时间内实际接触有害因素的情况。目前使用的粉尘个体采样器、毒物的个体检测器、放射性物质的个体剂量计均属此类。这种测定方法虽然比较真实地反映了工人在一般生产中的实际接触水平，但却反映不了发生源的发生强度及扩散的状态，也不能了解瞬间高浓度。

（2）内剂量——吸入量、摄取量、靶剂量。

从理论上来讲，真正起作用的是到达靶器官、靶组织、靶细胞的靶剂量。靶剂量与吸入量、摄取量密切相关，同时还取决于生物学的剂量——反应模式和毒物在体内代谢的动力学模式。这些数据除了吸入量可以估算外，其余目前都无法直接测定。因此，在危险度评价上是将它作为“不肯定因素”加以分析的，但它是不可忽略的。

（二）职业危害分级

为加强职业卫生管理和防尘、防毒、防暑降温工作的开展，原国家劳动人事部于1984年至1990年先后公布了粉尘、毒物、高温工作危害程度的分级标准。这些标准是综合了各项基础研究成果和实际经验制定出来的，虽然有些问题仍需要进一步解决，但却是当前职业危害评价工作中应用的指导性文件。

1. 有毒作业危害程度分级

1984年公布的分级标准，是以急性毒性、急性中毒发病状况、慢性中毒患病状况、慢性中毒后果、致癌性、最高允许浓度六项指标为基础进行分级的，为使用方便，列出56种常见毒物为例。

2. 生产性粉尘危害程度分级

1986年公布的生产性粉尘（放射性粉尘、有毒性粉尘除外）危害程度分级标准，分级指标有粉尘中游离二氧化硅含量（%），工人接尘时间肺总通气量［L/（日·人)］，粉尘浓度超标倍数。

3. 高温作业分级

高温作业分级标准是按工作场所测定的湿球黑球温度（℃）（亦称“WBGT指数”）和高温作业时间将高温作业分为四级，级别越高表示强度越大。

WBGT 指数亦称“湿球黑球温度（℃)”，是表示人体接触环境热强度的一个经验指数，它采用了自然湿球温度（tnw)、黑球温度（tg）和干球温度（ta）三种参数并由下列公式计算而得：

室内作业：WBGT＝0.7 tnw＋0.3 tg

室外作业：WBGT＝0.7 tnw＋0.2 tg＋0.1 ta

测量时间及位置：

常年高温作业工作，以最热测量值为分级依据。季节性或不定期高温作业工种，以季节内最热月测量值作为分级依据。一个工作日内应测量三次（9:00～10:00；13:00～14:00；16:00～17:00)，连续3天取平均值。热源不稳定的特殊生产工艺，可以根据生产进程具体情况在同一测点连测三次，取平均值。

测量点应选在作业人员经常操作停留或临时休息处，测量高度：立位作业1.5米；坐位作业1.1米；受热不均的岗位工人，还应测头部（1.7米)、腹部（1.1米)、踝部（0.1米)。各部位分别测量后按下式计算：

WBGT＝［WBGT头＋（2×WBGT腹）＋WBGT踝］÷4

（三）职业危害评价的法律依据

职业危害技术服务机构接受建设单位的委托，进行职业危害评价工作时，不但需要科学依据，而且还需要法律的依据。职业危害评价是国家制定防治职业病，保护劳动者健康的法律和政策的依据，因此，在进行职业病危害评价时，必须以现行的防治职业病法规为依据。《中华人民共和国职业病防治法》对此有以下规定：

第十五条　新建、扩建、改建建设项目和技术改造、技术改进项目，建设单位在可行性论证阶段应向卫生行政部门提交职业危害预评价报告。

第十六条　职业病危害严重的建设项目的防护设施设计，应当经安全生产监督管理部门进行卫生审查。竣工验收以前，建设单位应当进行职业病危害控制效果评价。

第十七条 职业危害预评价、职业病危害控制效果评价由取得资质认证的职业卫生技术服务机构进行。

为此卫生部专门公布了《建设项目职业病危害评价规范》、《建设项目职业病危害分类管理方法》、《职业病危害项目申报管理方法》、《职业病危害因素分类目录》等一系列法规、规范和标准。承担评价工作的职业卫生技术服务机构的人员，必须熟悉相应的法规、规范、标准，坚持以法规为依据进行职业病危害评价工作。

四、职业病危害评价的方法及选择

（一）职业病危害评价方法

在评价方法上，职业病危害评价的方法相对固定，主要有生产过程卫生学调查法、类比调查法、检查表法和定量、定性分类法。

1. 生产过程卫生学调查法

生产过程卫生学调查法（或称生产过程劳动卫生学调查）是职业卫生工作中的基本调查方法，目的在于识别、评价、控制职业危害因素，调查的思路和方法在职业危害评价中是可以采用的。在调查中需要准确地取得以下资料：

（1）原辅料、中间产品、产品、废弃物名称、存在形态、物理性质、化学成分使用、产量、可能逸散作业场所空气中的机会及部位。

（2）加工方法、工艺流程、设备名称、原理、规格、效率、数量，生产过程机械化、自动化、密闭化程度，有无手工操作，岗位设置，作业人员（男女）。

（3）可能产生职业危害因素的环节、原因、岗位名称、接触人数。

（4）拟采取的防护措施、防护设备名称、工作原理、预期效果。

掌握了这些资料，经过职业卫生分析，实际上已经掌握了该生产过程存在的职业卫生概貌（除接触水平具体数据外），只不过它不是从生产过程现场调查取得的，而是通过对拟建的生产过程的调查得到的。因此可以说，对可行性研究报告中拟建的生产过程的卫生调查是预评价的主要方法之一。在调查中除文件上提供的信息外，应取得建设单位工程设计人员或有关涉及部门的支持和合作，承担工程设计的工程技术人员有义务向评价组提供必要的说明和补充资料。但关键是评价人员在调查中能够发现问题、提出问题，能够从职业卫生角度提出问题并要求工程设计人员做出确切的解释和说明，从而才能使评价工作更深入一步。根据上述调查结果，基本上可描绘出生产过程中职业危害的概貌。但要对职业危害因素的危害程度、应采取的防护措施做出实事求是的、有针对性的分析和评价，还需要深入一步地收集一些资料，但更重要的是评价人员需要职业卫生专业水平的支持和实践经验的积累。

2. 类比调查法

在这里，类比调查可赋予两层意思：一是利用已有的相同性质的类似的生产过程的调查资料进行类比，二是通过对性质相同、类似的生产过程现场调查结果进行类比。如果是扩建工程，前期仍在生产，而且生产过程基本相似，那么选定前期生产过程作为类比调查对象是合适的，设计的问题较少，比较容易进行；但如果是新建工程，需要另找类似调查对象，就会遇到一系列问题，首先就会遇到被调查对象是否同意的问题，其次在经济上也是一项不小的支出。因此，对类比调查如何进行，需要经过缜密研究以后再决定如何处理，以下几个问题都是需要认真考虑的：

（1）类比调查应该是在内无同类资料积累，外无有用资料可查的情况下，才需要考虑的。而且需要明确在类比调查中解决的问题确是评价中比较重要的问题，必须通过类比调查才能解决。

（2）类比调查也要制订计划，计划中必须明确需要解决的问题是什么，还有哪些问题是必须通过类比调查来解决的。本着“缺什么调查什么”的原则来安排调查计划，在时间上、经济上都是有利的。类比调查是个总的题目，调查的范围、内容及调查单元的确定，伸缩性很大，不是只要类比调查就泛泛地进行一次全面的调查，这样会在经济上、时间上造成不应有的重复和浪费。

（3）由于生产技术的不断发展，在实际工作中，很难找到生产条件安全一致的类比对象，遇到新产品、新工艺、新生产过程的建设项目，更难找到可以借鉴的类比调查对象。因此，对类比调查应有个灵活的开放的思路。比如，从不同类型的生产单位，是否可找到相近的加工方法作类比；又比如，从不同行业中是否可以找出类似的工艺过程作类比，实际上是有可能的，因为相同的或类似的加工方法、工艺过程在不同行业中往往是可能存在的。化工厂对固体原料的粉碎加工和其他碎矿作业的工艺过程是类似的；石化工业聚乙烯的造粒过程，和其他行业对粉尘物料的处理过程基本是相同的，是可以互相参考的。但关键是在调查中能够对生产过程进行深入的了解和从日常实践中积累丰富的经验和信息，才能灵活恰当地利用类比调查的方法，解决评价中需要解决的问题。

3. 检查表法

检查表法或称调查表法是一种简明、方便、易于掌握的评价方法。依据评价标准、规范，列出检查单元、检查部位、检查项目、检查内容，编制成检查表，逐项检查各项内容是否符合国家标准和国家规范。但在操作中把所有内容都变成检查表，不但工作量很大，而且检查表的质量易受编制人员专业水平和经验的影响，有些比较复杂和关键性的问题，并不是在简单的对比查询之中就可以查询的。条目简繁深浅，还没有一个通用的规则可遵循，因此还需要在实践中摸索。

4. 定量、定性分类法

预评价中必须对被评价项目中存在的职业危害因素的危害程度做出评价。可采取两种方法：

（1）在类比调查中如果能取得可以利用的测试资料（主要是作业场所空气中有害因素浓度或强度和每班接触时间等数据），可以根据国家公布的有害因素危害程度分级标准进行分级。

（2）在预评价阶段，由于生产过程尚未建成，相关数据无法实测，又找不到准确的可利用资料，在这种情况下，应按《建设项目职业病危害分类管理办法》中规定的办法进行分类，一般将建设项目分为一般职业病危害建设项目和严重职业病危害建设项目。

（二）职业病危害评价方法的选择

选择评价方法时应考虑以下各种因素：被评价单位提供的可行性研究报告中职业危害评价所需的资料、数据是否齐全；工程的性质、规模；生产过程中可能存在的职业危害因素的种类及范围，接触人数及接触状态等。在综合分析的基础上选择适当的评价方法。例如，在采用类比法时，职业病危害评价强调作业场所工人接触职业病危害因素浓度（强度）和卫生工程措施的类比。在采用检查表法时，职业病危害评价则强调职业卫生工程技术措施、作业场所的职业病危害因素检测情况及职业卫生管理、健康监护等内容的检查。

总之，不同的危害因素，可选择不同的评价方法，对重要的危害因素、危害作业也可选用两种或多种评价方法，以便互相补充、验证，以提高评价结果的准确性。

五、职业病危害评价程序

（1）收集各种与评价项目有关的资料，包括适用的各类法律法规、标准、规范，企业提供的各类安全卫生技术、管理文件资料、运行记录，以及现场的安全卫生状况等。

（2）根据收集到的资料及企业的评价要求和评价目的，制订相应的评价计划或评价方案，以指导评价工作按时有序地开展。

（3）在获得充分资料的基础上进行工程分析，对物料、工艺过程、设备设施、作业场所等进行危险、有害因素或职业病危害因素的识别，并明确其存在的部位或环节。

（4）结合企业实际情况，划分评价单元或确定重点评价因子，并选择评价方法。

（5）利用选定的各种评价方法进行定性、定量或综合评价，以明确危险、有害因素或职业病危害因素的危害程度。

（6）结合现场或类比现场实际情况或可行性研究报告中的职业安全卫生的考虑，依据相应的法律法规、标准和规范的要求，对企业的安全卫生管理、工程技术措施等进行评价。

（7）针对辨识、评价的情况，有针对性地提出各种合理可行的安全、卫生对策措施，包括管理措施、工程技术措施、应急救援预案等。

（8）做出职业病危害评价的结论。

（9）在评价过程中要对评价报告进行反复的审核、修改、完善工作，确保职业病危害评价报告的质量。

第四编　EHS 的风险控制

第十三章 EHS 管理制度的执行

第一节 EHS 管理制度

一、EHS 管理制度简介

企业 EHS 管理制度（经常也被称为“规章制度”或“程序文件和工作指引/操作规程”）主要分为两个方面：一是安全管理制度（含职业健康管理，下同），二是环境管理制度。目前很多国内企业通过实施 OHSAS 18001（或称 ISO 18001）来建立、健全安全管理制度及实施 ISO 14001 环境管理体系来建立、健全环境管理制度，并使之系统化、体系化；然而，还有大量的企业并没有实施 OHSAS 18001 / ISO 14001，他们需要建立符合自身需要的安全管理制度以及环境管理制度。如果说良好的企业 EHS 管理绩效是企业运营和持续发展的重要基础和前提的话，那么 EHS 管理制度就是保证良好 EHS 管理绩效的直接方法和手段。企业的 EHS 管理制度是企业 EHS 管理的标准和规范，是国家 EHS 法律法规的延伸。企业应根据国家 EHS 法律法规，结合本单位的实际，建立健全各类 EHS 管理制度，使 EHS 的各项工作都有章可循。

二、EHS 管理制度的作用

（一）明确 EHS 职责

企业以本单位的 EHS 责任制，明确本单位各岗位的从业人员的 EHS 职责，使全体从业人员都知道“谁应干什么”或“什么事应该由谁干”，避免为实现安全生产和环境保护“应干的事没有人干”，有利于避免互相推诿，做到各在其位、各司其职和各尽其责。

（二）规范 EHS 行为

企业的 EHS 规章和操作规程，明确了全体从业人员在履行 EHS 管理职责或生产操作时应“怎样干”，有利于规范管理人员的管理行为，提高管理的质量；

有利于规范生产操作人员的操作行为，避免因不良行为而导致发生事故。

（三）建立和维护安全生产及环境保护秩序

企业明确规定了贯彻执行国家 EHS 法规的具体方法、生产的工艺规程和安全环保操作规程等 EHS 管理制度，有利于建立起安全生产及环境保护的秩序。企业制定了违章处理制度、事故处理制度、追究不履行 EHS 职责责任的制度和 EHS 奖惩制度，建立了安全生产及环境保护的制约机制，能有效地制止违章和违纪行为，激励从业人员自觉、严格地遵守国家 EHS 法规和本单位的 EHS 规章制度，有利于企业完善安全生产及环境保护条件，维护安全生产及环境保护秩序。

（四）帮助形成和培育良好的 EHS 文化

一个企业 EHS 管理发展到一定阶段必然会形成其特有的 EHS 文化，而良好的 EHS 文化又将在很大程度上影响 EHS 管理的绩效向良性方向发展，而在 EHS 文化形成和发展的过程中，完善的 EHS 管理制度是不可或缺的基础，它引导着企业 EHS 文化的发展方向。

EHS 文化不只是观念文化还是行为文化，对应到企业管理活动中，EHS 理念体系也不能只停留在理念表述阶段，成为挂在墙上的口号和标语。EHS 文化要在企业中真正起到作用，需要 EHS 理念内化于心、外化于行、固化于制。由此，企业管理的制度层必须与 EHS 理念相结合，将 EHS 理念的指导思想、目标和行为要求用制度的形式进行规定和固化，以便于将 EHS 理念贯彻于生产经营的全过程，彰显其核心作用。

EHS 管理制度是将 EHS 文化从观念文化向行为文化转化的保障。EHS 管理制度定义了在 EHS 理念的要求下需要遵守的一系列办事规程和行动准则。EHS 管理制度要实现良好的效果，不仅制度本身要逻辑严谨、权责清晰、符合企业实际，更要一系列管理 EHS 活动的制度相互配合，形成闭环，构成制度体系，如 EHS 目标责任制度、EHS 绩效考核制度、EHS 技术管理制度、管理体系控制方面的制度等。

三、EHS 管理制度的分类

如前文所述，企业 EHS 管理制度主要可分为两个方面：一是安全管理制度，二是环境管理制度。

（一）安全管理制度

安全管理制度又被经常称作“安全生产管理制度”或“安全生产规章制

度”，不同企业所建立的安全生产规章制度也不尽相同，应该根据企业的特点，制定出具体且操作性强的安全生产规章制度。企业安全管理制度可概括划分为“安全综合性管理制度”和“安全操作规程”两大类，前者是各种安全管理制度、章程、规定的总称，后者是各类安全操作规程、指引、标准、规范的总称。

1. 安全综合性管理制度

一个企业的安全综合性管理制度应根据管理面向的对象不同来划分。例如，面向一般管理，应建立一般通用性安全管理制度；面向安全技术，应建立安全技术管理制度；面向职业危害，应建立职业健康管理制度等。它通常可划分为以下四类：

（1）一般通用性安全管理制度。这包括安全生产总则、安全生产责任制、安全奖惩、安全技术措施管理、安全法规符合性、危害识别和风险评估与控制、安全教育、安全检查、应急准备与响应管理、信息沟通、事故/事件管理、承包商安全管理、项目安全管理、变更管理、安全值班、防火（消防）管理等制度。

（2）安全技术管理制度。这包括特种作业管理、特种设备管理、危险作业许可证管理、安全重大危险源/危险场所管理、易燃易爆有毒有害物品/危险化学品管理、安全检修管理、厂区交通运输仓储管理等。

（3）职业卫生/职业健康管理制度。这包括职业健康体检、有毒有害环境监测、职业病/职业中毒防治、员工职业健康档案管理等。

（4）其他有关管理制度，如女工保护制度、劳动保护用品、保健食品、员工身体检查等。

2. 安全操作规程

在建立、健全安全综合性管理制度的同时，企业还必须建立、健全各项安全操作规程（或称“安全生产技术规程”），主要包括以下几个方面的规程：

（1）各种产品生产的工艺规程和安全技术规程。

（2）各生产岗位的安全操作法，包括开停车、出料、包装、倒换、转换、装卸、运载以及紧急事故处理等操作的安全操作方法。

（3）生产设备、装置的安全检修规程。

（4）各通用工种的安全操作规程，如管道工、钳工、焊工、电工、运输工等的安全操作规程。

（5）专门作业的安全规程，如锅炉、压力容器安全管理规程，气瓶、液化气体气瓶使用和储运的安全技术规程，易燃液体装卸罐安全操作规程等。

（二）环境管理制度

环境管理制度又被经常称作“环境保护管理制度”或“环保管理制度”。与企业安全管理类似，应该根据企业的特点，制定出具体且操作性强的环境管理制度。一个企业的环境管理制度主要是针对环境因素，例如，典型的环境因素有废水、废气、固废、噪声以及资源的消耗等。企业环境管理制度可概括划分为环境综合性管理制度（或称环境管理程序）和环境操作规程两大类，前者是各种综合环境管理制度、章程、规定的总称，后者是各类环境操作规程、标准、工作指引、规范的总称。

1. 环境综合性管理制度

环境综合性管理制度搭建了企业环境管理的整体框架，根据企业具体所涉及环境因素的特点，就环境因素管理控制的方方面面做出规范，包括职责、工作流程、管控方法等。一般企业的环境综合管理制度，包括但不限于以下方面：

环境总则/手册、环保责任制、环保奖惩、环保法规符合性、环境因素识别评价及管理、环境因素监测与测量、环境应急准备与响应、信息沟通、环保培训、环保检查、环保设备管理、事故/事件管理、承包方相关方环境管理、节能管理等规章制度。

2. 环境操作规程

在建立、健全环境综合管理制度的同时，企业还必须建立、健全各项环境保护操作规程，主要针对两方面：

（1）涉及环境因素的操作，例如：①废水、废气专门处理设施的操作规程；②噪声控制规程；③固体废弃物分类、收集及处理规程等。

（2）避免或减少生产作业/维修或其他活动中带来的不良环境影响，例如：①各种产品生产的工艺规程和环境技术规程；②各生产岗位在制定安全操作规程的同时，还要制定环境操作规程以避免减少生产作业过程带来的不良环境影响；包括开停车、出料、包装、倒换、转换、装卸、运载以及紧急事故处理等环境操作方法；③生产设备、装置的检修过程中的环境控制规程；④项目施工或临时作业环境控制规程。

四、一体化的 EHS 管理制度

安全管理制度和环境管理制度在管理对象和方向上有着各自的侧重点和关注点，但它们又有着许多共通的管理特点，因此，在实际运行中不能将两者割裂开来，而应该将其有机地结合，这样才能避免公司内部存在过于冗多繁杂的制度规章，实现文件精简化和管理高效化。

（一）综合性EHS管理制度一体化

在综合性管理制度方面，安全与环境有许多可以实现完全融合、一体化的管理制度，例如：

1. 法规符合性管理制度

不论是安全管理还是环境管理，相关的安全及环境国家/地方法律法规（包括标准）是在公司内首先需要考虑被遵守和执行的，如何识别出相关本企业适用的安全环境法规并及时跟踪其变化，评估企业与相应法规的符合性，以及在企业内对员工进行的法规宣贯，在安全和环境方面有着几乎一致的要求。因此，在充分描述或体现出安全和环境法规不同要求的基础上，企业可以制定一个涵盖安全和环境法规符合性的统一管理制度。

2. 培训管理制度

尽管安全与环境这两方面在对企业内各层员工的培训要求上有所不同，但总体的培训需求识别、培训计划制订、培训安排和培训效果评估等一系列培训的核心流程上，两者是一致的，因此完全可以制定一个统一的培训管理制度来同时规范安全和环境的培训要求。

3. 信息沟通制度

安全和环境信息在公司内部与外部都需要恰当及时的沟通，比如安全、环境事故发生后对外部政府机构的汇报，对内部员工的信息传达等。一个通用的信息沟通机制可以同时适用于安全和环境信息的沟通。

其实，可以实现类似一体化的管理制度还有很多，还包括EHS责任制、EHS奖惩制度、EHS检查制度、事故/事件管理、承包商EHS管理、项目EHS管理、内部审核、管理评审、文控管理等。

（二）EHS操作规程一体化

在操作规程层面，安全与环境的具体关注点和偏重点有较大的区别，在制定具体操作规程时必然有所不同，因此在制定EHS操作规程时不可强求整合一体化。也就是说，针对某一具体操作可以既有一份安全操作规程又有一份环境操作规程。

当然，鉴于文件精简的考虑，在制定操作规程时，也可以实现一定程度的整合一体化，比如在一份操作规程上，分别列出安全的操作要求和环境的操作要求

（同理，还可列出质量要求等），这样就可以避免操作规程书面文件过多的情况，这一方法在很多企业得到应用并行之有效。

第二节　安全生产

一、企业常用安全综合性管理制度解析

（一）安全生产总则

企业“安全生产总则”概述性地提出了本企业安全生产管理的总体要求及管理原则，可以说是企业安全生产管理的大政方针、指引导向。在很多企业，“安全方针/目标”会被放入安全生产总则。

1. 安全方针/目标的作用

方针和目标的作用：

（1）指导实施、改进安全管理体系的全过程。

（2）是企业在安全管理方面的意向和原则声明。

（3）是组织最高管理者制定的，是全体员工活动的指导思想和行为准则。

（4）指明了企业在安全管理方面的努力方向。

（5）提供了规范企业行为和制定具体目标的框架。

安全方针制定及应包含的内容有其一定的要求，一般要体现：①遵守法律法规及其他要求；②本企业在事故预防方面的愿景；③持续改进；④目标框架。

安全方针也可以与环境方针整合，形成一体化的EHS方针。

2. 总体安全要求

安全总则里一般还可以包括本企业安全管理的总体原则与理念等（统称为总体安全要求），作为各项安全管理工作具体实施依据，例如：

（1）在本企业每个员工都有义务报告自己发生或发现的事故。

（2）安全是每个人的责任，员工的安全表现将作为整体工作绩效考核的一部分。

（3）在选择供应商/承包商时，其安全/健康表现是重要的考虑方面。

（4）员工有权拒绝超出一定风险级别的作业任务等。

（二）安全生产责任制

安全生产责任制是生产经营单位和企业岗位责任制的一个组成部分，是企业中最基本的一项安全制度，也是企业安全生产、劳动保护管理制度的核心。根据

“管理生产必须管安全”的原则，安全生产责任制是综合各种安全生产管理、安全操作制度，对生产经营单位和企业各级领导、各职能部门、有关工程技术人员和生产工人在生产中应负的安全责任加以明确规定的制度。《安全生产法》把建立和健全安全生产责任制作为生产经营单位和企业安全管理必须实行的一项基本制度，在其第二章的《安全生产保障法》第十七条第一款中作了明确规定，要求生产经营单位的主要负责人要建立、健全本单位安全生产责任制，并对其负责。

实践证明，实行安全生产责任制有利于增加生产经营单位和企业职工的责任感和调动他们搞好安全生产的积极性。生产经营单位和企业由各个行政部门、厂区、车间、班组（工段）和个人组成，各自具有本职任务或生产任务。安全不是离开生产而独立存在的，而是贯穿于整个生产过程之中。只有从上到下建立起严格的安全生产责任制，责任分明，各司其职、各负其责，将法规赋予生产经营单位和企业的安全生产责任由大家来共同承担，安全工作才能形成一个整体，使各类生产中的事故隐患无机可乘，从而避免或减少事故的发生。

企业的安全生产责任制可汇编成统一的文件，也可在不同安全管理制度中有所体现，如“岗位职责描述、安全综合性管理制度和安全操作规程，它们的综合构成了完整的安全生产责任制”。

（三）安全生产奖惩制度

顾名思义，安全生产奖惩制度是对安全生产良好表现给予奖励和对安全生产方面不良表现以及违反安全生产规章制度的行为进行惩罚的制度。企业安全生产奖惩制度的制定和实施在安全管理工作中具有极其重要的作用，奖惩制度是企业执行力的重要保障。奖惩制度的有效实施，是企业安全生产目标实现的保证。企业员工因各自的出身、教育、成长环境、个人理想、工作层面等具有差异性，如果没有安全奖惩制度的制约和激励，很难要求他们在面对同样的安全制度时能自觉地遵守。所以，要通过奖惩制度的制定和落实来加强员工安全生产的责任感。

许多生产经营单位和企业在具体实施中，结合前文所述的安全生产责任制，按照责、权、利统一的原则，对安全生产工作采用目标管理的方法，并与奖惩制度紧密结合，使生产经营单位和企业的安全工作得到了加强。这种做法是将生产安全所要达到的目标事先制定，并层层分解，落实到各部门和各班组，在规定的时间内完成或达到这个目标，在奖金或其他方面要给予奖励；若完不成目标，要扣罚奖金或给予其他处罚。在实行时，通常考虑了责、权、利统一的原则，即权力大，所应承担的责任就重，因此在奖惩方面也要重奖或重罚。

除了与安全生产目标管理结合外，安全生产奖惩制度还会规定企业内的部门和个人在安全生产表现良好的某种情形或符合某些条件下可以获得一定的奖励，以及在违反安全生产规章制度时应受到的惩罚。

安全生产奖惩制度的制定和实施不是目的，而是一种手段。企业在实施奖惩制度时，要做到以奖为主、以罚为辅、奖罚分明和以人为本的基本原则。

（四）法规符合性管理制度

进行安全生产管理工作，相关适用的安全生产（含职业健康）国家/地方法律法规及标准（包括其他要求）是首先必须要遵守和得到执行的，企业的很多安全管理制度本身就是应法律法规的要求而建立的，同时很多安全管理制度是相关法律法规的细化和延伸。

法规符合性管理制度规范如何识别出相关本企业适用的安全法规（包括其他要求）并及时跟踪其变化，而且评估企业对应相应法规的符合性，以及发现不符合时的应对流程，另外还包括如何将法规要求沟通传达到相关各层级人员等。法规符合性管理制度一般包括以下主要内容：

（1）须识别的适用法律法规/其他要求的范围：①国际公约；②国家法律法规、标准、行政规章制度；③地方性法律法规、标准、行政规章制度；③企业参加的或承诺遵守的国际、国内组织及行业协会的 EHS 宣言或宪章；④来自企业所在集团公司的安全要求，或客户及其他相关方的安全要求。企业要从中识别出与企业的生产运营活动，或企业生产产品和提供服务相关的，即企业适用法律法规/其他要求。一般会形成一份“企业适用法律法规/其他要求清单”。

（2）法律法规/其他要求的获取渠道方法：明确法律法规/其他要求的获取途径，例如，国家政府职能部门、相关网站、行业协会、专业中介服务机构、专业杂志期刊/书籍/图书馆等。

（3）法律法规/其他要求的符合性评估：要由规定的部门/人员对识别出的适用法律法规/其他要求的具体条款在企业是否得到遵守和执行进行符合性评估，并形成记录或报告，对不符合的提出整改措施。

（4）法律法规/其他要求文件文档的管理：企业适用法律法规/其他要求的文件纸质或电子版要按企业统一的文件控制要求进行存档、发放、更新管理，及时清理过期作废版本，确保当前使用的是最新版本。

（5）法律法规/其他要求的沟通传达：确保相关部门和员工必要时能获悉企

业适用法律法规/其他要求，并遵照执行。

（五）安全教育（或称“安全培训”）制度

安全教育或称安全培训，是现代工业生产的基本要求，现代工业生产过程是在“人—机—环境”系统中进行的，在“人—机—环境”系统中，人是生产的主体，具有能动的创造力，机器环境由人所驾驭或改造。在系统三个要素中，人的自由度最大，尽管主观上人不愿意伤害自己伤害别人，但由于影响人的安全本质的因素很多，经归纳人的本质安全主要有安全生理素质、安全心理素质、安全文化素质和安全技术素质四个方面，并与系统安全匹配；否则，人的不安全行为是难以避免的，就有可能发生工伤事故和职业病，所以要进行安全教育，增强意识，加强演练，提高广大员工的安全操作技能，增强事故预防和应急处理能力。企业安全教育制度就是应这一目的而建立，并通过实施使企业各层级人员具备其应有的意识和能力。

国家相关法规对企业相关人员的安全教育（培训）要求，也提出了具体的要求，企业在制定自身的安全教育（培训）制度时应充分考虑法律法规的要求；一般，安全教育（培训）制度对以下事项做出管理和规范：

（1）培训需求的识别：企业各个岗位的安全培训需求可来自以下方面：①法律法规和相关方要求；②工作任务分析；③危害识别风险分析资料；④过往发生过的事故/事件；⑤员工调查等。岗位培训需求识别出来后，还要评估具体受训人的知识和能力现状同要求的知识和能力之间的差距，从而确定最终的培训需求。最终形成的培训需求包括企业负责人安全培训、企业安全管理人员安全培训、特种作业人员培训、新员工三级安全培训、转岗培训、安全再培训、专项安全培训等，每项培训都有特定的科目和内容。

（2）制定培训方案：根据识别出的培训需求，制定有针对性的培训方案，包括培训计划、培训目标设定、培训内容设计、内外部培训机构/老师、选择适当的培训方法和技巧等。

（3）开展培训：按照培训方案实施培训，包括培训组织、培训支持后勤保障、培训记录，注意收集培训过程相关信息。

（4）培训效果评估：培训后取得预期效果才能视为成功，企业须建立培训效果评估考核机制以确保培训取得成功，如培训后获得资质/证书（外部培训）、培训后书面考试/实地测试、观察员工培训后工作表现、事故/事件的统计分析、对受训员工的主管或业务相关员工的调查反馈等都是可以考虑的培训效果评估考核方法。

(5) 其他培训相关规定：培训机构、内外部培训师选择考核机制、培训组织申请审批流程等。

(六) 事故/事件管理制度

安全管理的根本目的就是预防事故的发生，但在企业还是不可避免地发生一些事故/事件，这些事故/事件发生后，也恰恰为我们提供了管理的信息和输入，如果能对它们进行恰如其分的管理，分析其原因并采取纠正预防措施，并让广大员工及时获取准确的事故/事件信息，从而吸取经验教训，防止更严重事故或类似事故的重复发生。

事故/事件管理程序一般包括以下内容：

(1) 事故/事件定义分类：企业内事故可分为人员伤亡事故（可分为轻微事故、医疗事故、损失工时事故、重伤、死亡等级别）、环境污染事故、财产损失事故、停产事故等；事件又称"near miss"或"未遂事故"，虽未造成实际损失，但具有潜在风险，也需进行管理。

(2) 事故/事件的报告应对处理：不同的事故/事件依照既定的相应报告及应对处理流程，包括伤员处置、现场保护、应急处理、防止事态进一步扩大、内部/外部沟通报告等。

(3) 事故/事件调查：评估事故/事件的损失和潜在风险，确定等级，根据事故/事件的不同等级由不同人员展开相应的调查，分析事故/事件原因，必要时采用系统的原因分析方法，提出纠正、预防措施，作出调查报告。

(4) 纠正预防措施的跟踪：相关责任部门/人员落实执行相应纠正预防措施，相关职能部门/人员跟踪核实其有效性。

(5) 事故/事件信息的沟通：事故/事件发生后，及时准确的事故/事件信息沟通传达不但能够避免负面影响，而且往往能起到教育员工的正面作用。制度中应明确不同种类、级别事故/事件的信息沟通范围、渠道和时限以及须包含的内容等。

(七) 应急准备与响应管理制度

企业在生产经营过程中常常会遇到各类紧急情况，如火灾、爆炸、危险品事故等。紧急情况往往会造成职工、客户和公众伤亡，或中断生产经营活动、造成物质或环境损失、威胁企业的财力、损坏企业公共形象等。为降低紧急事故造成的损失，企业必须制定应急预案。

应急准备与响应是企业通过对应急状态的识别、分析判断、评估，对企业认为在应急状态发生时必须采取应对措施的情形，采取的有针对性的行动方案及配套资源。企业应急准备与响应管理制度一般包括以下内容：

（1）应急组织机构、人员及其职责。

（2）紧急情况（危险源）辨识与风险分析。

（3）应急能力评估与物资装备保障。

（4）应急设备与设施。

（5）报警、通讯联络方式。

（6）事故/紧急情况应急程序与行动方案。

（7）保护措施与程序。

（8）事故发生后的恢复程序。

（9）培训与演练等。

（八）安全检查管理制度

安全检查的最直接目的是发现、分析和消除作业环境中各种有害危险因素，它是安全管理中不可或缺的关键环节，而且安全检查还可用于核实安全标准和要求是否得到遵守，现有的安全措施对控制风险是否充分等。企业涉及安全检查形式种类多样，很多安全检查要求在不同的安全管理制度中也有所体现。有的企业还会建立综合性安全检查管理制度以规范安全检查的各个流程环节。

一般，安全检查制度对以下事项做出管理和规范：

（1）检查的计划/准备：规定企业内不同安全检查的频率、负责人、检查内容；有些检查需要制定专门的检查表；对检查人员的要求以及进行检查前须接受的培训；检查前了解被检查部位、设施存在的风险；检查前所需的准备，如PPE、地图、检查表、确定检查路线、准备检查用工具设备仪器等。

（2）检查实施：按照既定的检查方法实施检查，必要时利用检查表、使用相关工具设备仪器、仔细观察并记录发现的隐患、问题或其他事项。检查中注意关注：物的不安全状态、人的不安全行为、相关记录、安全标准要求的遵守情况和安全控制措施的充分性等。

（3）检查报告：对完成的检查做出检查报告，详细地描述检查发现问题，对检查发现隐患的风险分级，按照轻重缓急，提出纠正预防措施，措施不要只停留在简单的纠正问题的层面上，要针对问题的原因提出相应预防重复发生的措施。

（4）检查后续跟踪：对提出的纠正预防措施的完成情况以及效果进行后续

跟踪。

（九）危害识别 & 风险评估制度（程序）

危害识别及后续的风险评估，或称“风险评价”（含风险控制），是企业安全管理的核心，是各项安全管理工作的基础。安全管理的根本目的就是预防事故的发生，事故发生的直接原因就在于作业环境中存在着各种有害危险因素（或称“危害”）。如果能事先识别出各种危害，在客观评估其风险水平的前提下有针对性地采取适当的行之有效的控制措施，那么就能防患于未然。

企业内存在种类繁多的危害形式和类别，不同的危害应采用各自适用的识别方法。同时，企业的生产和伴随之的安全生产管理又是一个变化动态的过程，这就需要企业建立危害识别 & 风险评估/控制制度来指导何时应该进行危害识别 & 风险评估/控制，如何进行危害识别 & 风险评估/控制，以及如何实现动态循环，持续改进。这样才能确保企业的危害处于整体受控状态，从而有效预防事故发生。

危害识别 & 风险评价/控制程序的主要内容包括以下方面：

（1）危害识别 & 风险评价/控制参与人员的要求：为确保全面系统性，企业内的危害识别 & 风险评价/控制工作通常通过交叉学科小组的形式进行，小组成员一般包括 EHS 人员、工艺人员、工程人员、维修人员、生产操作部门车间主管/一线班组长/员工、外部专家顾问（必要时）等，相关人员须接受相关的危害识别 & 风险评价/控制培训，具备相应能力。

（2）危害识别 & 风险评价/控制的范围和对象：危害识别 & 风险评价/控制可以是全面的系统的，也可以是单次的具体的，企业需要首次进行全面的系统的危害识别 & 风险评价/控制，在此基础上针对一些新危害或变更进行单次具体的危害识别 & 风险评价/控制。确定识别评价范围、对象时可按以下划分：①生产流程各阶段；②按部门；③按设备设施；④按作业任务。

（3）危害识别方法：危害（或称“危险源”）来自人、物、作业环境、管理等方面，又可细分。不同种类危害有各自适用的危害识别方法，如安全检查法、安全检查表法、工作危害分析法（JHA）、危险性可操作研究（HAZOP）等。制度中应明确本企业针对不同种类危害统一采用的危害识别方法。

（4）风险评价方法：针对识别出来的危害及其导致的可能危险事件要进行风险评价以确定各危险源的风险等级，确定具有高风险的重要危险源。风险评价也有不同的专门评价方法，如直接判定法、LEC 法、风险矩阵法等。制度中要明确企业统一采取的风险评价方法，并制定评价评分细则等。

（5）风险控制：根据风险评价结果，对重要危险源加以重点管理控制，对其他危险源根据风险等级须进行适当的管理控制，使得采取措施后的剩余风险降到企业可接受范围之内。

（6）危害识别 & 风险评价/控制的时机：制度还应明确在首次全面地进行危害识别 & 风险评价/控制后，何时应更新。例如：①新的法规或其他要求；②生产工艺改变；③新产品新工艺；④发生事故/事件后；⑤定期评审后等。

（十）变更管理制度

经调查发现，缺乏变更管理是事故发生的根本原因。企业的生产经营活动是一个变化动态的过程，或者说变化（或称变更）在企业内随时随地都在发生：大到新增一条生产线或将一般仓库改为危险化学品储存区，小到更换了一种溶剂配方或因维修而改变了某一颗螺丝的材质。这些变更可能带来新的危害，或使以前所做的危害识别评估及控制失效。因此，必须对生产操作、生产规程、工艺和设备等方面的变更进行评估，确保由于发生这些变更而造成的对安全健康和环境的影响保持在可接受的水平内。

企业建立变更管理制度，用以明确在本企业变更的定义及需要进行评估的变更的范围，不同种类变更的评估流程和方法以及如何识别变更带来的新危害及进行后续的风险评估和控制。

变更管理制度的主要内容包括以下方面：

（1）变更的定义和范围：下列的变化都可纳入变更管理范围：①化学品的使用；② 技术；③设备；④流程；⑤位置，设备重新布置和工厂布局；⑥人员；⑦工艺控制方法（重要的操作参数）；⑧电脑硬件和软件（过程控制）；⑨组织结构；⑩政策、管理体系；⑪关于工艺危险的新信息；⑫原材料或产品规范；⑬产品或工艺的特性。另外还可明确临时变更与永久变更的定义。

（2）变更申请审批实施流程：MOC 程序一般开始于完成一份描述变更、变更的目的及其潜在危险的表格；随后 MOC 需要经过交叉学科团队的审核；团队应包括环境、安全、健康（EHS）、工程、操作和维护人员；只有 MOC 通过审核，才能允许实施变更，审核会识别出变更引发的危害及相应控制措施；变更项目实施完成后，要进行开车前安全检查，确保变更审核过程中提出针对危害的措施得到落实，才能开车运行。

（3）变更危害识别：变更管理的核心是事先识别出变更可能导致的危害并

加以适当控制。这往往需要一个交叉学科团队的审核，团队应包括 EHS、工程、操作和维修人员等。这个过程可以视为进行一次专项危害识别 & 风险评价/控制，一般可利用事先制定好的危害识别清单来帮助识别变更带来的危害，在风险评价的基础上提出控制的建议措施。

（4）变更实施完成开车前安全检查：执行变更时应执行完成变更审核过程中针对危害提出的控制措施，但为确保措施真正得到落实，须进行开车前安全检查。一般开车前安全检查有事先制定好的检查清单，相关职能部门人员按各自负责范围对须检查确认事项一一进行确认，对没有达到预期效果的要重新采取整改措施，直至所有项目确认完成，才能允许开车运行。

（十一）安全值班制度

目前，很多企业的工作制是一天三班或两班（有中夜班，节假日也有生产）。企业的生产经营活动一般可以划分为两个大的时段，一是普通工作时段，一般是周一至周五的白班（8∶00～17∶00）；二是相对于普通工作时段之外的时段（或称“非普通工作时段”）。在企业普通工作时段，一般企业内各部门及人员包括 EHS 管理人员和各级主管都上班在岗，当企业内有事故或紧急情况或须对风险作出判断决策时，按照企业正常的各自管理责任进行处理和应对即可；而在非普通工作时段，安全管理人员和各级主管一般是不在岗的，有些企业会实施领导带班制度。即使如此，相当多的职能部门和人员都是不在岗的，这就需要企业建立一套安全值班制度，明确在非普通工作时段的紧急处理职责和流程方法以及与普通工作时段的衔接。企业的安全值班制度可以作为企业整体应急准备/响应制度（程序）中的一部分，也可编制成单独的制度。

一般安全值班制度内容包括以下方面：

（1）定义/职责/人员要求：明确各级别值班经理/负责人以及相应的职责，例如：在非普通工作时间，如果当班的班组长或车间主管作为现场的最高管理层级，那么他们可作为一级（现场）值班经理/负责人，除了完成本职工作外，还承担相应的应急管理职责，与上一级值班经理/负责人（通常为安全部门人员或指定人员）保持联络，控制事态发展；再上一级值班经理/负责人一般为企业最高管理层，如正副厂长、正副总经理等；不同级别值班负责人负责不同紧急情况的处理，根据职责不同，需接受相应培训并具备紧急情况处理能力。

（2）24 小时值班电话管理：企业设立 24 小时应急值班电话（手机），并培训传达到每一员工。应急值班电话可以轮流由指定值班经理/负责人持有，持有者负责企业紧急情况的应急总协调指挥，内外部联络，并建立相应应急值班电话管理要求，如值班电话应由持有者随身携带，只能用于应急联络，确保随时接通，值班期间值班经理不得离开企业当地或进入无信号区域以便必要时赶回企业；值班经理随身应带有应急文档资料，如企业应急联络清单、企业在用危险物质清单、企业相关应急处理程序等。

（3）安全值班与普通工作时段安全管理衔接：安全值班旨在管理非普通工作时段，但由于安全值班电话一般是保持 24 小时畅通，有些企业的安全值班制度实行 24 小时运作，即在普通工作时间，员工既可向安全管理职能部门报告紧急情况或安全事项，也可通过安全值班电话同时向安全值班经理/负责人报告，安全值班经理接到报告后应及时与安全部门联系，如安全部门人员不在厂内，安全值班经理应担负起现场指挥的作用，直至安全部门接手。

（4）安全值班与应急准备/响应的衔接：企业的安全值班制度应当明确其与企业整体应急准备/响应程序的联系和链接，企业的应急准备/响应体系一般是基于普通工作时间各部门/人员职能而建立的，值班经理/负责人判断紧急情况的严重程度，必要时启动企业应急准备/响应，但在企业应急准备/响应体系运作发挥作用前，安全值班经理/负责人仍需担当总协调指挥作用，直至应急体系开始运作。

（十二）工作许可制度

所谓工作许可制度，就是每一次从事某些作业活动之前，需要事先得到审批和许可后方可进行，许可的前提就是作业活动过程存在的危害得到全面识别，而且其风险得到评估和适当的控制。

企业内大量存在的是常规的生产经营活动和工艺操作，一般它们都有相应的操作规程以确保该活动和操作得以安全地进行，因为安全操作规程的制定过程就是危害识别、风险评估和控制的过程。但在企业内还存在另外一些非常规或临时的但同时又含有高风险作业的活动，这类活动往往是因维修或外协施工引起的，它们没有既定的安全操作规程和规范，而且由于该类活动不是经常发生，相关作业人员对作业不熟练，容易忽视作业过程中的危害或对危害识别不全，以及对作业风险程度认识不够，往往会导致企业内事故的发生。因此，企业需要建立一套工作许可制度来确保对非常规作业活动进行事先的风险分析和评估，采取合理预防措施，以达到控制和消除风险的目的。一般，须纳入许可管理的高风险作业包括但不限于以下方面：

（1）临时动火作业。

（2）危险能源锁定。

（3）高处作业。

（4）动土/挖掘作业。

（5）危险管线断开作业。

（6）密闭空间/局限空间作业。

（7）消防设施临时关停操作。

（十三）个人防护用品管理制度

个人防护用品（Personal Protective Equipment，PPE），又称“劳动防护用品”，指为使职工在职业活动过程中免遭或减轻事故和职业危害因素的伤害而提供的个人穿戴用品。个人防护用品是保护劳动者免受职业伤害的最后一道防线，危害控制应优先考虑其他安全技术措施，但在一定条件下，使用个人防护用品是主要的防护措施。因此，确保员工使用的是合格适用的 PPE 以及确保员工正确使用 PPE 都是至关重要的。

企业需要建立个人防护用品管理制度以规范个人防护用品采购、验收、储存、发放、使用、维护保养、更换、报废等各个环节的管理，从而确保企业员工生产过程中的安全和身体健康。

个人防护用品管理制度的主要内容包括以下方面：

1. 职责划分

（1）一般企业内，安全管理部门负责：①确认个人防护用品的种类、规格、使用期限，以及审核生产厂家及供货商资质；②个人防护用品入仓前的质量检验；③对个人防护用品的使用和管理进行检查、监督、指导；④组织定期 PPE 正确使用方法培训。

（2）采购部门负责：①按计划进行采购，须考虑到货周期并保持合理的库存；②配合进行到货检验并妥善储存个人防护用品，并按计划发放个人防护用品给使用部门；③建立、管理相关个人防护用品台账。

（3）使用部门负责：①提出采购计划，有特殊要求及时向安全部门提出申请；②培训本部门员工个人防护用品的使用佩戴；③本部门个人防护用品的日常使用管理工作。

（4）使用者负责：按要求使用佩戴个人防护用品并对个人防护用品进行必要的检查、保养。

2. 个人防护用品采购、验收和储存

（1）针对现有个人防护用品：采购部门根据使用部门需求，做出采购计划，从有资质的供货商采购合格的个人防护用品，到货后安全部门和采购仓储人员进行验收，包括核实相关产品合格证书、检测报告，对产品进行抽检；合格后入仓，按仓储要求储存。

（2）针对新品种个人防护用品：使用部门向安全部门提出申请，安全部门审核其必要性和可行性后，交由采购部寻找货源并提供厂家有关资质证明、相关产品检测报告及样品交安全部门审核确认；审核确认后，采购部购回首批新个人防护用品由使用部门试用；新个人防护用品如果通过试用，则由采购部将其列入个人防护用品采购清单进行正常采购。

3. 个人防护用品发放、使用、维护保养和更换/废弃

使用部门按计划从仓库领用个人防护用品，按工种发放相应个人防护用品给员工并做好发放记录；发放个人防护用品给员工时须“以旧换新”，避免过期、失效个人防护用品仍被员工使用；员工在使用个人防护用品时，须按产品使用说明书或“个人保护用品使用指导”的要求进行相应的检查、保养；过期、失效的个人防护用品应按公司有关废弃物管理程序进行处理，其中没有沾染化学品的个人防护用品当作一般废弃物处理，沾染了化学品的个人防护用品按危险废弃物进行处理。

4. 个人防护用品台账管理

包括现有个人防护用品采购清单（含个人防护用品种类、规格、供货商、生产厂家、价格等内容）、个人防护用品验收入库记录、个人防护用品发放记录等。

（十四）承包商安全管理

随着生产力的发展，社会分工越来越细，当今社会任何组织和个人都不再完全自给自足，自己承揽一切事务，而是越来越趋向于专注于自己精通的业务，将自己不擅长和精通的业务承包给其他公司或个人（通称为“承包商”）。许多公司都倾向于将零星的繁杂的或高风险的困难工作发包给承包商，这本身就说明承包商的工作具有高风险性。几乎大部分承包商的工作都涉及高风险作业，比如，动火作业、起重作业、登高作业、进入密闭空间、挖掘作业、叉车作业、打开化学品管道/容器等。正因为如此，由承包商作业引起的安全事故层出不穷。因此，承包商安全管理显得非常重要，在某些公司或行业其重要性甚至远远超过其本身

生产活动的安全管理。

企业建立承包商管理制度，规范承包商选择评估、开工前的沟通培训及准备工作、工作过程中的监督检查、工作完成的验收收尾以及对承包商表现进行定期评估等各个环节，以确保承包商的作业活动处于整体受控状态，避免因承包商作业带来的各类事故和不良影响。

承包商管理制度的主要内容包括以下方面：

（1）承包商的选择：企业涉及的承包商有不同种类，首先要对承包商进行分类，根据承包商需从事相关工作的风险大小，简单划分出不同风险等级。针对不同风险的承包商类型，建立承包商的选择机制和标准，然后对承包商进行相应的评审，通过评审的承包商形成合格承包商清单，发包相应的业务必须从合格承包商清单中选择。一般承包商选择标准包括：①承包商的营业资质以及相关证照；②承包商过往发生过的事故；③承包商有无自身安全管理体系及配备安全管理人员；④承包商人员的安全资质和安全培训状况；⑤承包商安全设施、个人防护用品配备情况；⑥承包商过往工作中的安全表现；⑦对承包商现场审核结果等。

（2）承包商工作前的沟通培训和准备：承包商施工人员进入现场工作前，要进行工作前的充分沟通培训和相应准备，包括：①工作内容确认交底；②商讨施工计划及相应安全措施；③明确双方施工过程安全管理联络人，建立施工安全管理机制；④对承包商施工人员进行安全培训，使其了解作业过程涉及的危害、企业相关施工安全要求、施工场地出入控制、紧急情况处理等等。

（3）承包商工作过程中的检查监督：根据建立好的施工安全管理机制对承包商施工过程进行检查、监督，包括：①日常安全巡视与检查（企业与承包商双方）；②每日安全讨论或碰头会；③每天收工检查；④对施工周期长的还要进行每周/每月检查，并举行每周/每月安全会议；⑤对检查中发现的严重和重复违章实施罚则，如有奖励计划，也可对良好表现实施奖励；⑥对检查发现问题的整改措施及时跟踪落实等。

（4）承包商的评估：对承包商现场施工表现的评估可从以下方面考虑：①施工过程事故/事件发生情况；②发现的违章情况；③是否按要求进行检查、召开或参加安全会议；④对检查提出问题是否及时整改；⑤对承包商施工人员的培训情况；⑥施工过程事故/事件是否及时报告等。另外，还要对承包商进行定期或年度评估，除了现场施工表现外，还要对承包商的整体能力进行评估；根据评估情况，调整合格承包商清单。

（十五）项目安全管理

企业在生产经营活动中，其生产经营规模以及产品种类都会发生变化，尤其是随着企业的扩大再生产，会有许多工程项目建设施工发生。项目施工的安全管理与企业正常生产经营活动的安全管理涉及的方面和侧重点有着很大的不同，为确保项目施工过程的安全以及法规的符合性，需要建立专门的项目安全管理制度来规范指导整个项目施工安全管理流程。

一般项目安全（EHS）管理分为以下几大步骤：

1. 项目前期管理

（1）项目建设法规符合性：根据项目的规模大小、性质，对需要报建审批的项目公司各职能部门根据相关法律法规要求向相应的政府部门提出报建申请并得到审核批准后，按其要求开展相应的项目设计、施工、验收等工作。相关的报建申请主要包括但不限于：安全生产/安监局；环境影响评价/环保局；消防/消防局；防雷/防雷所；职业危害/卫生监督局；立项审批/经发局；建设用地/规划局、土地局；建筑许可/建设局等方面。

（2）详尽的风险分析：除了政府部门要求的项目EHS评价外，企业还可根据实际情况针对项目进行更为详尽的风险分析，必要时采用专业的风险分析方法，如JHA、HAZOP等。

2. 承包商选择

项目施工大多由承包商来完成，因此要结合公司承包商管理制度选择合格的承包商。

3. 项目施工现场管理

结合承包商管理制度，做好项目施工现场的EHS管理，包括施工人员的培训、施工方与企业方的沟通交流、施工现场的检查监督、发现问题的整改落实，可配合制定施工过程安全目标管理和奖惩制度，强化安全管理制度的执行力度。

4. 项目验收和开车管理

项目施工结束后，根据项目前期向政府相关部门的报建申请，按国家法规分别组织相关验收，包括安全生产三同时验收/安监局、环保三同时验收/环保局、消防验收/消防局、防雷验收/防雷所、职业危害三同时验收/卫生监督局、建筑验收/建设局等方面。在此基础上，还可根据实际情况执行企业自身要求的开车前EHS检查，确保符合各项EHS要求，在隐患都已消除的情况下项目开车运转。

（十六）职业健康/职业卫生管理制度

劳动过程和生产环境中存在某些职业危害因素，比如化学毒物、生产性粉尘、物理性有害因素等，会损害劳动者的健康。目前，中国生产性企业职业病及职业健康情况不容乐观，职业健康管理是整个安全管理中非常重要的一环。

企业职业健康管理的任务是识别、评价和控制不良的劳动条件，以保护劳动者的健康，预防职业病的发生。企业职业健康管理制度可由一个或多个文件组成，但一般须包括以下内容：

（1）职业健康体检：识别公司存在职业危害的岗位，规定岗前、岗中、离岗职业健康体检的要求，体检发现问题如职业病疑似案例/职业禁忌症的处理流程等。

（2）有毒有害环境监测：根据识别出的职业危害岗位及存在的职业危害因素，建立定期的内部外部监测计划并执行，并对监测结果进行分析后采取应对措施。

（3）职业病/职业中毒防治：明确企业职业危害因素的控制措施及职业危害岗位的安全要求，配合公司PPE管理制度等相关安全管理制度。

（4）员工职业健康档案管理：要建立职业健康监护档案，由专人负责管理，及时收集完整的相关文档记录，并按照规定的期限妥善保存，并确保医学资料的机密和尊重个人健康资料的隐私权，明确使用条件和方法。

（5）项目的职业健康管理：对于那些新建、扩建、改建建设项目可能产生职业病危害的，建设单位应在可行性论证阶段向卫生行政部门提交职业病危害预评价报告。建设项目在竣工验收前，建设单位应当进行职业病危害控制效果评价。竣工验收时，其职业病防护设施经卫生部门验收合格后，方可投入正式生产和使用。

（十七）危险化学品管理制度

企业生产工艺过程不可避免地会使用不同种类的化学品尤其是危险化学品，不同的危险化学品有着不同的危险特性，因为危险化学品使用处置不当可能会引起泄漏、中毒、腐蚀灼伤、火灾、爆炸等事故，识别并控制与危险化学品相关的危害并做好危险化学品的管理是企业安全管理的一个重要方面。

作为一般企业，危险化学品管理制度主要针对危险化学品的采购、运输、储存、使用、废弃、应急等环节做出详细规范：

（1）采购：须向有资质的供货商采购合格产品，并要求供货商提供对应危险化学品的MSDS（化学品安全技术说明书），购买易制毒化学品和剧毒品等特殊化学品，还须按法规要求办理相关审批手续及购买凭证。

（2）运输：危险化学品的运输一般由供货商负责，但作为购买方的企业须对进入自己厂区的危险化学品车辆装卸、收货过程的安全负责，因此需要监控危险化学品运输过程的法规符合性，包括危险化学品包装/容器、安全标签、运输车辆/人员资质等。

（3）储存：危险化学品须按相关规范要求储存在危险化学品仓库或专门储存区域，做好防雷、防静电、防火、防爆、防泄漏、防渗漏等措施。

（4）使用：须对接触使用危险化学品的员工进行相应安全培训，让他们了解掌握危险化学品的基本特性、危害特点、防范措施以及紧急情况的应对，并确保在生产操作现场，操作人员能随时获取危险化学品的MSDS。

（5）废弃：危险化学品包括包装容器的废弃，应结合企业废弃管理按危险废弃物来处置。

（6）应急：有关危险化学品的应急准备和响应可纳入到公司整体的应急准备与响应程序中去。

（十八）特种设备管理制度

企业生产运营活动中会使用到不同种类的涉及生命安全、危险性较大的特种设备，考虑到其高风险，国家也出台了一系列专门的法规、标准来确保特种设备的安全运行。企业应根据国家相关法规要求，建立自身的特种设备（可涵括企业自定义的安全关键设备）管理制度，以强化企业特种设备（含安全关键设备）的管理，确保其安全运行。

特种设备（含安全关键设备）的管理制度一般包括：

（1）特种设备管理及操作相关部门/人员职责：制度应明确企业特种设备管理归口部门，以及法定报检、维护保养、日常检查、操作使用等负责部门及人员的相应职责，确保特种设备管理各个环节无遗漏。

（2）定期报检：国家对特种设备实施法定的强制性检验，通过定期检验可以及时发现并消除隐患，防止事故发生。

（3）日常检查/维护保养：法定的检验有一定的周期性，而且一般较长，为了确保特种设备随时处于良好运行状态，除了定期法定检验之外，企业还应规定特种设备的日常检查和维护保养的要求并严格执行，这样既能确保安全运行，又能延长特种设备使用寿命。

（4）特种设备管理人员/操作人员培训考核：特种设备的管理人员和操作人员均需经法定培训上岗，并应结合企业培训制度，确保相关人员经培训考核合格，具备相应管理/操作能力后方可上岗。

（5）特种设备技术档案管理：特种设备安全技术档案管理工作为设备管理提供资料、技术信息和考核的依据，是管好设备的基础工作，必须认真做好且有专人负责特种设备安全技术档案管理工作。特种设备要有安全技术档案，并应逐台分别建档（一机一档），设备迁移或报废，其档案均随设备调拨，设备报废后，首先向质监部门办理注销手续，然后档案由公司档案保管员封存。安全技术档案应当包括：①特种设备的设计文件、产品质量合格证明、使用维护说明等文件以及安装技术文件和资料；②特种设备使用证、注册登记表；③特种设备的定期检验报告和定期自行检查的记录；④特种设备的日常使用状况记录；⑤特种设备及其安全附件、安全保护装置、测量调控装置及有关附属仪器仪表的日常维护保养记录；⑥设备重大维修、改造的有关技术文件；⑦特种设备运行故障和事故记录。

（6）特种设备应急预案：有关特种设备的应急准备和响应可纳入到公司整体的应急准备与响应程序中去。

（十九）重大危险源管理

企业生产经营活动中因使用一定数量的特定危险物质，在企业内部某些区域形成了重大危险源，国家也有专门的法规用以识别重大危险源并督促加强管理。顾名思义，重大危险源一旦发生事故或意外，将造成较严重的健康、安全、环境等方面的不良后果，企业需要建立重大危险源管理制度加以重点管理和控制。企业重大危险源管理制度一般包括以下方面：

（1）重大危险源涉及相关部门/人员职责：制度应明确企业特种设备管理归口部门，以及法定报检、维护保养、日常检查、操作使用等负责部门及人员的相应职责，确保特种设备管理各个环节无遗漏。

（2）重大危险源的识别和确定：企业可根据国家标准（GB 18218 危险化学品重大危险源辨识），确定法规要求的重大危险源。在此基础上为细化管理，企业还可根据自己定义，确定须重点管控的“企业级重大危险源”。

（3）重大危险源的风险评价：针对识别出的重大危险源，要对其进行详尽的风险评价，包括：①辨识各类危险因素及其原因与机制和有可能发生的各种可能危险事件；②评估危险事件发生的可能性（概率）及后果，得出风险水平大小；③在企业可接受风险水平下，确认现有安全控制措施是否足够，是否需要采取进一步措施。

（4）重大危险源的控制：结合风险评价的结果，采取合适的技术措施和管理措施加以控制，包括：①制定和落实重大危险源场所、设备、设施的安全操作规程；②按照国家相关标准要求建立和完善重大危险源集中监控系统，对重大危险源的安全状况进行实时监控，并保留记录；③重大危险源场所应当设置醒目安全警示标志，安全警示标志包括重大危险源基本情况、主要危害和应急措施等内容；④定期对重大危险源场所及其仪器、仪表、设备、设施进行安全检查、检测检验和维护、保养，确保完好，并在台账中记录；⑤对重大危险源监控管理人员进行安全教育和技术培训，使其熟练掌握本岗位的安全操作技能和在紧急情况下应当采取的应急措施，并建立安全生产教育培训档案；⑥相关职能管理部门应按各自的职责加强对重大危险源的监督检查等。

（5）建立重大危险源管理档案：①根据政府有关部门的要求将重大危险源及监控情况报送安全生产监督管理部门备案；②当重大危险源在生产过程、材料、工艺、设备、防护和环境等因素发生重大变化，或者国家有关法律法规、标准发生变化时，应对重大危险源重新进行安全评估，并及时报安全生产监督管理部门备案；③对新设立或者新构成的重大危险源，应及时按规定报安全生产监督管理部门备案，对已不构成重大危险源的，应及时报告注销等。

（6）重大危险源应急救援预案：有关重大危险源的应急救援预案可纳入到公司整体的应急准备与响应管理制度（程序）中去。

（二十）防火（消防）管理制度

防火（消防）管理是企业安全管理中不可分割的一部分，消防管理有自身的侧重点，自成体系，企业需要建立专门的消防管理制度来确保消防安全，也可以把相关管理要求整合到相关安全管理制度中去。企业消防管理制度可由一个或多个文件组成，但一般须包括以下内容：

1. 消防安全教育、培训制度

（1）每年以创办消防知识宣传栏、开展知识竞赛等多种形式，提高全体员工的消防安全意识。

（2）定期组织员工学习消防法规和各项规章制度，做到依法治火。

（3）各部门应针对岗位特点进行消防安全教育培训。

（4）对消防设施维护保养和使用人员应进行实地演示和培训。

（5）对新员工进行岗前消防培训，经考试合格后方可上岗。

（6）因工作需要员工换岗前必须进行再教育培训。

（7）消控中心等特殊岗位要进行专业培训，经考试合格，持证上岗。

2. 防火巡查、检查制度

（1）落实逐级消防安全责任制和岗位消防安全责任制，落实巡查检查制度。

（2）消防工作归口管理职能部门每日对公司进行防火巡查，每月对单位进行一次防火检查并复查追踪改善。

（3）检查中发现火灾隐患，检查人员应填写防火检查记录，并按照规定，要求有关人员在记录上签名。

（4）检查部门应将检查情况及时通知受检部门，各部门负责人应每日通报消防安全检查情况，若发现本单位存在火灾隐患，应及时整改。

（5）对检查中发现的火灾隐患未按规定时间及时整改的，根据奖惩制度给予处罚。

3. 安全疏散设施管理制度

（1）单位应保持疏散通道、安全出口畅通，严禁占用疏散通道，严禁在安全出口或疏散通道上安装栅栏等影响疏散的障碍物。

（2）应按规范设置符合国家规定的消防安全疏散指示标志和应急照明设施。

（3）应保持防火门、消防安全疏散指示标志、应急照明、机械排烟送风、火灾事故广播等设施处于正常状态，并定期组织检查、测试、维护和保养。

（4）严禁在营业或工作期间将安全出口上锁。

（5）严禁在营业或工作期间将安全疏散指示标志关闭、遮挡或覆盖。

4. 消防控制中心管理制度

（1）熟悉并掌握各类消防设施的使用性能，保证扑救火灾过程中操作有序、准确迅速。

（2）做好消防值班记录和交接班记录，处理消防报警电话。

（3）按时交接班，做好值班记录、设备情况、事故处理等情况的交接手续工作。无交接班手续，值班人员不得擅自离岗。

（4）发现设备故障时，应及时报告，并通知有关部门及时修复。

（5）非工作所需，不得使用消控中心内线电话，非消防控制中心值班人员禁止进入值班室。

（6）上班时间不准在消控中心抽烟、睡觉、看书报等，离岗应做好交接班手续工作。

（7）发现火灾时，迅速按灭火作战预案紧急处理，并拨打 119 电话通知公安消防部门并报告部门主管。

5. 消防设施和器材维护管理制度

（1）消防设施日常使用管理由专职管理员负责，专职管理员每日检查消防设施的使用状况，保持设施整洁、完好。

（2）消防设施及消防设备的技术性能的维修保养和定期技术检测由消防工作归口管理部门负责，设专职管理员每日按时检查了解消防设备的运行情况。查看运行记录，听取值班人员意见，发现异常及时安排维修，使设备保持完好的技术状态。

（3）消防设施和消防设备定期测试：①烟、温感报警系统的测试由消防工作归口管理部门负责组织实施，保安部参加，每个烟、温感探头至少每年轮测一次；②消防水泵、喷淋水泵、水幕水泵每月试开泵一次，检查其是否完整好用；③正压送风、防排烟系统每半年检测一次；④室内消火栓、喷淋泄水测试每季度一次；⑤其他消防设备的测试，根据不同情况决定测试时间。

（4）消防器材管理：①每年在冬防、夏防期间定期两次对灭火器进行普查换药；②派专人管理，定期巡查消防器材，保证其处于完好状态；③对消防器材应经常检查，发现丢失、损坏应立即补充并上报领导；④各部门的消防器材由本部门管理，并指定专人负责。

6. 火灾隐患整改制度

（1）各部门对存在的火灾隐患应当及时予以消除。

（2）在防火安全检查中，应对所发现的火灾隐患进行逐项登记，并将隐患情况书面下发各部门限期整改，同时要做好隐患整改情况记录。

（3）在火灾隐患未消除前，各部门应当落实防范措施，确保隐患整改期间的消防安全，对确无能力解决的重大火灾隐患应当提出解决方案，及时向单位消防安全责任人报告，并由单位上级主管部门向当地政府报告。

（4）对公安消防机构责令限期改正的火灾隐患，应当在规定的期限内改正并写出隐患整改的复函，报送公安消防机构。

7. 用火、用电安全管理制度

（1）用电安全管理：①严禁随意拉设电线，严禁超负荷用电；②电气线路、设备安装应由持证电工负责；③各部门下班后，该关闭的电源应予以关闭；④禁止私用电热棒、电炉等大功率电器。

（2）用火安全管理：①严格执行动火审批制度，确需动火作业时，作业单位应按规定向消防工作归口管理部门申请“动火许可证”；②动火作业前应清除动火点附近5 m区域范围内的易燃易爆危险物品或作适当的安全隔离，并向保卫部借取适当种类、数量的灭火器材随时备用，结束作业后应即时归还，若有动用应如实报告。

二、企业安全操作规程解析

（一）安全操作规程分类

安全操作规程，或称安全工作指引/安全作业指导文件，它是侧重于操作性岗位或某一局部活动的规定，很多时候是对上一层次安全综合性管理制度（或程序）的展开、补充和细化；其目的是确保生产作业活动的安全。安全操作规程可分为几个方面：

（1）各种产品生产的工艺规程和安全技术规程。

（2）各生产岗位的安全操作法，包括开停车、出料、包装、倒换、转换、装卸、运载以及紧急事故处理等操作的安全操作方法。

（3）生产设备、装置的安全检修规程。

（4）各通用工种的安全操作规程，如管道工、钳工、焊工、电工、运输工等的安全操作规程。

（5）专门作业的安全规程，如锅炉、压力容器安全操作规程，气瓶、液化气体气瓶使用和储运的安全技术规程，易燃液体装卸罐安全操作规程等。

（二）安全操作规程的实质

企业生产运营的根本目的是生产产品并销售产品获取利润，从而引发一系列生产操作或作业活动，要完成这些生产操作或作业活动并确保质量就需要有作业标准书或操作规程加以指导。安全操作规程实质上是一种附带安全注意事项的作业标准书或操作规程，它是为控制生产操作或作业活动过程中的危害/风险并保证其安全地进行。可以说，生产作业活动或操作的最终完成是安全操作规程的根本目的，因此安全操作规程不能脱离作业活动或操作而抽象存在。

有些安全操作规程在形式上表现为其全部内容都是描述安全的注意和有关禁止或要求事项，而并没涉及生产操作和作业活动，例如“钻床安全操作规程”：

操作钻床不得戴手套、操作钻床须佩戴防护眼镜、操作钻床须扎起头发扣入安全帽等等，但实际应用这样的安全操作规程时需要和对应的操作或作业活动联系起来，因为这些安全注意事项都是针对实际操作过程和步骤中可能存在的危害和风险而设定。

（三）安全操作规程的编制

基于对安全操作规程实质的了解，安全操作规程的编制有多种形式。有些企业是在作业标准或操作规程中说明安全注意事项，如果安全注意事项描述充分，那么此时作业标准书就成为一种实际意义上的安全操作规程；有些企业将作业标准书和安全操作规程分开制定，也是可行的。有些通用工种或操作，如管道工、钳工、焊工、电工/钻床、磨床、砂轮机操作等，可编制通用的安全操作规程，该类安全操作规程一般只包含安全注意和有关禁止或要求事项而并不描述具体操作步骤。

安全操作规程的适用对象一般是进行具体操作的岗位工人，所以要求尽量言简意赅，一般就是将操作过程及注意事项罗列成具体条文即可。为了避免文件过多或互相重复给操作工人带来困扰，目前常用的做法是将操作过程中的安全健康要求、环保要求以至品质方面的要求等整合在一起，成为一份全面的操作指南或标准操作程序SOP（Standard Operation Program），在操作步骤中需要关注的安全健康和环保问题上，将每个操作步骤详细列出并描述出来，有的还可附上实操的图片，以使整个操作规程显得非常直观而且简单易懂。

第三节　企业环境管理制度解析

一、企业环境管理制度层次划分

与企业安全管理制度类似，企业环境管理制度也可概括划分为环境综合性管理制度和环境操作规程两大类，也可以说是两个层次。目前，许多国内企业通过实施ISO 18001环境管理体系来建立环境管理制度，在其体系下，环境管理制度通常被分为四个层次：第一层次为“环境手册”；第二层次为“环境管理程序文件”；第三层次为“工作指引与操作规程”；第四层次为“记录”。

实际上，与前文所述安全管理体系类似，如果说第四层次记录附属于相应的第二层次程序文件或第三层次操作规程，而且可以把第一层次环境手册与第二层次环境管理程序文件归为一类，统一视为环境综合性管理制度，那么，从本质而言，上述两个层次和四个层次的划分是一致的。也就是说，企业环境管理制度整体上可划分为环境综合性管理制度和环境操作规程两个层次。

环境管理制度/环境操作规程的编写方式要求有着与安全管理制度/安全操作规程类似的要求（如上节所述）。

二、企业常用环境综合性管理制度解析

（一）环境管理总则/手册

企业的环境管理总则/手册是对企业整个环境管理系统的总体性描述，它为其他具体的环境管理程序/制度的制定提供框架要求和原则规定，是企业开展与环境有关活动的纲领性文件，也是全体员工的环境行为准则。环境管理总则/手册中会阐述企业的环境管理方针、目标指标等，反映企业环境管理中需要去重点解决的问题，同时也反映出企业在环境管理方面的思路和理念。在环境管理总则/手册中还会明确企业中各层次、各部门和各岗位人员与环境保护相关的职责和权限，也会对企业的其他环境管理程序/制度作大致的说明和索引，所以环境管理总则/手册可用于对外部相关方（如政府、供应商或客户等）和社会公众宣传并展示企业的环境管理工作绩效，做出承诺，并证实这一承诺的实现。

根据 ISO 14001 标准的要求，企业的环境管理总则/手册的内容需要覆盖标准的 17 个要素，并且达到以下的作用和功能：①要对环境管理体系的核心要素及其相互关系进行描述，以反映该企业整个环境管理体系的总体框架和思路；②要对组织的环境方针、重要环境因素以及目标、指标、管理方案等内容进行描述，以展示企业环境管理的总的原则意图以及要实现的总体目标和需要管理的重点环节；③要明确企业中各个层次不同部门和不同岗位的职责和权限，为体系的运行提供必需的保障；④要提供查询相关文件的途径。

而对于没有根据 ISO 14001 标准建立环境管理体系的企业来说，它们的环境管理总则/手册一般会包括但不限于以下主体内容：

1. 环境方针

环境方针是传达企业最高管理者对持续改进和污染预防的承诺，是遵守环保法律法规的承诺，也是企业总的环境意图和原则的声明，并为企业整个环境管理系统的建立和实施提供指导和框架。企业的环境方针一般由企业的最高管理层制定并颁布。制定环境方针时应考虑以下方面：

（1）对法律法规和组织应遵循的其他要求的承诺。

（2）对持续改进和污染预防的承诺。

（3）体现企业的价值观和经营管理思想。

（4）为建立和评审环境目标和指标提供框架，方针中的目标应是真实可信的，体现组织的真实要求和能力。

（5）应体现组织的活动、产品或服务的性质、规模和环境影响。

（6）考虑相关方的要求。

（7）应是提纲性的文件，文字上要简洁明了，易于理解。

环境方针应通过各种途径，如培训、信息交流、广告、广播、板报、小册子等方式，传达到全体员工，并通过目标指标的制定、环境管理方案的实施以及运行控制使其得到贯彻实施。环境方针可通过网络、宣传册等为公众所获取，也可向对口的相关方，如当地环保行政管理部门、客户、供应商、承包商等，进行宣传。

2. 环保责任制（环境管理组织架构和职责）

环保责任制是将环境保护的职责落实到企业内的各个层次、各个部门和各个岗位上。本制度的目的也是让企业各层次的管理者或员工明确自己承担的环境责任和义务，同时应让所有员工意识到履行环境职责、遵守环境方针及执行环境管理规章制度是他们工作的一部分，成功履行环境职责也应成为考核所有员工绩效的重要指标之一。

对于中小规模的企业，可在环境管理手册中将企业环保相关的组织架构和职责完全明确化，而对于大型的企业或集团可在手册中明确最高管理层、中级管理层等两三层的机构及职责，或者概括阐述一下整个企业或集团的环保架构，而更细和更详尽的机构和职责描述可以在一个独立的程序或制度中进行明确。

在这里要注意的是，环境管理应该是企业管理体系的有机组成部分，因此不应该将环境管理孤立于企业的整体管理之外，而应整合在企业的全面管理之中。所以企业应该在现存和有效的组织架构中赋予环境管理的功能，这样就形成了企业的环境保护组织架构和相对应的职责。当然，如果企业无环境管理的职能部门，则在建立环境管理体系时应该补充增加。一般来说环保责任制（环境管理组织架构和职责）的描述应包括组织架构图（Organization Chart）以及各层次岗位的与环境保护相关的工作职责和范围描述。在确定工作职责和范围时，要注意避免由于职责划分不清带来责任的重复或疏忽。

3. 企业总体的环保要求

在环境管理总则/手册里，这一章节内容是概括叙述企业中最重要的环境因素以及与此相对应的一些主要的控制措施和手段，并为后面的具体环境程序/制度提供索引。

(二) 环境因素识别与评价程序/制度

环境因素的识别与评价可以说是进行环境管理的基础和根本。所以这个程序/制度的目的是指导企业人员识别其活动、产品或服务中能够控制以及施加影响的环境因素，并判定哪些是对环境具有或可能具有重大影响的因素。一般来说，环境因素的识别和评价程序/制度中通常会包括如下内容：

(1) 环境因素识别应考虑的因素：如识别的范围和对象（企业的各项活动、产品和服务）、时态（过去、现在和将来）、状态（正常、异常和紧急）以及环境因素的类别（如大气排放、水体排放、噪音污染、废物管理、土地污染、植被和自然生态破坏、原材料与自然资源的使用、能源消耗等），以避免环境因素识别的遗漏。

(2) 环境因素识别的方法：环境因素的识别方法有很多，如过程分析法、现场评审法、物料衡算法、产品生命周期分析法、问卷调查法、专家咨询法、现场观察和面谈、头脑风暴等。企业应根据自身资源及实际需求选择一两种方法合理使用并在程序/制度中对该种方法进行简单的解释和阐述。

(3) 环境因素识别步骤：根据选用的识别方法确定识别的步骤并作简单描述。如过程分析方法的步骤是：①划分和选择过程（可以是某个活动、某种产品或某项服务）；②根据选定过程的输入和输出确定该过程中存在的环境因素；③明确每个环境因素对应的环境影响。

(4) 重要环境因素的评价依据，一般包括：①环境影响的规模、影响的严重程度、发生的频次、影响的持续时间、控制的情况等；②相关环境法律法规的要求；③企业的实际情况（如改变环境影响的技术难度、经济承受力等）；④相关方，如客户或周边居民的要求等。

(5) 重要环境因素的评价方法和判定准则：评价方法一般有直接判断法或综合打分（评价因子）法、权重打分法等方法，企业可以结合一两种方法进行评价和判定，并在制度/程序中进行详细说明，如选用综合打分（评价因子）法，就需要对每个评价因子的定义和取值标准作清楚的界定，并对总评价公式和最后的判定标准作阐述。重要环境因素的评价是一项相当繁重但又十分重要的工作，因此设计并使用一套相对客观、科学和全面简便的方法是企业追求的目标。尽量避免评价方法中带有太多的主观性才能确保不同的人员使用同一套标准和方法，这样才能使对环境因素进行评价得到大致一样的结果。

（6）重要环境因素评价步骤及汇总，评价出来的重要环境因素应该汇总为企业的“重要环境因素清单”并由最高管理层进行确认。这个评价结果作为体系管理的主要对象，还需要传达给相关的管理层和员工，也会作为建立目标、指标、管理方案和相关环境保护程序/制度的依据。

（7）环境因素的更新：环境因素的识别和评价不是一劳永逸的，需要企业根据内外部环境和情况的变化而进行更新。所以企业的环境因素识别与评价程序/制度需要明确企业会在哪些情况下重新进行环境因素的识别和评价。一般在以下情况下需要更新：①环境管理评审的要求；②企业的活动、产品或服务发生较大变化（如生产新产品、增加新设备、采用新工艺等）；③有关的环保法律法规和其他要求发生变化；④相关方提出的与环保相关的抱怨（如周边居民的投诉）或合理要求（客户对产品提出的环保要求）。

（8）《环境因素排查表》和《环境因素评价表》通常作为这个程序/制度的附件，以便为使用该程序进行环境因素识别和评价的人员提供一个便捷的工具或格式。

（三）环境法规符合性制度

如果企业的行为不符合环境保护法律法规要求，一方面会对企业的运行甚至生存带来法律风险，另一方面也会让企业的商业关系变得紧张。而我国环保相关的法律法规及标准数量众多且庞杂，而且随着环保行政主管部门执法力度的日益加强，违法成本会越来越高，违法带来的风险也会越来越大。因此，企业符合现有的法律法规要求，并且具有远见地考虑它们未来的发展趋势，应该成为企业实施管理体系和制定目标指标及管理方案的优先考虑事项。而这个环保法律法规及其他要求的识别与获取程序/制度的目的就在于为企业活动、产品、服务中适用的环境法律法规及其他要求的收集、登记、识别、传达、保存、更新、复查等提供管理和控制的方法。本程序/制度通常包括以下内容：

（1）环保法律法规及其他要求的范围，一般包括国际公约（如蒙特利尔议定书等），国家的法律法规、部门的条例、规章及标准等，地方性法规及地方政府规章，行业协议（如电子行业的RoHS要求等），其他相关方（来自客户、社区）的要求等。

（2）环保法律法规及其他要求的获取途径：①与环境保护政府部门保持联络，从政府部门获取最新的环保法律法规信息；②从网络上搜索或下载相关法律法规及要求；③通过报纸、杂志、通讯及法律法规工具书来获取；④通过中介机构、环境专业机构或相关咨询公司获取；⑤通过不定时向行业协会或是行业联盟等组织咨询获取；⑥通过集团、总部或上级公司传达；⑦其他渠道，如收听广播、观看电视等。

(3) 法律法规及其他要求的识别过程：企业需要在已经获取和收集的环保法律法规和其他要求中识别出企业自身适用的要求或条款，并编制成相关的清单或文件。

(4) 法律法规及其他要求的执行：企业在制定公司的环境目标指标时要参考适用的法律法规，而且相关的法律法规及其他要求必须转化为企业对应的管理制度或操作规程，并确保其得到贯彻执行。

(5) 法律法规及其他要求的更新：企业需要在本程序/制度中明确对法律法规及其他要求进行跟踪，以确保它们的健全性和最新性；并且变更的法律法规及其他要求需要及时通知受此变更影响的部门和人员，有必要时还需修改相应的管理制度和操作规程。

(6) 法律法规及其他要求符合性的评价：企业应在制度中明确在一段时间内（通常是一年）将适用的环境法律法规及其他要求与企业本时期内的环境相关的行为进行对比，从而确定企业目前的符合情况现状并将评审结论形成文件。在评价中发现的不符合方面需要制定相应的目标指标和管理方案予以实施改善。

(四) 环境信息的沟通制度

企业内外部环境信息沟通交流的及时和顺畅是确保整个环境管理体系健康运行的必要条件。环境信息的沟通程序/制度目的就是建立企业内各职能部门以及企业与政府部门、外部相关方之间的环境管理信息的交流渠道及沟通方式，以确保环境信息的良好沟通。一般来说，环境信息的沟通程序/制度会包括以下内容：

1. 内部的信息交流

(1) 内部环境信息交流的内容，一般包括但不限于以下方面：①企业识别出的重要环境因素以及适用于企业的环境法律法规及其他要求及其更新的内容；②企业的环境方针、目标、指标及环境管理方案等；③环保相关的职责和权限；④企业的环境事故；⑤公司内部各部门和个人对公司环境管理体系反映的问题。

(2) 内部环境信息的传达方式，主要是指环境信息如何从上到下传递到基层员工。一般可以通过召开会议、粘贴布告栏、文件发放、电子邮件、内部网站上公开等方式进行内部环境信息的传达。

（3）内部信息的反映方式，主要是指员工对环境管理体系的反馈信息以及环保方面的意见和建议如何传达及通过何种途径传达给企业的环境管理职能部门或者是企业的管理层。

2. 外部的信息交流

（1）信息的接收及处理，需要描述企业在接收到外部相关方（如周边居民、客户、政府部门）关于环境保护方面的投诉、查询或要求时，此类信息的接收途径、接收部门、记录要求以及跟进处理和处理后的答复。

（2）外部信息的传达，描述企业通过何种方式或途径以及由哪个职能部门负责向外部相关方（包括政府、社区、客户、承包商）等获取或传达相关的环境信息。

（五）供应商与承包商的环境管理制度

供应商与承包商作为企业可以施加影响的相关方，对它们的环境行为及环境绩效的关注也是企业环境管理中很重要的一部分内容，这也是传统的环境管理范畴向供应链上下游的延伸。目前大部分的跨国公司或品牌公司会要求自己的供应商，尤其是直接生产物料或原材料的供应商签署《行为责任准则》（*Code of Conduct*），在这个《行为责任准则》中，通常会包含企业对供应商提出的劳工、安全健康以及环境保护方面的一系列要求。企业通过定期的供应商环境绩效评估或审核促进和推动了供应商环境管理绩效的提升。供应商与承包商的环境管理程序/制度的主要目的也是明确企业对供应商及承包商的环境管理要求，并对其行为施加影响，旨在使其提供的产品或服务符合企业在环境保护方面的要求。一般来说，除了直接物料或原材料的供应商以外，企业还需特别关注与环境保护相关的供应商或承包商包括企业危险废弃物的处理商，化学品、油品供应商，食堂承包商，环境工程项目承包商，清洁服务承包商（尤其有杀虫服务的）以及其他装修、维修工程的承包商等。在《行为责任准则》的环保相关部分或者是在《供应商与承包商的环境管理程序/制度》中通常会包括以下内容：

1. 供应商及承包商的选择或资质认定

在选择产品或服务的供应商或承包商时除了考虑产品及服务的质量、价格之外，企业还应从一些环保相关的角度进行考量，如该供应商或承包商必须符合环保法律法规的要求，不存在超标排放等违法行为；该供应商或承包商还须具备一些与其业务相关的资质；危化品供应商的危化品生产或经营资质；危险废物处理商的运营资质；环保工程项目的资质；等等。

2. 供应商及承包商的环境管理要求

大致包括以下要求：

（1）某些特定供应商提供的产品必须符合环保方面的要求，如电子行业的RoHS要求。还有制衣行业的品牌公司也对它们的供应商提出产品中不能含有某些化学品限制清单中的物质，以及玩具行业的品牌也对供应商的产品提出类似要求。

（2）供应商自身的环境管理要求，如建立体系、配备人员、设立目标、建立相应的环境管理程序/制度等，确保重要的环境因素已经识别并受控。

（3）对于进入企业的工程承包商，还需要特别强调其在化学品的引入和使用、施工材料的运输和废弃、施工现场的粉尘和噪声的控制、废水废油的泄漏控制和处理排放以及紧急事故的应急和救援等方面需要注意的事项。

3. 供应商及承包商的定期评估

企业应建立供应商及承包商环境管理的定期审核或评估的机制，通过评估审核以及后续的跟进不断促进供应商和承包商改善环境，提升它们的环境绩效。

（六）环境培训制度

环境培训的目的自然是增强员工的环境意识，提高他们的环境保护技能，最终保证环境管理体系的有效运行，实现环境保护的目标指标，达到企业环境绩效的提高。与安全培训的程序/制度相类似，环境培训程序/制度通常会对以下内容做出说明和规范：

1. 培训需求的识别

不同职能不同层次及不同岗位的人员会有不同的环境培训需求。企业中可以由各部门识别本部门的培训需求再到人力资源部汇总，也可由企业的环境管理职能部门统一识别后提交人力资源部。企业的环境培训方向大概有如下几类：

（1）对全体员工的培训着重于提高总体的环境意识。

（2）对关键岗位员工（即其行为会对重要环境因素产生影响的员工）的培训要提高其完成各项任务所需的技能，并使其明确个人工作职责和重要性，工作好坏带来的效益和对环境造成的影响。

（3）对企业管理层的培训更多的是要提高他们对环境管理战略重要性的认识以及提高他们的环境管理方面的能力。

2. 制定培训方案

对内部开展的培训制定培训方案、准备培训教材等。

3. 开展培训

培训形式多样，可以针对不同的参与人员采取适当的培训形式。如对管理者和专业人员，可以采取专题讨论会的形式，而对于一般操作工人采取课堂培训及实地操作的形式等。总体原则是让受训人员最大限度地参与进来。除了常规的培训方式外，招贴画、公告栏、宣传册、企业内部刊物等也是培训及宣传的一种形式。

4. 培训效果评估

企业可考虑通过考试或提问或实操或获取证书等灵活的形式对培训效果进行评估。

（七）环境事故的应急准备与响应制度

企业中一旦发生环境事故或紧急情况，后果难以估计，而且与正常情况的环境污染相比，它所造成的环境影响往往更为集中，更为严重。因此环境事故的应急准备与响应程序/制度的目的就是规定企业范围内对环境事故和环境突发事件的应急准备和响应方法，从而确保对此类事件实施预防和应急处置，尽可能降低对环境和人员的负面影响。而一些常规的安全事故如火灾、爆炸、泄漏等往往会造成环境的污染，也是属于环境事故的范畴，因此企业通常将环境与健康安全的应急准备整合在一起，成为EHS应急准备与响应管理制度，一般包括以下内容：

（1）应急组织机构、人员及其职责。

（2）紧急情况（危险源）辨识与风险分析。通常识别出来的环境事故或紧急状态主要包括火灾，危险化学品或油类的泄漏，各种可能的化学品或油类装置、管道、压力容器的爆炸，环境处理设施的故障等。

（3）应急能力评估与物资装备保障。

（4）应急设备与设施。

（5）报警、通讯联络方式，包括公司内部的联络方式及外部如医院等的联系方式。

（6）事故/紧急情况应急程序与行动方案。

（7）保护措施与程序。

（8）事故发生后的恢复程序。

（9）培训与演练。

（八）环境监测与测量制度

环境监测和测量属于戴明循环PDCA中的C（Check）即检查的部分，也是企业掌握自身环境管理状况的重要手段。环境监测与测量程序/制度的主要目的是对可能具有重大环境影响的运行的关键特性进行监测和测量的程序和方法作出规定，以确保环境管理体系的运行没有偏离预先设定的轨道。一般来说，这个程序/制度会包含如下内容：

1. 监测和测量的对象

监测的对象（也就是所谓的关键特性）通常包括以下方面：

（1）环境管理体系运行操作控制状况：①废水、废气、噪声、固体废弃物等的污染物排放状况；②水、电、燃料、原材料等主要资源能源的消耗状况；③危险化学品的使用及存放状况；④消防设施的应急准备状况及主要设施的维护保养状况；⑤涉及重大环境因素的关键岗位的运作状况。

（2）环境目标、指标的达成状况。

（3）环境保护法律法规的符合性。

2. 监测和测量的实施

企业可在制度/程序中指明各个监测对象的监测项目、监测方法和监测周期。当然对于不同的监测对象会采取不一样的监测方法和监测周期。对于污染源的监测，具备条件的企业可以自行监测也可委托有资质的第三方监测，当然当地环境监测站也会根据污染源的重要程度安排检查性的监测。对于资源消耗的监测，一般是通过统计数据进行监测和汇报，危化品的使用和消防设施的维护保养状况需要通过一些现场检查的方法进行监测，而一些关键岗位的运作可以结合仪器仪表的监测、统计数据的收集和现场检查的方法进行监测。

3. 监测仪器和应急设备的检测

监测使用的设备仪器应该是得到校准和良好维护的，这样才能保证监测结果的可靠性。监测使用的方法也应该符合国家有关监测方法的规定。在这个程序/制度中，还可规定仪器校准的频率和方法。

4. 监测结果的处理

监测的目的是发现问题，改善环境管理体系。因此，监测结果本身并不能反映问题所在，而要对监测的结果进行评估，发现监测结果不符合或者偏离的时候，需要及时提出纠正和预防措施并实施。

（九）新项目的环境评估制度

对引入新产品、新工艺、新设备或任何其他的新、扩、改工程项目等可能产生的环境影响进行事先评估，并采取相应措施将其对环境影响的程度降低。这个新项目的环境评估程序/制度在企业中通常会合并到“变更管理程序”中。一般来说，这个程序/制度主要是对引进新项目的环境评估步骤作出规定，一般的步骤如下：

1. 新项目的申请

对于可能会带来环境影响的新产品、新工艺、新设备或其他新、扩、改工程项目，由项目的发起部门通过填写申报表的形式将该项新项目的主要信息填报并提交给企业的环保职能部门或者是企业专门成立的新项目评估小组（变更管理小组）等。

2. 新项目的评估

由企业的环保职能部门或新项目评估小组根据相关信息对新项目可能产生的环境影响做出充分的评估：如新产品的原辅材料是否有毒有害？新的工艺是否考虑了资源能源的循环利用？新设备是否存在新的环境污染隐患？新项目建设过程是否会带来新的环境污染？等等。根据评估结果还需考虑并提出相应的控制措施，最后得出评估结论。对于一些会带来显著环境影响而又因为经济技术的原因暂时无法控制或有效降低其环境影响的项目，企业应考虑暂停引进。

3. 向政府部门申报

对于一些产生环境影响的新项目，需要向当地环境保护行政主管部门进行申报，并跟进项目的进程，按照政府部门要求先后实施环境影响评价、三同时、污染物排放的申报、排污许可证的办理等。

三、企业环境操作规程解析

环境操作规程，或叫环境作业指导文件，它是侧重于操作性岗位或某一局部活动的规定，是对环境管理程序文件的展开、补充和细化。有时候一个程序文件可有若干个作业文件来支持，其目的是指导具体的岗位特别是重要环境工作岗位的实际操作，使环境因素得到有效控制。环境作业指导文件包括技术规范、各种管理规定、标准和方法、工艺流程图表、技术说明等，内容、形式多种多样，但根据其作用大致可分为两大类：一是为了规范涉及环境因素的操作；二是避免减少生产作业/维修或其他活动中带来的不良环境影响。企业可根据自身实际情况制定。

（一）规范涉及环境因素操作的规程

1. 环境操作规程

环境操作规程包括污染物的管理与控制规程（如废水、废气、噪声、固体废物的管理与控制规程）和资源能源的管理规程等。污染物的管理与控制规程通常会包括以下内容：

（1）识别并列举企业内该环境要素的所有污染源及主要污染物（如废水处理规程中应首先列举企业内产生废水污染的活动、产品或流程，包括废水产生的部门、车间、工序以及该种类的废水含有的主要污染物名称，此时可以参考环境因素识别清单）。

（2）针对各种污染源制定相应的控制规定和管理办法。例如对生活污水的污染，可以通过修建三级化粪池并按规定的时间间隔对化粪池进行抽粪处理而且对出水进行定期的监测等控制和管理手段确保其达标排放。对于生产废水或废气的控制，很多可能会涉及工艺工程或生产过程的某些控制要求，可以在此操作规程中一一列举和作出规定，也可将这方面的要求整合到这些工艺和生产过程的整体操作规程中。还有一些专门的污染控制装置（如废水或废气的治理装置），它们的操作要领和要求也可成为污染源环保操作规程的一部分或者独立成文，成为适用于操作工人的污染源治理设施的专门的操作规程。

（3）污染源的监测与控制。提出各污染源的监测周期，制订监测计划，确保这些污染源达标排放污染物。

2. 资源能源的管理规程

对于能耗大户或者资源消耗相当大的企业可能会将此规程上升到程序/制度层次，而一般的中小型企业，它们的资源能源管理规程一般可能包括以下内容：

（1）明确各个部门在节能方面的职责。

（2）列举企业内能耗最大或资源消耗较大的工艺流程并列出一些具体的管理办法。例如，节水管理，可以从采购节水设备、定期检修水管减少跑冒滴漏情形、培养员工良好习惯等反面进行控制；用电管理，则可考虑空调开启的控制，减少设备待机，采购能效高的设备，采用绿色照明等。燃料的使用方面，可以包括通过工艺改造提高燃料的燃烧效率，传热管道设备的保温层的安装和维护减少热能损失，蒸汽管道维护减少跑冒滴漏，也可以考虑使用一些新型节能的设备工艺替代原有工艺，如用空气源热泵替代柴油锅炉来烧制热水等。

（3）能源资源的监测与统计，资源能源的消耗需要进行定期的统计与汇报，通过数据的汇总和分析才能衡量和了解节能的进展或差距，从而制定更切合实际的目标和措施，推动节能活动的持续进行。

（4）能源资源管理的奖惩制度等，能源资源的节约很大程度上有赖于企业的全员参与，因此制定奖惩措施也是鼓励员工参与的重要手段。

（二）避免活动带来不良环境影响的规程

该类规程用于避免或减少生产作业/维修或其他活动中带来的不良环境影响，如产品生产过程中的环境技术规程；生产岗位的环境操作规程；生产设备、装置检修过程中的环境控制规程，以及项目施工或临时作业时的环境控制规程等。它们的适用对象就是具体操作的岗位工人，所以要求尽量言简意赅，一般就是将操作过程及注意事项罗列成具体条文即可。为了避免文件过多或互相重复给操作工人带来困扰，目前常用的做法是将操作过程中的安全健康要求、环保要求以至品质方面的要求等整合在一起，成为一份全面的操作指南或标准操作程序 SOP（Standard Operation Program），将每个操作步骤详细列出并描述在操作步骤中需要关注的安全健康和环保问题，有的还可附上实操的图片，以使整个操作规程显得非常直观而且简单易懂。

第十四章　EHS 的检查、审核与跟进

事故是由人的不安全行为、物的不安全状态、环境不良等原因造成的。生产过程中的设备由于磨损、老化、腐蚀等，可能从安全状态变成不安全状态，从业人员在生产过程中，其行为很大程度上受到环境、生理状况、心理状态、知识水平等情况的影响，可能出现不安全行为，这些都是动态的不安全因素。EHS 检查能够及时发现生产设备、作业场所环境中（物、环境）存在的危险和有害因素，并予以消除，及时发现操作者（人）的违章操作，及时制止并纠正。

第一节　EHS 检查的目的、形式和内容

一、EHS 检查的目的

EHS 检查是发现、分析和消除作业环境中的各种有害危险因素的一种有效的管理方法。

（1）及时发现和纠正不安全行为。人的操作有很大的自由性，常常受心理因素和生理因素影响，尤其是繁重、毒害、单调重复的作业，最易违反规定，按照省力、简便、快速的办法去操作，即使是危险作业，在安全生产一段时间后，麻痹大意、疏忽侥幸的思想也会增长，形成自由操作。安全检查就是要通过监察、监督、调查、了解、查证，及早发现不安全行为，并通过提醒、说服、劝告、批评、警告，甚至处分、调离等，消除不安全行为，提高工艺操作的可靠性。

（2）及时发现物的不安全状态，改善劳动条件，提高本质安全程度。设备由于腐蚀、老化、磨损、龟裂等原因，易发生故障；作业环境温度、湿度、整洁等也因时而异；建筑物、设施的损坏、渗漏、倾斜等，物料变化，能量流动等也会产生各种各样的问题。安全检查就是要及时发现并排除隐患，或采取临时辅助措施。对于危险和毒害严重的劳动条件，提出改造计划，督促实现。

（3）及时发现和弥补管理缺陷。计划管理、生产管理、技术管理和安全管

理等的缺陷都能影响安全生产。安全检查就是要直接查找或通过具体问题发现管理缺陷，并及时纠正弥补。

（4）发现潜在危险，预设防范措施。按照事故逻辑思维，观察、研究、分析能否发生重大事故，发生重大事故的条件，可能波及的范围及遭受的损失和伤亡，制定防范措施和应急对策。这是从系统、全局出发的安全检查，具有重要的宏观指导意义。

（5）落实国家有关 EHS 法规标准的要求。国家先后多次颁发有关 EHS 检查方面的法规、标准。2010 年，国家安全监管总局《关于进一步加强企业安全生产规范化建设，严格落实企业安全生产主体责任的指导意见》（安监总办［2010］139 号）提出，要建立安全生产例检制度，建立班组班前、班中、班后安全生产检查（即“一班三检”）、重点对象和重点部位安全生产检查（即“点检”）、作业区域安全生产巡查（即“巡检”），车间周安全生产检查、月安全生产大检查，企业月安全生产检查、季安全生产大检查、复工复产前安全生产大检查等例检制度，对各类检查的频次、重点和内容提出要求。EHS 检查的过程，本身就是一个结合实际宣传贯彻有关条例、规章和规范的过程。通过把有关的条例和规范同企业的实际情况加以对照，总结成绩，找出差距，不断改进。

在企业管理中，EHS 检查占有很重要的地位，它是发现和消除事故隐患、落实 EHS 控制措施、预防事故发生的重要手段。

二、EHS 检查的形式与内容

生产经营单位的 EHS 检查要做到五个相结合，即上级检查与单位自查相结合、领导检查与岗位检查相结合、普遍检查与专项检查相结合、经常性检查与定期检查相结合、检查与整改相结合。

（一）EHS 检查的形式

（1）岗位日常 EHS 检查。

（2）EHS 管理人员日常巡查。

（3）定期综合性 EHS 大检查。

（4）专项 EHS 检查。

（5）季节性 EHS 检查。

（6）隐患整改跟踪检查。

（二）EHS 检查的主要内容

EHS 检查的主要内容包括：①作业场所、生产设备、安全设施的安全状况及危险有害因素的状况；②人员的操作状况，查找各生产操作岗位的违章操作和违反劳动纪律的行为；③EHS 管理的状况，检查 EHS 管理制度是否健全并能否严格执行，针对检查发现人的不安全行为和物的不安全状态，追查管理上的缺陷。

1. 岗位日常 EHS 检查

职工每天操作前，对自己的岗位或者将要进行的工作进行自检，并做简要记录，确认安全可靠后才进行操作。其检查的内容主要有以下方面：

（1）设备的安全状态是否完好，安全防护装置是否有效。

（2）规定的安全措施是否具备。

（3）所用的工具是否符合安全规定。

（4）作业场地以及物品的堆放是否符合 EHS 制度。

（5）个人防护用品、用具是否准备齐全，是否可靠。

（6）操作要领、操作规程是否明确。

发现存在问题，应自行解决后方可上岗操作，如自己无法处理，或没有把握的，应及时向班组长或 EHS 管理人员反映，待问题解决才操作，切勿冒险蛮干。

2. EHS 管理人员日常巡查

EHS 管理人员日常巡查是生产作业现场的 EHS 专（兼）职管理人员每天都进行的检查，主要检查内容包括：

（1）各岗位是否做好日常检查。

（2）是否有职工反映 EHS 存在问题。

（3）职工是否遵守劳动纪律，是否遵守 EHS 操作规程。

（4）生产场所是否符合安全要求。

（5）现场生产管理人员有没有认真履行 EHS 管理职责，进行现场 EHS 检查，并制止违章行为。

发现问题，应做好记录，并通知有关责任人或指定有关人员整改，负责检查其整改结果。

（三）定期综合性 EHS 检查

定期综合性 EHS 检查应以领导为主，组织专门的检查组进行，检查组的组成应包括生产经营单位的负责人，注册安全主任，生产部门以及相关管理部门的负责人，专、兼职 EHS 管理人员以及职工代表。检查组应明确检查的对象、范围。将检查的内容具体化，制定 EHS 检查表，检查时依照检查表的内容逐项进行检查，以保证检查的有效性和针对性，避免流于形式。对检查出的问题要做好记录，并以整改通知书的形式确定整改内容、整改责任人、整改期限。对重大隐患，由生产经营单位负责人组织研究、落实整改措施。检查完后，检查组应讨论、分析生产经营单位、车间的 EHS 状况，包括经验和存在问题，研究改善 EHS 状况的措施。

定期 EHS 大检查的重点是了解掌握事故隐患能否得到有效控制，EHS 规章制度是否有效贯彻执行，管理措施是否足够。内容可包括三大部分：EHS 管理、劳动条件、事故管理。其中 EHS 管理和劳动条件反映了生产经营单位为预防事故和职业危害所做的工作和采取的措施，而事故管理则反映了生产经营单位对事故发生吸取的教训和补救措施，以及对预防工作的效果检验。这三部分相辅相成，构成完整的工作体系。各部分的重点如下：

1. EHS 管理

（1）EHS 工作计划：是否明确提出 EHS 管理的目标及主要措施；是否形成一个专门的文件并印发各部门和各车间；各层次管理人员是否清楚，厂领导是否贯彻；是否检查落实情况。

（2）生产组织：是否有明确的各层次的安全生产责任制；是否有完善的 EHS 规章制度；是否有足够的人员负责 EHS 管理工作；管理人员是否有足够的权力推行 EHS 计划和措施；是否与各层次的 EHS 管理者和工作者有定期的联系；是否定期向生产经营单位负责人汇报 EHS 情况。

（3）EHS 教育和培训：新入厂人员是否都在上岗前经过 EHS 教育；特种作业人员是否经专门的安全技术培训、考核并持证上岗；工人是否清楚自己岗位的危害因素及预防措施；工人是否清楚 EHS 规章制度，熟悉操作规程；是否有定期组织工人进行 EHS 知识学习；是否组织有利于提高工人 EHS 意识的活动。

（4）EHS 检查：是否明确 EHS 检查的时间，是否明确 EHS 检查的内容，是否实行 EHS 检查记录，是否明确 EHS 检查的报告制度，是否做到对检查出的隐患进行跟踪整改。

（5）应急行动：是否制订应急计划，应急指挥人员及其职责是否明确，应急队伍的人员是否有定期演练，应急设备是否足够和有效，要求救助的途径是否清楚。

2. 劳动条件

（1）生产场所：通道是否通畅和有标注，出口是否足够和畅通，警示标志、护栏是否齐全，物料堆放、设备布置是否合理，生产场所是否清洁、地面平整、不滑，采光和通风是否足够，各类特殊场所是否符合规定要求。

（2）机械安全：机械危险是否有正确的防护，安全防护装置是否有效和定期维修保养，特种设备的安全装置和附件是否齐全有效，特种设备是否定期检测并有使用合格证。

（3）化学物品使用安全：化学物品贮存的条件和方法是否符合要求，工人是否清楚化学物品的有害性，使用时所需要的防护措施是否齐全，工人是否清楚应急处理的方法。

（4）用电安全：是否有专业人员负责电气设备的维修保养，电气设备安装及线路的连接是否符合规范要求，手持电气设备的绝缘性能是否符合要求，接地（接零）保护是否符合要求，临时线路的管理是否规范。

（5）防火防爆：是否划定具有火灾和爆炸危险的场所，电气设备是否符合防火防爆的要求，易燃易爆物品的存放是否符合要求，是否能有效控制各类点火源，灭火器材是否足够、有效和放置合理，工人是否熟悉灭火器材的性能和使用方法。

（6）防尘防毒：是否有防止尘、毒物质扩散的设施，设施是否定期维修、保养、检测，设施是否与生产设备同时使用，生产场所的尘、毒浓度是否定期测定，并符合国家规定标准。

3. 事故管理

是否建立事故和未遂事故的报告统计制度，对事故和未遂事故是否有调查，对有关责任人的处理是否公布，整改措施的落实情况是否有人验收。

（四）专项 EHS 检查

一般的常规检查难以发现的问题，需要生产经营单位组织有关专业技术人员或委托有关专业检查单位，以国家标准和专业标准为依据，认真开展检查。专项检查的对象一般有消防、特种设备、电气设备、机械设备、易燃易爆设备（设施）等。

专项 EHS 检查可以是单独组织，也可以结合定期 EHS 检查进行。其检查的隐患整改要求与定期检查的要求相同。

（五）季节性 EHS 检查

季节的变化会给 EHS 带来一定的影响，如雨季容易发生触电、高坠等事故，高温容易发生中暑，并且会导致人的预防能力下降而诱发事故；冬季风干物燥，容易发生火灾事故；节假日前后，职工思想波动较大，容易出现违章操作而引发事故。季节性检查，就是根据季节的特点以及对 EHS 的不利影响，及时检查相应措施的落实情况。

季节性检查一般有防暑降温检查、防汛防雷检查、节假日 EHS 检查等。

EHS 检查的形式多样，生产经营单位应结合自身情况组织，值得强调的是，应该重视生产岗位 EHS 检查和日常 EHS 检查的作用和要求。

第二节 不符合项的确定与不符合报告

审核组收集到审核证据以后，要对全部证据进行评审。一方面用以确定受审核方的 EHS 管理体系符合审核准则的方面；另一方面，对于不符合审核准则的证据更要进行认真分析，以确定体系存在的主要问题。对于这两个方面的问题，应在审核报告中进行充分的描述，以便对体系的实施效果做出评价。

下面将重点讨论有关不符合的形成、不符合性质的判定和不符合报告等问题。

一、不符合的定义

EHS 管理体系审核中的不符合是指那些违背审核准则的审核发现。审核准则通常可包括三个方面的内容：

（1）SY/T 6276—1997 管理体系标准。

（2）受审核方的 EHS 管理体系文件（包括手册、程序文件和支持性文件）。

（3）适用于受审核方的 EHS 有关法律法规及其他要求。

上述审核准则中，SY/T 6276—1997 是审核员判断是否符合要求的基本准则。

二、不符合项的确定

（一）必须以客观事实为基础

判定不符合必须以客观事实为基础，客观事实不能掺杂任何个人的主观考虑，也不能掺杂“推理”“假设”或“想当然”的成分，客观证据包括以下方面：

（1）在文件、记录审阅以及现场观察中发现的客观事实。现场审核发现的不符合事实应请受审核方陪同人员确认。

（2）现场审核中受审核人员对审核员所提问题的回答，也可成为客观证据。对于通过面谈取得的信息，应当通过其他事实得以证实，避免受审核人员情绪紧张或口误造成回答失误，导致错判。例如，受审核人员不了解本身的职责，需更进一步核实的是受审者是否履行本人的职责。又如，受审核者说"所有目标指标已完成"，确切的证据应是涉及完成的记录和可见的有形证据。

（二）必须以审核准则为依据

判定不符合时，一定要以审核准则为依据，不能够以审核员个人的任何意见、观点作依据。也就是说，审核员开具的不符合项必须在审核准则中明确地找到所不符合的条款。

（三）分析所有不符合原因，找出体系缺陷

EHS 管理体系审核是一种体系审核，目的是判定受审核方的 EHS 管理体系是否符合标准的要求。所以审核员不能仅满足于发现个别的不符合现象，还应对这些现象进行追踪和分析，以找出体系上存在的问题，这也是正确判定不符合的意图。

（四）审核组内相互沟通，统一意见

EHS 管理体系中存在问题往往不是孤立的，常常存在某些联系。所以在形成不符合前，需要审核组成员充分讨论，交流情况，互相补充印证，这样才有利于发现受审核方体系中的问题。另一方面，审核组成员的充分讨论也有助于更准确、更全面地作出判断，避免由于审核员个人收集信息的局限所带来的片面性。审核发现最终是否形成不符合，由审核组长确定。

（五）与审核方共同确认审核发现的事实

审核组应当与受审核方共同确认不符合的事实依据，审核员在现场审核的时间毕竟有限，所发现的事实有可能只是问题的一个侧面，所以要在形成不符合项前与受审核方共同确认这些事实，同时要听到受审核方对不符合判定的意见，以便查清楚造成问题的根本原因，这也有利于修正错误。

如果受审核方提出补充证据，证明审核员对不符合陈述有误，审核员经过补充调查核准，应勇于修正错误。

在其他情况下，当双方有争执时，审核方则应尽量耐心说服受审核方，并强调审核是针对体系而不是针对个人。

按照上述原则，对审核中收集的客观证据进行归纳、分析、比照约定的审核准则，即可确定不符合项，通常不符合项有以下几种情形：

（1）体系性不符合：EHS 管理体系文件没有完全达到 SY/T 6276—1997 标准的要求，即文件的规定不符合标准。

（2）实施性不符合：EHS 管理体系实施未按文件规定执行，即运行实施不符合文件规定。

（3）效果性不符合：体系运行效果未达到计划的目标、指标，即效果不符合所建立的目标。

（4）法律性不符合：体系运行的 EHS 行为未达到 EHS 法律法规和其他要求的规定，即 EHS 行为不符合法规要求。

三、不符合性质的判定

根据审核结果与审核准则相偏离的严重程度，以及不采取措施带来的可能后果的严重性，可将不符合分为两类，即严重不符合和一般（轻微）不符合。

（一）严重不符合

出现下列情况之一，原则上可构成严重不符合项：

（1）体系出现系统性失效。如某一要素、某一关键过程重复出现失效现象，又未能采取有效的纠正措施加以消除，形成系统性失效。如受审核方安全处、生产处均出现了文件和资料控制方面的不符合，从而导致体系系统性失效。

（2）体系运行区域性失效。如某一部门现场所出现的全面失效现象，或者各层次、各部门出现失效。如公司内化学库出现了危害辨识、运行控制、培训、绩效测量与监测方面的不符合，造成该部门体系要素全面失效。

（3）造成严重的 EHS 危害，或潜在危害严重的 EHS 后果。

（4）企业违反法律法规或其他要求的 EHS 行为较严重。

（5）一般不符合项没有按期纠正且未意识到。

（6）目标指标未实现，且没有通过评审采取必要的措施。

（7）第二类不符合事项仍未改善，即上一次审核中发现的第二类不符合项，至今仍未采取有效措施加以整改的，即判为第一类不符合项。

（8）复评时，无持续改善 EHS 绩效证据。

（二）一般（轻微）不符合

出现下列情况之一，原则上可构成一般不符合项：

（1）对满足 EHS 管理体系要素或体系文件的要求而言，是个别的、偶然的、孤立的、性质轻微的不符合。

（2）对保证所审核范围的体系而言，是次要的问题。

严重不符合和一般不符合性质的判定，对审核结论有决定性的影响，对受审核方能否通过 EHS 管理体系认证起着关键作用。因此，审核组在判定不符合性质时要特别谨慎，对于可能成为严重不符合项的审核发现，审核组长一定要认真对待、反复核实。

（三）观察项

指系统或程序有潜在的不恰当以及具有潜在的风险的事项，这些事项有变成不符合的趋势，只是审核员掌握的证据暂时不足。这类问题可作为观察项处理，可以用书面或口头的形式向受审核方提出。

对于观察项，一般不要求受审核方提出限期整改方案，也无须跟踪验证，只要求对方引起注意，对可能的风险有所准备并加以预防和纠正，观察项一般不计入审核报告和审核结论中。

如果某企业出现严重的不符合项，在受审核方未采取有效的措施前，认证机构不应推荐注册。

对出现轻微不符合事项的企业，应不影响推荐注册。但对轻微不符合项，受审核方也要在认证机构规定时间内提出整改方案，采取有效措施，并经认证机构跟踪确定符合后，才推荐注册。

四、不符合报告的编写

编写不符合报告，是审核员必须掌握的基本技能。

（一）不符合报告的内容

（1）受审核方名称及负责人。

（2）不符合事实描述。

（3）审核准则。

（4）不符合判据及条款号。

（5）不符合性质的判定。

（6）审核员姓名及开具日期。

（7）受审核方代表确认及签名。

（8）采取的纠正预防措施及完成日期。

（9）纠正措施完成情况及验证。

（二）对不符合事实的描述的要点

（1）准确地描述客观事实，证据充分确凿，依据清楚，包括时间、地点、人物（注明职务或职称，不提姓名）、何种情况等。

（2）写出必要的细节，使其具有可重查性和可追溯性。

（3）语言简明精练，概括不符合的核心问题。

（4）观点、结论要从描述的事实中自然流露，不要光写结论，不写事实。

（5）尽可能使用规范术语（如标准或体系文件术语）。

第三节　检查结果的处理与跟进

一、隐患整改要求

根据《国务院关于进一步加强企业安全生产工作的通知》（国发［2010］23号），企业要经常性开展安全隐患排查，并切实做到整改措施、责任、资金、时限和预案“五到位”。建立以安全生产专业人员为主导的隐患整改效果评价制度，确保整改到位。对隐患整改不力造成事故的，要依法追究企业和企业相关负责人的责任。对停产整改逾期未完成的不得复产。

二、隐患整改程序

对于检查出来的隐患，生产经营单位应及时进行整改。为了实现隐患整改工作的规范化、制度化、程序化管理，有效预防和控制各类事故的发生，应建立隐患整改程序，一般应包括：检查、收集筛选、整改通知、整改、效果评价五个环节，实行闭合回路式管理。隐患整改跟踪检查是对EHS检查中发现的隐患的整改落实情况进行跟踪复查、检查、督促及时落实隐患整改。

1. 隐患检查

隐患检查主要是指各级各类人员通过各种渠道检查发现所有作业场所的隐患。

2. 隐患的收集、筛选

应由EHS管理部门负责，每天对所有作业场所，通过各种渠道检查出的所有隐患进行全面的收集、筛选、初步确认、分级登记。若检查中发现的隐患较多，则应归类，按危险性大小分级，对危险性大、随时可引起事故发生的隐患，则应优先尽快解决。

3. 整改通知

对已经核实的重大隐患、典型问题，以“整改通知书”的形式，通知相关单位，按要求整改处理。厂安全部门、EHS管理人员应在EHS检查表的信息反馈与整改中起协调、监督作用，以保证隐患件件有反馈，条条有落实。

4. 隐患整改

根据隐患级别，要求相关部门进行限期整改。

5. 效果评价

隐患整改完毕后，对于各单位隐患整改效果，由EHS管理部门组织评价。形成由EHS管理部门为组织，其他必要的相关单位组成的评价委员会，该评价委员会应采用回避制度，即与隐患责任单位或责任人有重大关联的、可能对评价结果产生影响的人员应予回避。

例如，某企业对隐患整改效果的验收实行分级评价，依次为A、B、C、D、E五级，即A、B级通过，C级进一步自查，D级需要制定针对该隐患的后续防范制度，E级重复整改。

（1）A级：优秀。对于要求整改内容能够及时、有效地实施整改，接受整改态度好，整改工作主动，整改后能够达到或超过质量标准化体系中的相关要求，并且所辖区域职工受到了正确的教育。

（2）B级：良好。对于要求整改的内容，能够在限定时间内，做出有效的整改，能够正确认识整改工作，较积极地实施整改，整改后能够达到质量标准化体系中的要求，或者通过整改提高了原有隐患部位抵御事故的能力，所辖区域职工受到了正确的教育。

（3）C级：中等。能够主动地接受整改，在限定时间内，能够对要求整改的内容实施整改，整改后基本能达到质量标准化体系中的相关要求，并且所辖区域职工受到了一定的教育。

（4）D级：及格。能够在限定时间内对要求整改的内容进行一定的整改，或者超限期整改但整改后起到了一定的效果，基本能够达到相关要求并满足生产需要。

（5）E级：不及格。不能按要求整改，或者严重超过整改期限而不反馈整改结果，整改后达不到要求，拒绝整改，应付整改，虚假整改。

三、EHS检查总结

EHS部门应负责各类隐患的查处、收集、筛选、分析、追究、反馈、复查、统计、上报、考核、监督整改等综合管理工作。

检查结束后，应将此次检查组织，检查的目的和范围，检查中好的经验、存在的主要问题以及检查中发现的问题及整改情况、好的经验推广情况和整个检查范围内的 EHS 情况、检查过程中值得注意的问题等写出书面材料，并同检查结果（表格内容或检查项目）向单位负责人汇报后，存入档案。对 EHS 工作做得好的人员，要进行表彰、奖励；对 EHS 管理混乱、隐患多、事故多的部门要提出批评意见和建议，以吸取教训。

第四节　绩效监测和测量

根据戴明的 PDCA 循环的原理，在计划（Plan）予以实施（Do）之后，应对实施的情况进行检查（Check），检查之后予以改进（Act）和提高。其中检查实施的情况是一个非常重要的环节。这里的检查不仅包括现场的检查，还包括对各类计划实施情况的全面检查。而绩效测量与监测，则是这种检查的核心内容。

组织应建立并保持程序，对健康、安全和环境绩效进行定期监测和测量，对管理处环境和职业健康安全的绩效进行监测和测量，保证环境和职业健康安全管理体系的有效运行。这些程序应该提供以下内容：

（1）适用于用人单位所需的定性和定量测量。

（2）对用人单位的职业安全健康目标实现程度的监测。

（3）主动测量，监测对职业安全健康管理方案、运行标准和适用的法律法规及其他要求的符合情况。

（4）被动测量，监测事故、事件和其他不良的职业安全健康绩效的历史证据。

（5）充足的监测与测量数据和结果的记录，以便于随后的纠正和预防措施分析。

如果绩效测量和监测需要用到监测设备，用人单位应建立并保持程序，对这类设备进行校准和维护，并应保存校准和维护活动及结果的记录。

一、理解要点与实施要点

（一）绩效测量和监视的内容

绩效测量和监视主要针对以下关键绩效指标（但不仅限于此）：

（1）OHSAS 18001 目标是否得到实现。

（2）OHSAS 18001 管理方案、运行控制是否实施并行之有效。

（3）是否从 OHSAS 18001 职业健康安全管理体系失败事件，包括危险事件（事故、事件和疾病）中吸取经验教训。

（4）法律法规及其他要求的符合情况。

（5）用于评审和（或）改善 OHSAS 18001 管理体系状况的信息是否建立和使用。

（二）绩效测量和监视的分类

1. 主动性绩效测量和监视的分类

主动性绩效测量和监视指主动检查组织 OHSAS 18001 活动的符合性，包括：

（1）对 OHSAS 18001 管理方案、运行准则的监视和测量。

（2）目标满足程度的监视和测量。

（3）风险控制结果和成效的监视。

（4）对法律法规和其他要求遵循情况的监视。

（5）对员工 OHSAS 18001 职业健康安全意识提高情况的监视。

（6）对过程、工作场所和实际操作进行常规安全行为、管理水平的检测。

（7）对设备、设施安全进行检查、监控。

（8）作业环境及卫生的监测等等。

2. 被动性绩效测量和监视

被动性绩效测量和监视指统计、调查、分析和记录 OHSAS 18001 管理体系的失败案例。这类失败案例包括事故案例、near-miss 事件案例、疾病案例、其他不良绩效案例。

二、环境和职业健康安全绩效监视和测量的方法

（一）技术性监测

技术性监测一般委托外部有关的部门进行，主要包括安全管理方面和环境管理方面。

1. 安全管理方面

（1）机械安全装置的检测。

（2）电气设备绝缘性能的测量。

（3）消防设施和器材以及劳动防护用品性能的检测等。

2. 环境管理方面

（1）大气污染物排放检测。

（2）污水排放检测。

（3）噪声检测等。

（二）管理性监测

管理性监测指管理处内部进行的监测，一般包括：

（1）环境和职业健康安全方针的贯彻情况总结。

（2）环境和职业健康安全目标（指标）的实现情况的统计。

（3）环境和职业健康安全管理方案的实施情况的检查和总结。

（4）环境和职业健康安全法规及其他要求的遵守情况评价。

（5）环境和职业健康安全管理制度的执行情况的检查、考核等。

（三）被动性绩效监视

被动性绩效监视主要是调查、分析和记录职业健康安全管理的失败案例，包括事故案例、疾病案例和财产损失案例。

三、测量与监视结果的处理

各科室和单位对测量与监视过程中发现的不符合项的处理，执行《不合格控制程序》和《纠正措施和预防措施控制程序》的相关规定。

四、监测设备的管理

监测设备由责任管理部门按国家有关规定，定期送法定检测机构检测，并保存检测鉴定证书，无明确规定的要定期进行自检，具体按照《计量检测仪器设备控制程序》的规定执行。

第五节　纠正措施及跟踪

一、有关定义

（一）纠正和纠正措施的定义（ISO 9001）

纠正是为消除已发现的不合格的情况所采取的措施。纠正措施是为消除已发现的不合格或其他不期望情况的原因所采取的措施。

（二）纠正和纠正措施的区别

（1）对象不同。纠正是针对具体不合格事件进行的处置，纠正措施是针对产生不合格事件的原因。

（2）目的不同。纠正其目的是将不合格事件改变为合格事件；纠正措施目的是消除产生不合格原因防止类似不合格事件再发生，具有不断改进的作用。

依据不符合项的严重程度，跟踪方式可采取三种方式：①现场跟踪验证；②实施记录的跟踪；③实施方案的跟踪。

二、纠正措施跟踪的目的

审核组在 EHS 管理体系认证审核中发现不符合项。对这些不符合项受审核方应根据审核方的要求提出采取纠正与预防措施的要求，由受审核方针对每项不符合项的性质，进行原因分析，制订纠正措施计划并加以实施。审核组应对纠正措施的有效性进行验证。验证的目的在于：

（1）促使受审核方认真分析原因，找出不符合项的根源，防止类似事件再次发生，进一步完善 EHS 管理，创造良好体系运行条件。

（2）使受审核方按照纠正措施计划进行有效的纠正，为过去出现的问题画上句号，为审核组的认证结论提供依据。

（3）对纠正措施实施情况进行跟踪，促使受审核方完善 EHS 管理体系内部运行机制。

（4）强化受审核方的“预防为主”的意识，避免在某一部门出现的不符合项在其他部门或人员中出现。

三、纠正措施跟踪的原则

纠正措施的跟踪是 EHS 管理体系审核的重要阶段，其原则如下：

（1）不论审核的结论属于推荐认证注册还是推迟推荐认证注册，所有在审核中发现的不符合项，必须由受审核方在规定时间内切实采取纠正措施，审核小组才向认证机构提出推荐，认证机构进行跟踪验证，将不符合项纠正后，方可批准认证注册。

（2）根据不符合项的性质和程度，可采用不同的纠正跟踪验证方式，如下：

①现场验证跟踪：对于严重不符合或只有到现场才能验证的一般不符合项的纠正措施跟踪验证，审核组应再次派出审核员到现场对部门要素进行审核，以检查纠正措施的实施效果。

②实施记录跟踪：对于程度轻微的一般不符合项，审核员可根据受审核方提交的纠正措施实施记录，进行资料验证。

③实施方案跟踪：对于在短期内无法完成而又制订了纠正措施计划的一般不符合项，可由受审核方提交纠正措施实施方案，待监督审核时再予以复查。

（3）纠正措施完成期限：

① 严重不符合项：一般在 3 个月内完成纠正措施，审核员在此时间内予以验证，其中相同数量同类性质的轻微不符合形成的严重不符合项完成时间可短一些。如果纠正措施未如期完成，可暂不予注册或发证。

② 一般不符合项：一般在 1 个月内完成纠正措施整改及验证。

③程度轻微的一般不符合项：可在现场审核期间由受审核方立即采取纠正措施，审核小组离开前给予纠正措施跟踪验证，如确已完成，应在不符合报告中注明完成情况。如果纠正措施未如期完成，可暂不予注册。

四、审核双方在纠正措施跟踪上的责任

纠正措施的跟踪是审核人员和受审核方的共同责任，双方应密切合作，协同配合。

（一）审核组的责任

（1）确定不符合项。

（2）提出纠正措施要求和实施完成期限。

（3）进行纠正措施的跟踪验证。

（二）受审核方的责任

（1）确认不符合项。

（2）分析不符合项的原因。

（3）制定和实施纠正措施（纠正措施应有效地减少或消除不符合项产生或可能产生的风险）。

（4）检查纠正措施完成情况，做好记录。

（5）及时向审核组提交不符合项报告原件及纠正措施完成情况证明材料。

五、纠正措施跟踪的程序

（1）审核期间审核双方共同确认不合格项，审查员向受审核方提交不合格报告，并提出纠正措施要求。

（2）受审核方签字认可不合格事实，并提出纠正措施。

（3）审核员评价认可纠正措施。

（4）对受审核方实施和完成情况进行验证。

（5）审核员对纠正措施实施效果作出判断。

（6）提交纠正措施跟踪检查报告：①对重大的纠正措施的跟踪应形成书面报告；②跟踪可针对一项或若干项纠正措施，视具体情况而定；③报告应反映对纠正措施结果的判断；④报告由跟踪检查人员拟定，由负责人（如审核组织、管理者代表）批准；⑤必要时应提交管理评审。

六、纠正措施跟踪的验证

审核组对受审核方不符合项的跟踪验证，无论其采用现场验证、资料验证或监督复查中的任何一种方式，均需重点关注以下环节。

（一）原因分析方面

受审核方针对不符合进行的原因分析是否确切找到问题的根源，而非避重就轻或浮于表面。

（二）措施制定方面

针对不符合的原因所采取的纠正措施是否具备可行性及合理有效性。

（1）采取的纠正措施是否与不符合项严重程度相适应。

（2）纠正措施是否可以防患于未然。

（3）纠正措施是否能举一反三，避免同类问题的发生。

（三）实施及效果方面

（1）计划是否按规定日期完成。

（2）计划中的各项措施是否全部完成。

（3）完成后的效果如何，是否有效控制了类似不符合的再次发生。

（4）实施情况是否有记录可查。如为资料验证，则所提交的资料是否充分，已提交材料能否证明纠正措施的有效性。

（5）如引起程序修改，修改内容是否适用有效，是否按照文件控制规定完成了相应的修改、批准和发放手续并予记录，该程序是否已被执行。

如果某些效果确需较长时间才能最终体现，可留监督审核时再检查。

审核组针对不符合项进行了以上跟踪验证后，应确认其有效性，在纠正与预防措施跟踪报告验证一栏中注明验证结论并签字，关闭不符合项。

七、受审核方采取纠正措施时的常见错误

（1）把“纠正措施”等同“纠正”。

（2）对不合格原因没有分析或分析很粗糙，没有找到导致不合格情况出现的根本原因。

（3）没有对类似不合格项进行纠正，而是就事论事只针对已提出的不合格项进行纠正。

（4）缺少对纠正措施的跟踪验证及纠正措施的巩固。

第十五章　事件调查

第一节　事件的概念与分类

一、事件的概念

事件泛指导致人员伤害、财产破坏、工艺损失、环境破坏或破坏公司形象的意外情况以及完全可以造成上述情况的未遂状况。

二、事件的分类

（一）事件

事件（Incident）包括未遂事故（Near Miss）与事故（Accident）。

（二）未遂事故（Near Miss）

其结果侥幸未产生疾病、伤害、损坏或其他损失，但完全可能导致上述损失发生的事件称为“未遂事故”（Near Miss），国内通常称为“隐患”。

（三）事故

事故是发生在人们的生产、生活活动中的导致人员伤害、财产破坏、工艺损失、环境破坏或破坏公司形象的意外事件。

在事故的种种定义中，伯克霍夫（Berckhoff）的定义较为著名。伯克霍夫认为，事故是人（个人或集体）在为实现某种意图而进行的活动过程中，突然发生的、违反人的意志的、迫使活动暂时或永久停止的事件。

事故的含义包括：

（1）事故是一种发生在人类生产、生活活动中的特殊事件，人类的任何生产、生活活动过程中都可能发生事故。

（2）事故是一种突然发生的、出乎人们意料的意外事件。由于导致事故发生的原因非常复杂，往往包括许多偶然因素，因而事故的发生具有随机性质。在一起事故发生之前，人们无法准确地预测什么时候、在什么地方、发生什么样的事故。

（3）事故是一种迫使进行着的生产、生活活动暂时或永久停止的事件。事故中断、终止人们正常活动的进行，必然给人们的生产、生活带来某种形式的影响。因此，事故是一种违背人们意志的事件，是人们不希望发生的事件。

事故是一种动态事件，它开始于危险的激化，并以一系列原因事件按一定的逻辑顺序流经系统而造成的损失，即事故是指造成人员伤害、死亡、职业病或设备设施等财产损失和其他损失的意外事件。事故有生产事故和企业职工伤亡事故之分。生产事故是指生产经营活动（包括与生产经营有关的活动）过程中，突然发生的伤害人身安全和健康或者损坏设备、设施或者造成经济损失，导致原活动暂时中止或永远终止的意外事件。

（四）法定报告事故

按照《企业职工伤亡事故分类标准》（GB 6441—1986）将企业工伤事故分为二十类。分别为物体打击、车辆伤害、机械伤害、起重伤害、触电、淹溺、灼烫、火灾、高处坠落、坍塌、冒顶片帮、漏水、放炮、瓦斯爆炸、火药爆炸、锅炉爆炸、容器爆炸、其他爆炸、中毒和窒息以及其他伤害等。

根据现行的《生产安全事故报告和调查处理条例》之规定，法定事故分为以下四个等级：

（1）一般事故：指造成 3 人以下死亡，或者 10 人以下重伤，或者 1 000 万元以下直接经济损失的事故。

（2）较大事故：指造成 3 人以上 10 人以下死亡，或者 10 人以上 50 人以下重伤，或者 1 000 万元以上 5 000 万元以下直接经济损失的事故。

（3）重大事故：指造成 10 人以上 30 人以下死亡，或者 50 人以上 100 人以下重伤，或者 5 000 万元以上 1 亿元以下直接经济损失的事故。

（4）特别重大事故：指造成 30 人以上死亡，或者 100 人以上重伤（包括急性工业中毒，下同），或者 1 亿元以上直接经济损失的事故。

（五）非法定报告事故

对于企业内发生的尚未涉及《生产安全事故报告和调查处理条例》中定义的“事故”范围的，即尚未达到“重伤”（根据相关法律标准的定义）级别且直接经济损失小于 100 万元的事故，企业可根据管理需要，自行定义。

第二节 事件调查的意义

一、事件调查的目的

事故这种意外事件除了影响人们的生产、生活活动顺利进行之外，往往还可能造成人员伤害、财物损坏或环境污染等其他形式的严重后果。在这个意义上说，事故是在人们生产、生活活动过程中突然发生的、违反人意志的、迫使活动暂时或永久停止，可能造成人员伤害、财产损失或环境污染的意外事件。

事故和事故后果（Consequence）是互为因果的两件事情，即由于事故的发生产生了某种事故后果，但在日常生产、生活中，人们往往把事故和事故后果看作一件事件，这是不正确的。之所以产生这种认识，是因为事故的后果，特别是引起严重伤害或损失的事故后果，给人的印象非常深刻，相应地给人带来某种严重后果；相反，当事故带来的后果非常轻微，没有引起人们注意的时候，人们也就忽略了事故。

一个科学的事故调查过程的主要目的就是防止事故的再发生。也就是说，根据事故调查的结果提出整改措施，控制事故或消除此类事故。前面提到的叉车司机酒后开车的案例充分说明，只有通过深入的调查分析，查出导致上述事件发生的深层次原因，特别是管理系统的缺陷，才有可能达到事故调查的首要目的——防止事故的再发生。

同时，对于重大特大事故，包括重伤事故，甚至死亡事故，事故调查需满足法律要求提供违反有关安全法规的资料，是司法机关正确执法的主要手段。这里当然也包括确定事故的相关责任，但这与以确定事故责任为目的事故责任调查过程存在本质上的区别。后者仅仅以确定责任为目的，不可能控制事故的再发生，如叉车司机的酒后驾驶；前者则要分析探讨深层次的原因，如管理系统的缺陷，为控制此类事故奠定良好的基础。

此外，通过事故调查还可以描述事故的发生过程，鉴别事故的直接原因与间接原因，从而积累事故资料，为事故的统计分析及类似系统、产品的设计与管理提供信息，为企业或政府有关部门安全工作的宏观决策提供依据。

二、事件调查对象

从理论上来讲，所有事件，包括无伤害事故和未遂事故都在调查范围之内。

但由于各方面条件的限制，特别是经济条件的限制，要达到这一目标几乎是不可能的。因此，要进行事故调查并达到我们的最终目的，选择合适的事故调查对象也是相当重要的。本文中事件调查的对象，不包括政府出面调查的严重事故（如重大火灾、人员死亡、多人受伤或患职业病等）。因为政府所采取的事故调查方法流程与报告方式，与绝大部分企业内部管理需求不同。

（一）重大事故

所有重大事故都应进行事故调查，这既是法律的要求，也是事故调查的主要目的所在。因为如果这类事故再发生，其损失及影响都是难以承受的。重大事故不仅包括损失大的、伤亡多的，也包括那些在社会上甚至国际上造成重大影响的事故。

（二）未遂事故或无伤害事故

有些未遂事故或无伤害事故虽未造成严重后果，甚至几乎没有经济损失，但如果其有可能造成严重后果，也是事故调查的主要对象。判定该事故是否有可能造成重大损失，则需要根据安全管理人员的能力与经验进行识别。

（三）伤害轻微但发生频繁的事故

这类事故伤害虽不严重，但由于发生频繁，对劳动生产率会有较大影响，而且突然频繁发生的事故，已说明管理上或技术上有不正常的问题，如不及时采取措施，累积的事故损失也会较大。事故调查是解决这类问题的最好方法。

（四）可能因管理缺陷引发的事故

如前所述，管理系统缺陷的存在不仅会引发事故，而且也会影响工作效率，进而影响经济效益。因此，及时调查这类事故，不仅可以防止事故的再发生，也能提高经济效益，一举两得。

（五）高危险工作环境的事故

由于高危险环境中极易发生重大伤害事故，造成较大损失，因而在这类环境中发生的事故，即使后果很轻微，也值得深入调查。只有这样，才能发现潜在的事故隐患，防止重大事故的发生。这类环境包括高空作业场所、易燃易爆场所、有毒有害的生产工艺等。

（六）适当的抽样调查

除上述诸类事故外，还应通过适当的抽样调查的方式选取调查对象，及时发现新的潜在危险，提高系统的总体安全性。这是因为有些事故虽然不完全具备上述五类事故的典型特征，但却有发生重大事故的可能性，适当的抽样调查会增加发现这类事故的可能性。

（七）应该进行调查的事件类型

（1）疾病和伤害。

（2）未遂事故（Near Miss）。

（3）财产损失。

（4）火灾。

（5）泄漏/过失排放（进入大气、水以及土壤）。

（6）设备故障。

（7）质量事故、运输事故、工艺事故。

三、事件调查的价值

概括起来，事件调查工作对于安全管理的重要性可归纳为以下几个方面：

1. 最有效的事故预防方法

事故的发生既有它的偶然性，也有必然性。即如果潜在的事故发生的条件（一般称之为事故隐患）存在，什么时候发生事故是偶然的，但发生事故是必然的。因而，只有通过事故调查的方法，才能发现事故发生的潜在条件，包括事故的直接原因和间接原因，找出其发生发展的过程，防止类似事故的发生。例如：某建筑工地叉车司机午间休息时饮酒过量后，又进入工地现场，爬上叉车，驾驶叉车前行一段后从车上摔下，造成重伤。如何责任处理非常简单，即该司机违章酒后驾车。但试问在其酒后进入工地驾车的过程中，为什么没有人制止或提醒他不要酒后驾车呢？如果在类似情况下有人制止，是否还会发生事故呢？答案是十分明确的。

2. 为制定安全措施提供依据

事故的发生是有因果性和规律性的，事故调查是找出这种因果关系和事故规律的最有效的方法。只有掌握了这种因果关系和规律性，我们才能有针对性地制定出相应的安全措施，包括技术手段和管理手段，达到最佳的事故控制效果。

3. 揭示新的或未被人注意的危险

任何系统，特别是具有新设备、新工艺、新产品、新材料、新技术的系统，都在一定程度上存在着某些我们尚未了解或掌握的，或被我们所忽视的潜在危险。事故的发生给了我们认识这类危险的机会，事故调查是我们抓住这一机会的最主要的途径。只有充分认识了这类危险，我们才有可能防止其产生。

4. 可以确认管理系统的缺陷

如前所述，事故是管理不佳的表现形式，而管理系统缺陷的存在也会直接影响到企业的经济效益。事故的发生可以出现将坏事变成好事的机会。即通过事故调查发现管理系统存在的问题，加以改进后，就可以一举多得，既控制事故，又改进管理水平，提高企业经济效益。

5. 高效的安全管理系统的重要组成部分

安全管理工作主要是事故预防、应急措施和保险补偿手段的有机结合，且事故预防和应急措施更为重要。既然事故调查的结果对事故的预防和应急计划的制订都有重要价值，因此安全管理系统中要具备事故调查处理的职能并真正发挥其作用，否则安全管理工作的目的和对象就会变得模糊起来。

当然，事故调查不仅仅与企业安全生产有关。对保险业来说，事故调查也有着特殊的意义。因为事故调查既可以确定事故真相，排除骗赔事件，减少经济损失程度；也可以确定事故经济损失程度，确定双方都能接受的合理的赔偿额；还可以根据事故的发生情况，进行保险费率的调整；同时提出合理的预防措施，协助被保险人减少事故，搞好防灾防损工作，减少事故发生率。另外，对产品生产企业来说，对其产品使用、维修乃至报废过程中发生的事故的调查对于确定事故责任，发现产品缺陷，保护企业形象，搞好新一代产品开发都具有重要意义。

四、海因里希事故金字塔

海因里希法则又称“海因里希安全法则”或“海因里希事故法则”，是美国著名安全工程师海因里希提出的300∶29∶1法则。这个法则的意思是说，当一个企业有300个隐患或违章，必然要发生29起轻伤或故障，在这29起轻伤事故或故障当中，必然包含有一起重伤、死亡或重大事故。“海因里希法则”是美国人海因里希通过分析55万起工伤事故的发生概率，为保险公司的经营提出的法则。这一法则完全可以用于企业的安全管理上，即在一件重大的事故背后必有29件“轻度”的事故，还有300件潜在的隐患。可怕的是对潜在事故毫无觉察，或是麻木不仁，结果导致无法挽回的损失。了解“海因里希法则”的目的，是通过对事故成因的分析，让人们少走弯路，把事故消灭在萌芽状态。

对于大量“看起来没有造成严重损失”的“未遂事故”或“轻微事故”，到底有多少真正被认真调查过呢？而这些被“轻易放过”的“未遂事故”或“轻微事故”，如果再次发生，我们还能保证我们的幸运吗？很明显，导致这些

“未遂事故”或“轻微事故”的根本原因，与那些导致“严重事故”的根本原因可能完全相同，但由于“运气”的不同，其造成的后果也相去甚远。比如，仓库货架上散落的货物坠落，这次仅仅造成货物包装损坏，没有任何人受伤；可是，在另一次类似的货物坠落发生时，正好我们的仓库管理员站在货物下方工作，不幸发生了，他没能逃过半吨重物的打击。因此，收集“未遂事故”或“轻微事故”的报告，分析其是否可能导致严重后果，及时采取纠正预防措施，是避免“严重事故”发生的重要一环。仅仅针对那些已经发生的“严重事故”进行调查，显然是不够的。

五、事故损失冰山理论

事故造成的损失就像一座海上冰山：能够看到的只是海面以上的部分，即直接损失，这部分损失仅占所有损失的十分之一；而隐藏在海面之下的部分，即间接损失，却占据了绝大部分。

1912 年，某世界著名化工企业开始安全统计和分析；1923 年，该企业建立起“无事故记录总统奖”，并逐步完善了将工伤、疾病和事故降为零的安全制度。认为“所有伤害都是可以预防的”的信念则建立于 1940 年。

该企业的管理层有这样的共识：安全事故所造成的直接损失如医疗费用、赔偿和管理费用的增加只相当于事故全部损失的冰山一角，隐性的费用如生产及产品品质损失、产量损失、劳资关系、法律诉讼、公众形象的损失、人员换班加班等造成的损失是直接损失的 4 ~ 7 倍。因此，该企业人常说：“假如我们的安全记录仅达到美国工业安全的平均指数，那么我们每年都要损失 10 亿美元。”

任何事故都是可以避免的，导致事故发生的根本原因在于控制不足。许多人常常会由于心存侥幸而忽视了安全，常常会由于粗心大意而放过隐患，因而给个人和企业造成极大的经济损失和精神打击。企业是否向所有相关员工传达企业内部事件调查结果和改进措施？企业是否向尽可能多的员工传达行业内事故教训及预防措施？企业 EHS 专业人员是否拥有足够的案例材料并熟练掌握使用技巧？企业通过什么渠道传达事件调查案例和改进预防措施？管理者和员工应这样理解安全：安全具有显而易见的价值，而不仅仅是一个项目、制度或培训课程。安全与企业的绩效息息相关。安全是习惯化、制度化的行为，影响企业的组织变革、感召力和员工。

本章节根据目前中国企业事件调查的现状，有针对性地提出一套完整的定义、管理方案和系统方法，旨在帮助企业负责人、管理人员以及 EHS 专业人员树立正确的事件调查意识，形成专业调查团队，科学有效地进行事件调查，从事故和众多未遂事件的调查和分析中发现 EHS 管理的漏洞，及时采取纠正和预防措施，避免重复发生损失或降低损失的严重程度，为企业带来更多的附加值。

第三节　事件调查的流程

一、事件调查的主体

根据《生产安全事故报告和调查处理条例》和《生产安全事故信息报告和处置办法》，对政府与企业在事件调查职责上的划分，可参考表 15 - 1 所示内容：

表 15 - 1　企业与政府调查事件职责划分表

级别	类型	事件调查的主体
1	轻伤事故	由用人企业（企业）按有关规定进行调查、处理
2	一般伤亡事故	由有管辖权的安全生产监督管理部门会同同级公安机关、监察机关、工会、行业主管部门等组成伤亡事故调查组进行调查
3	重大伤亡事故	由有管辖权的安全生产监督管理部门会同同级公安机关、监察机关、工会、行业主管部门等组成伤亡事故调查组进行调查；省级安全生产监督管理部门认为必要的，由其组织调查
4	特大伤亡事故	市、州及其以下所属企业，由市、州人民政府组成伤亡事故调查组进行调查，或由市、州安全生产监督管理部门、公安机关、监察机关、工会、行业主管部门等组成伤亡事故调查组进行调查；省及省级以上所属企业，由省级安全生产监督管理部门、公安机关、监察机关、工会、行业主管部门等组成伤亡事故调查组进行调查；省人民政府认为需要直接调查的特大伤亡事故，由省人民政府组成伤亡事故调查组进行调查，或由省人民政府指定的本级安全生产监督管理部门、公安机关、监察机关、工会、行业主管部门等组成伤亡事故调查组进行调查

二、事件调查的一般流程

（一）通用流程

以下介绍的事件调查，可以应用于企业内部的时间调查，如受伤需入院治疗的人员伤害事故、职业病事故、厂内急救事故、财产损失以及众多未遂事故。但从方法学的角度，下文中的事件调查流程、方法同样适用于“政府出面调查的严重事故”。

发生事故或未遂事故时，应该采取以下步骤：

（1）快速对事故现场进行初步鉴定。

（2）展开调查。

（3）收集证据。

（4）查阅相关文件。

（5）与相关人员面谈。

（6）找出引起事故的原因（绘制“因果图/事件及其原因图”）。

（7）识别事故的根本原因。

（8）确认事故的改正/改进方案（改进措施）。

（9）完成调查报告。

（二）政府对法定报告事故的调查流程

具体流程详见图 15－1 所示。

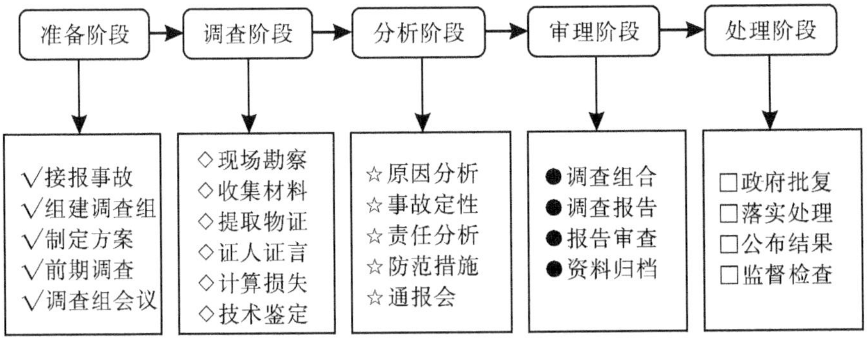

图 15－1 政府事故调查处理程序图

三、报告事故

（一）法定报告事故的报告要求

《生产安全事故报告和调查处理条例》第二章对事故报告有如下规定：

第九条　事故发生后，事故现场有关人员应当立即向本单位负责人报告；单位负责人接到报告后，应当于1小时内向事故发生地县级以上人民政府安全生产监督管理部门和负有安全生产监督管理职责的有关部门报告。情况紧急时，事故现场有关人员可以直接向事故发生地县级以上人民政府安全生产监督管理部门和负有安全生产监督管理职责的有关部门报告。

第十条　安全生产监督管理部门和负有安全生产监督管理职责的有关部门接到事故报告后，应当依照下列规定上报事故情况，并通知公安机关、劳动保障行政部门、工会和人民检察院：

（一）特别重大事故、重大事故逐级上报至国务院安全生产监督管理部门和负有安全生产监督管理职责的有关部门；

（二）较大事故逐级上报至省、自治区、直辖市人民政府安全生产监督管理部门和负有安全生产监督管理职责的有关部门；

（三）一般事故上报至设区的市级人民政府安全生产监督管理部门和负有安全生产监督管理职责的有关部门。

安全生产监督管理部门和负有安全生产监督管理职责的有关部门依照前款规定上报事故情况，应当同时报告本级人民政府。国务院安全生产监督管理部门和负有安全生产监督管理职责的有关部门以及省级人民政府接到发生特别重大事故、重大事故的报告后，应当立即报告国务院。

必要时，安全生产监督管理部门和负有安全生产监督管理职责的有关部门可以越级上报事故情况。

第十一条　安全生产监督管理部门和负有安全生产监督管理职责的有关部门逐级上报事故情况，每级上报的时间不得超过2小时。

第十二条　报告事故应当包括下列内容：

（一）事故发生单位概况；

（二）事故发生的时间、地点以及事故现场情况；

（三）事故的简要经过；

（四）事故已经造成或者可能造成的伤亡人数（包括下落不明的人数）和初步估计的直接经济损失；

（五）已经采取的措施；

（六）其他应当报告的情况。

第十三条 事故报告后出现新情况的，应当及时补报。

自事故发生之日起30日内，事故造成的伤亡人数发生变化的，应当及时补报。道路交通事故、火灾事故自发生之日起7日内，事故造成的伤亡人数发生变化的，应当及时补报。

第十四条 事故发生单位负责人接到事故报告后，应当立即启动事故相应应急预案，或者采取有效措施，组织抢救，防止事故扩大，减少人员伤亡和财产损失。

第十五条 事故发生地有关地方人民政府、安全生产监督管理部门和负有安全生产监督管理职责的有关部门接到事故报告后，其负责人应当立即赶赴事故现场，组织事故救援。

第十六条 事故发生后，有关单位和人员应当妥善保护事故现场以及相关证据，任何单位和个人不得破坏事故现场、毁灭相关证据。

因抢救人员、防止事故扩大以及疏通交通等原因，需要移动事故现场物件的，应当做出标志，绘制现场简图并做出书面记录，妥善保存现场重要痕迹、物证。

第十七条 事故发生地公安机关根据事故的情况，对涉嫌犯罪的，应当依法立案侦查，采取强制措施和侦查措施。犯罪嫌疑人逃匿的，公安机关应当迅速追捕归案。

第十八条 安全生产监督管理部门和负有安全生产监督管理职责的有关部门应当建立值班制度，并向社会公布值班电话，受理事故报告和举报。

（二）非法定报告事件的报告要求

原则上，企业应培训所有员工，鼓励员工按公司内部相关程序规定要求报告事件。员工可以遵循以下方式报告事件：

（1）向上级/EHS部门口头报告发生的事件，并配合EHS部门书面记录。

（2）向上级/EHS部门提交书面报告。

（3）员工可以使用企业标准的事件报告表格，表格包含以下内容：

①事件发生的时间、地点、涉及人员以及事故现场情况；②事件的简要经

过；③事件已经造成或者可能造成的人员伤害、财产损失、环境污染；④已经采取的措施。

四、事件（事故）调查

事件（事故）调查又称“事实调查”。事实调查指员工报告的事件后，企业对事件发生过程前后时间段内经历的事实情况进行还原的过程。事实调查是原因分析的基础，事实调查不清，就无法找出引发事件的根本原因。本节中将分别讨论法定报告事件和非法定报告事件。

（一）“法定报告事件”的事实调查要求

伤亡事故调查，关键是要保护好现场，到现场去勘查、取证，索取客观、真实的第一手材料。所谓“现场”就是事故发生的场所。伤亡事故主要是劳动事故（或称企业职工伤亡事故），也包括某些意外事故。用人企业发生伤亡事故后，必须依法进行事故调查，以查明事故原因，总结经验教训，采取防止事故再次发生的措施，保障职工的健康与安全。

1. 成立职工伤亡事故调查组

按照伤亡事故的大小，事故调查组的组成形式与要求也不同。《生产安全事故报告和调查处理条例》有相关规定如下：

第十九条　特别重大事故由国务院或者国务院授权有关部门组织事故调查组进行调查。

重大事故、较大事故、一般事故分别由事故发生地省级人民政府、设区的市级人民政府、县级人民政府负责调查。省级人民政府、设区的市级人民政府、县级人民政府可以直接组织事故调查组进行调查，也可以授权或者委托有关部门组织事故调查组进行调查。

未造成人员伤亡的一般事故，县级人民政府也可以委托事故发生单位组织事故调查组进行调查。

第二十条　上级人民政府认为必要时，可以调查由下级人民政府负责调查的事故。

自事故发生之日起30日内（道路交通事故、火灾事故自发生之日起7日内），因事故伤亡人数变化导致事故等级发生变化，依照本条例规定应当由上级人民政府负责调查的，上级人民政府可以另行组织事故调查组进行调查。

第二十一条 特别重大事故以下等级事故，事故发生地与事故发生单位不在同一个县级以上行政区域的，由事故发生地人民政府负责调查，事故发生单位所在地人民政府应当派人参加。

第二十二条 事故调查组的组成应当遵循精简、效能的原则。

根据事故的具体情况，事故调查组由有关人民政府、安全生产监督管理部门、负有安全生产监督管理职责的有关部门、监察机关、公安机关以及工会派人组成，并应当邀请人民检察院派人参加。

事故调查组可以聘请有关专家参与调查。

第二十三条 事故调查组成员应当具有事故调查所需要的知识和专长，并与所调查的事故没有直接利害关系。

第二十四条 事故调查组组长由负责事故调查的人民政府指定。事故调查组组长主持事故调查组的工作。

第二十五条 事故调查组履行下列职责：

（一）查明事故发生的经过、原因、人员伤亡情况及直接经济损失；

（二）认定事故的性质和事故责任；

（三）提出对事故责任者的处理建议；

（四）总结事故教训，提出防范和整改措施；

（五）提交事故调查报告。

2. 现场保护

（1）根据《刑事诉讼法》和人民检察院有关规定，任何企业和个人都有义务保护好现场。尤其是参加现场勘查的人员更有义务做好现场保护工作。一是必须严格服从领导，一切行动听指挥，按照分工的职责进行勘查；二是对现场上发现的各种痕迹物证，都要注意保护，不得随意移动或破坏；三是对现场上的公私财物，要注意保护，不得私自拿走。

（2）现场处理：①事故发生后，应尽快救护受伤害者，并采取措施制止事故蔓延扩大；②认真保护事故现场。凡与事故有关的物体、痕迹、状态，不得破坏；③为抢救受伤害者需要移动现场某些物体时，必须做好现场标志。

（3）物证搜集：①搜集现场物证，包括破损部件，碎片、残留物、致害物的位置等；②在现场搜集到的所有物件均应贴上标签，注明地点、时间、管理者；③所有物件应保持原样，不准冲洗擦拭；对健康有危害的物品，应采取不损坏原始证据的安全防护措施。

3. 详细了解事故发生经过

（1）在进行现场勘查前。

调查人员应先了解伤亡事故发生的详细经过，了解现场有无变动，有无危及调查人员的隐患，再进行勘查工作。

（2）事故事实材料的搜集。

一是与事故鉴别、记录有关的材料：①发生事故的企业、地点、时间；②受害人和肇事者的姓名、性别、年龄、文化程度、职业、技术等级、工龄、本工种工龄、支付工资的形式；③受害人和肇事者的技术状况，接受安全教育情况；④出事当天，受害人和肇事者什么时间开始工作，工作内容、工作量、作业程序、操作时的动作或位置；⑤受害人和肇事者过去的事故记录。

二是调查事故发生的有关事实：①事故发生前设备、设施等的性能和质量状况；②使用的材料情况，必要时进行物理性能和化学性能实验与分析；③有关设计和工艺方面的技术文件、工作指令和规章制度方面的资料及执行情况；④关于工作环境方面的状况，包括照明、湿度、温度、通风、声响、色彩度、道路、工作面状况以及工作环境中的有毒、有害物质取样分析记录；⑤个人防护措施状况，应注意防护用具的有效性、质量、使用范围；⑥出事前受害人或肇事者的健康状况；⑦其他可能与引发事故有关的细节或因素。

（3）证人材料搜集。

尽快找有关证人作为被调查者，并认真考证证人的口述和其他提供材料的真实程度，这样就可以搜集到真实的重要证实材料。

4. 实施现场勘查

（1）勘查现场的原则。

先静止勘查（又称“初步勘查”），后动态勘查（又称“细致勘查”）。前者就是只用人的五官进行勘查，即眼观、耳听、鼻嗅、口问，对发现的所有痕迹物证，都应详细记录，同时先录像，再照相固定。后者是通过静止勘查后，现场的一切物体均可变动处理，对可疑痕迹物证可以使用各种技术检验手段进行检验，如确需损坏影响检验或提取痕迹物证的障碍物时，应先请示现场指挥的领导同意后，然后进行录像、照相，并记录被损物体的原始状况，再进行破坏性检验提取工作。现场勘查人员还应注意做到：一是勘查时要尊重当地乡俗民情习惯，尊重当事人的人格，注意工作方法；二是对于现场上所勘查获取的材料，以及研究案件中的有关情况，未经领导批准，不准对外谈论和泄露，一切情况要严格保密；三是参加勘查技术人员在勘查过程中，要注意安全，必要时要采取适当地保护安全措施，特别在勘查矿井伤亡现场、崩塌现场、瓦斯尘煤爆炸、轰山爆炸等伤亡现场时都要注意安全第一，绝对禁止蛮干，以免造成不应有的新事故的发生。对一部分未排除隐患的劳动伤亡事故现场，要先请有关专业技术人员，待彻底排除隐患后，再开始勘查现场。

（2）现场摄影。

主要包括下列内容：①显示残骸和受害者原始存息地的所有照片；②可能被清除或被践踏的痕迹，如刹车痕迹、地面和建筑物的伤痕、火灾引起损害的照片、冒顶下落物的空间等；③事故现场全貌；④利用摄影或录像等手段摄录下重点的情景，以提供较完善的信息内容。

（3）绘制报告中的事故图。

主要包括了解事故情况所必需的信息。如事故现场示意图、流程图、受害者位置图等。

5. 做好现场勘查记录

其基本要求如下：

（1）现场勘查中的记录要详细、具体和全面，能够清楚地反映出事故现场的整体与某一局部重点情况。

（2）现场勘查中的记录要真实可靠，同时要求用词准确，记录中不准使用推测、可能、大概等词语。

（3）现场勘查笔录结构由前言、事实和结尾三部分组成。

（4）现场制绘图要求现场勘查后必须制作现场方位图和现场局部图，而后者又分为现场局部平面图和现场局部展开图，以及现场局部立体图和现场局部透视图。另外可以结合具体情况分别绘制比例图和示意图，同时也可绘制出示意比例结合图。

6. 现场调查访问记录的注意事项

（1）在进行现场访问时，要注意避免采取开座谈会形式收集、核对情况。要严格按照刑事诉讼法的要求，现场访问应坚持个别、如实、充分地陈述和依法、因人、因事提问的原则。

（2）在进行现场访问时，要告知被访问人应当实事求是，如实地反映情况，做到不隐瞒事实真相，不扩大事实真相，更不能缩小事实真相。

（3）在进行现场访问时，要符合法律手续，被访问人的陈述将作为证人证言。要充分给被访问人陈述的条件，在其陈述过程中，不要打断被访问人的思路。

（4）在进行现场访问时，要注意不准向被访问人作暗示性的发问，更不准对其威胁、引诱、骗取证言证词。

（5）在进行现场访问时，要注意访问人不得先入为主，访问中，要耐心地听取被访问人的叙述，不要中间故意打断被访问人的叙述。

（6）在进行现场访问时，要注意不要向被访问人表示自己的看法，不得暴露我们已获得的情况，防止泄露。

（7）在进行现场访问时，注意对记忆差的被访问者，要做到耐心启发，促使其回忆起当时视听到的有关情况。对儿童或小学生进行访问时，最好请其家长或教师在场，要善于鼓励其谈话的勇气。

（8）在进行现场访问时，要注意对一些胆小怕事，怕伤感情，怕被打击报复，怕受到牵连，不愿反映出真实情况的被访问者进行说服教育，打消其思想上的顾虑，动员其讲出现场发生的真实情况。

（9）在进行现场访问时，要注意有的被访问者本身就是有失职或严重渎职的行为，对这一类人我们应对其宣传党的政策，讲明利害关系，必要时请其所在企业党、团组织或行政负责人配合我们一起动员，促其讲出事故发生的真实经过。

（10）在进行现场访问时。要注意掌握被访问人的思想动态。被访问人和伤亡者是什么关系，有无利害冲突，与事故有无牵连等，访问中要注意讲究策略，因人因事而异，要根据不同的访问对象，使用不同的访问方法进行访问。

（11）在进行现场访问时，要注意了解被访问人所谈的情况中前后有无矛盾，要防止个别被访问人故意编造假情况，妄图蒙混过关。为了甄别被访问人的谈话是否符合实际情况，应结合现场勘查结果和其他调查访问的材料。

（12）在进行现场访问时，要注意访问调查事故所发生的详细经过，特别是爆炸、倒塌、着火等的事故，要注意了解伤亡者的伤势，受伤的部位，原始现场的状况以及事故发生现场的变动情况，或者因抢救伤亡者所造成现场改变的情况。

（13）在现场访问时，要注意了解在场人数、具体岗位、工种，是否有在事故发生前后进入或离开事故现场的人，也就是说，要了解所有与现场有关的可疑人或可疑事。

（14）在现场访问时，要注意向被访问人讲清，凡是知道事故情况的人，都有义务反映情况或作证，只要不是捏造事实，伪造证据，即使反映的事实有出入，也是可以原谅的。

（15）在现场访问时，要注意对一些不愿意公开自己姓名的被访问人，应该为他们保密。对被访问者是聋哑人时，应当邀请懂得聋哑手势的人参加访问。不论找哪种人进行访问，都必须有两人以上参加。

（16）在现场访问时，要注意将调查访问工作贯穿整个事故处理过程中去。现场访问工作的主要目的就是切实掌握事故发生前、发生过程中与发生后的全部情况。要注意将访问的情况与现场勘查的情况结合起来，做到互相补充，互相验证，最终使综合分析认定的结论更加客观可靠。

（17）在现场访问时，要注意制作规范化访问笔录，访问笔录的主要内容为：被访问的时间、地点、访问人姓名、被访问人的姓名、性别、年龄、身份证号码、职业、职务、工作企业、地址、邮政编码、家庭住址、家庭大概情况。所反映的详细情况来源、时间、地点、当时的客观条件，另外还有谁知道上述情况，有无旁证，能证明劳动关系的证据和访问内容记录、支付工资的形式。访问结束后可交其阅读后由本人签名、按手印。如果无阅读能力，可由访问人代读后被访问人听后认为无误情况下，再签名、按手印。如果有录音机，在调查访问中可使用。重要的调查访问录音，也是证据的一部分。

7. 现场组织指挥的注意事项

（1）由于劳动伤亡事故现场勘查工作是一项比较复杂而细致的工作，因此政策性和法律性都要求很强。特别是遇到特大劳动伤亡事故现场勘查，工作量较大，参加勘查的人员较多，勘查的时间较长，勘查过程中经常遇到意想不到的困难，需要及时决策处理。

（2）要搞好勘查工作，就必须实行统一领导、统一指挥、统一布置、统一行动，要有组织、有秩序、有步骤地进行。最好勘查现场成立临时指挥部，指挥部的组成应由当地党政领导、主管部门和安全生产监察以及劳动保障部门领导参加，领导直接指挥，亲自上现场是保证现场勘查工作取得成功的重要保证。

（3）在勘查某些重特大伤亡事故现场中，常常会遇到抢救伤员、扑灭火险、排除隐患工作，指挥员要冷静、沉着，要立即做出决定，进行妥善处置。在抢救伤亡人员过程中，要注意尽可能地减少破坏原始现场的程度，同时要对一些神志尚清楚的伤员抓紧时间调查访问，访问中要注意抓住主要问题。

（4）在勘查易爆现场的指挥中，首先要指挥有专业技术人员先排除易燃易爆隐患后，再行组织勘查。排除隐患注意要彻底，不要留尾巴，更不能草草了事，走过场。指挥员要在现场指挥。

（5）现场勘查的指挥员要及时掌握勘查工作的进展情况，对现场勘查、调查访问中发现的重要情况，现场指挥员要亲自听取汇报，具体指导，要甄别真伪，要认真审查勘查中的各项记录是否符合标准，在法律上是否符合要求。

（6）对重特大劳动伤亡事故的现场组织勘查，勘查的内容繁多，集中的勘查力量也相对较多，面对这种现场勘查，指挥员要合理的安排使用勘查技术力量，即要保证勘查的重点工作，又要照顾到一般地勘查工作，同时还要有一定的机动勘查力量。勘查工作安排时，要坚持新老勘查技术人员相结合、上下级勘查技术人员相结合的原则，以利于互相配合，熟悉情况，共同更好地完成勘查任务。

（7）现场勘查指挥员要善于听取和搜集有关人员的正确意见，充分调动每一位勘查技术人员的主观能动性。现场勘查工作必须有高度的集中和统一，勘查技术人员在勘查现场时必须无条件地服从命令，听从统一指挥，不得各行其是，为一些小事争论不止。否则，勘查工作就会出现混乱。

（8）现场勘查指挥员既是现场勘查的指挥员，又是现场勘查工作的组织者，所以要求指挥员临场指挥时要稳定精神状态。另外，指挥员的情绪和意志及一言一行都直接对勘查人员产生巨大的影响。因此，在现场上不管遇到什么样的紧急情况，指挥员都要冷静、沉着，对一些关键性问题，要及时分析判断和正确决策，以确保现场勘查工作顺利完成。

（9）现场勘查的指挥员还要调查分析研究勘查后的现场保留处理问题。当勘查结束后，现场勘查的指挥员应根据自己掌握的具体情况，决定是否需要继续保留现场，如确定没有必要，应当通知发生事故的企业；如有一些重特大复杂疑难的现场，尚需继续研究和勘查的，可根据具体情况部分保护或全部封闭保护起来。对于经初步勘验死因不明的尸体，应当先保存起来，然后再进行详细剖验，待彻底查明死因后再酌情处理。对于现场中需提取的痕迹物证，按照有关规定要妥善进行处理保管，待技术处理完毕，要如数发还事故的企业或个人。

（二）对“非法定报告事件”的事实调查步骤及要求

1. 事实调查 > 第 1 步：快速进行初步鉴定

（1）通知紧急救险队。

①报警/医疗救护。

②有害物质泄漏应急反应。

③火灾（火情）。

（2）保护现场。

①确定进入该区域是否安全。

②除紧急救援人员以外，所有其他人员撤离该区域。

③使用路障、绳索或关门等方法隔离该区域。

④除紧急救援人员以外，禁止其他人员进入。

⑤必要时布置保安人员。

⑥必要时对该区域进行标识。

（3）针对当前需要。

①工作人员的健康和安全。

②环境安全问题。

③建筑、机器或设备的安全问题。

（4）控制并稳定现场。

①采取医疗措施（仅限受训人员）。

②控制有害物质/风险蔓延（仅限受训人员）。

③只有配备充分的个人防护设施的受训人员才可以进行救援活动。

④尽可能保存证据。

（5）通知各个部门。

①管理层。

②环境、健康和安全部门。

③公共关系部门。

2. 事实调查 > 第 2 步：展开调查

（1）展开调查。

应该尽快地进行调查，以便于达到以下效果：

①防止证据遗失。有些证据可能被拿走或移动，液状的证据会蒸发或被清理干净。

②防止记忆消失。经过 24 小时，记忆的准确度会降低 50% ~80% 。

③防止进一步发生事故。

（2）制订计划。

制订一个行动计划：

①确定参加调查小组的人员，比如，环境、健康和安全部门，相关主管和管理人员，专项调查专家以及其他有关人员。

②确定调查各个环节的负责人，以及完成各项调查的时间。

③确定并配备好进行调查所需要的设备，如，照相机和摄像器材，卷尺、手电筒、直尺、书写用；如果可能，还包括该区域的地图和平面布置图。

④确保进入事故现场人员安全所需的个人防护设施有效。

⑤随身带的笔记本、书写用纸以及各种必要的表格和许可证。

3. 事实调查 > 第 3 步：收集证据

需要收集的材料主要有三种：

（1）实物证据。

①设备、机械、碎片、零部件和平面布置图。

②实物证据应该得到妥善的收集、保护、保存和归档。

（2）相关文件。

记录、报告、书面程序和原有文件。

（3）员工证词。

员工的证明和观察到的情况。

注意事项：

重要的是将所有的信息都记录在案，并尽可能收集所有的证据。无论这些信息和证据看起来多么细琐。

（4）不要搅乱事故现场。

①考虑到证据会自行销蚀，收集证据必须迅速。包括机器中的液体物质、泄漏物质等。

②把必须要移动的证据及时存档极为重要，因为这些证据在紧急处理的过程中会销蚀掉。

（5）将看到的都记录下来。

①记录事故发生前和发生后的情况，和事故发生过程的详细顺序。

②记录有关工具、设备、机械和人员的具体位置和情况。

③伤害/损失记录应采用压痕、刮擦等词语进行描述。

④记录泄漏的液体和被污染的物质。

⑤记录气候情况。

⑥记录道路情况。

⑦记录任何声音。

⑧记录任何缺失的零件、机器防护装置、控制装备等。

（6）拍照。

①确保对照片进行明确的标识。

②从不同的角度拍照。

③每张照片都作详细的笔记。

④在每个角度既远距离拍摄，也近距离拍摄。

⑤如果需要的话，在镜头里放置一个尺寸明确的物体作参照物。

⑥如果有条件，可以用摄像机摄像。

⑦记着要为每个镜头作讲解。

⑧如可能，使用三脚架稳定镜头。

⑨摄像时遵循以上拍照的规则。

（7）用笔清晰而准确地勾画草图。

①包括所有相关的信息。

②草图可以帮助确定证据的位置。

③草图可以帮助证人回忆起事故当时的情况。

④将有关的数据记录在地图上。

⑤测量各个相关部位之间的距离和位置（不要猜测）。

草图需要达到以下要求：

①准确、清晰、易读。

②一定要足够大，一目了然。

③必要的话，标明方位（东西南北）。

④标明出事时人员所在的位置。

⑤应该明确标明参照点。

（8）确定哪些与事故相关的物证需要保留。

①如果物证被人的体液或化学物污染，应该格外地小心（应该佩戴适当的个人安全防护设备）。

②所有物证的位置都应该归档并明确标识。

③宁可收集的证据有误，也强于错失我们需要的信息。

4. 事实调查 > 第 4 步：查看相关的文件

文件类证据总的来说分为三类：

（1）管理控制措施。

①政策和程序。

②有关的设备或机械的正常操作程序。

③风险评估/工作安全分析。

④政策或程序的沟通途径。

⑤人员方面的政策和程序。

⑥培训项目记录。

（2）工作表现记录。

①机器和设备。

②预防性维修记录。

③维修前记录。

④设备厂家说明书。

⑤工作日志。

⑥机器或设备的图纸和技术规范。

⑦员工个人档案包括以前的事故记录、工作表现、培训记录、相关工作资质证书等。

（3）有关特殊研究、质量审查或调查情况的报告与特别报告，如：

①设备方面的特别研究。

②对工人工作的特别评估。

③审计。

④检查。

⑤危险评估证据。

⑥任何以前的质量报告。

5. 事实调查 > 第5步：与相关人员面谈

（1）与谁面谈？

①受害者（如果可能）。

②工友。

③主管。

④培训师。

⑤维修工。

⑥医务急救人员（如果涉及）。

⑦其他有关人员或了解有关情况的人员（家庭成员、法医、警察等）。

（2）见证人可以分为三种：

①主要的见证人：事故涉及的员工。

②目击者：在事故发生之前和之后看见事故的发生以及当时情况的雇员（如工友）。

③一般的见证人：那些了解事故发生之前的活动或发生之后的情况的人们（比如班组的主管）。

（3）与相关人员面谈的总提纲。

①事故之后尽快获得证人的证词。

②明确每一个见证人与他（或她）的工作职责。

③将事故发生前、发生时以及发生后的每个见证人的当时所在位置记录在案。

④使用草图和图解帮助见证人说明情况。

⑤仅对见证人说过的话进行完整和准确的记录。

（4）与相关人员面谈。

①尽快与见证人进行单独、私下的面谈（最好是在一个中性的场所，即不会引起证人反感、压迫感等不利于准确回忆和描述的场所）。

②要客气，有耐心，真诚，要尊重所有的见证人。

③解释调查的目的。

④让见证人描述他们所知道的事故情况。

⑤尽可能不要把自己的想法强加给见证人。如果对他们的某种说法不确定或不理解，请见证人澄清。

⑥观察见证人的身体语言。他们是否表现出紧张、吃惊、有压力或者敌对感。

⑦避免提出用“是”或“不是”就可以回答的问题。提一些没有限定答案的问题。如“设备是不是有毛病?”就是“是”或“不是”的问题。“设备出了什么毛病?”就是个没有限定答案的问题，因为它要求接受面谈的人回答得更为详细。

⑧避免提出任何责备性的建议。

⑨如果可能的话，向不同的见证人提同样的问题。

⑩向见证人表示感谢，感谢他们对调查工作的协助。

⑪如果做不到，不要做任何许诺（比如，“这件事将严格保密”）。

⑫请见证人在证词上签字。

⑬面谈过程中出现的相关问题都应该记录归档。

（5）与相关人员面谈的几个要点：

①哪些人与该事故有关？

②事故在什么时间段发生的？

③事故发生在什么地点？

④事故发生时与事故有关的那些人都在干什么？

⑤为什么会发生事故？

⑥如何才能防止这种事故的发生？

第四节　事件（事故）分析

一、事件（事故）分析流程

（一）分析步骤

（1）整理和阅读调查材料。

（2）全面、详细地分析这些内容，如受害者的受伤部位和受伤性质、引发事故的起因物和致害物、伤害方式、不安全状态和不安全行为等。

（3）确定事故的直接原因。

（4）确定事故的间接原因。

（5）确定事故的责任者。

（二）分析事故原因

（1）属于下列情况者为直接原因：

①机械、物质或环境的不安全状态导致事故。

②人的不安全行为导致事故。

（2）属于下列情况者为间接原因：

①技术和设计上有缺陷，主要是工业构件、建筑物、机械设备、仪器仪表工艺过程、操作方法、维修检验等的设计、施工和材料使用存在问题。

②教育培训不够，未经培训或无证上岗，缺乏或不懂安全操作技术知识，安全生产意识差。

③劳动组织不合理。主要是工作安排不合理、随意加班加点。

④对现场工作缺乏检查或指导错误。

⑤没有安全操作规程，或操作规程和管理制度不健全。

⑥没有或不认真实施事故防范措施，对事故隐患整改不力。

⑦其他非直接原因引发事故的因素。

（3）进行事故原因分析时，应从直接原因入手，逐步深入到间接原因，从而掌握事故的全部原因，再分清主次，进行事故责任分析。

（三）分析事故责任

（1）根据事故调查所确认的事实，通过对直接原因和间接原因的分析，确定事故中的直接责任者和领导责任者。

（2）在直接责任者和领导责任者中，根据其在事故发生过程中的作用，确定主要责任者。

（3）根据事故的后果和事故责任者应负的责任提出处理意见。

（四）事故结案归档材料的要求

事故处理结案后，下列事故资料应整理归档：

（1）职工工伤事故登记表。

（2）职工死亡、重伤事故调查报告书及当地安全生产监察行政管理部门的批复。

（3）现场调查记录、图纸、照片。

（4）技术鉴定和试验报告。

（5）物证、人证材料。

（6）直接或间接经济损失材料。

（7）事故责任者的自述材料。

（8）医疗部门对伤亡人员的诊断书及有关检验报告。

（9）发生事故时的工艺条件、操作情况和设计资料。

（10）处分决定和受处分人员的检查材料。

（11）有关事故的通报、简报及文件。

（12）注明参加调查组的人员姓名、职务、企业。

二、原因分析方法

（一）鱼骨图法分析法

问题的特性总是受到一些因素的影响，我们通过头脑风暴找出这些因素，并将它们与特性值一起，按相互关联性整理而成的层次分明、条理清楚，并标出重要因素的图形就叫“特性要因图”。因其形状如鱼骨，所以又叫“鱼骨图”（以下称“鱼骨图”），它是一种透过现象看本质的分析方法。同时，鱼骨图也用在生产中，形象地表示生产车间的流程。

头脑风暴法（Brain Storming，BS）：一种通过集思广益、发挥团体智慧，从各种不同角度找出问题所有原因或构成要素的会议方法。BS 有四大原则：严禁批评、自由奔放、多多益善和“搭便车”。

（一）原因分析法

分两个步骤实施，第一步：确认各种引起事故的有关原因；第二步：确定事故的根本原因。

（1）确认引起事故的有关原因。

①三种主要的原因。

直接原因：导致事故发生的直接事件或客观情况。

相关原因：本身不能导致事故发生，但是与其他原因一起增加了事故发生的可能性的事件或客观情况。

根本原因：引起事故基本的、最根本的原因。这些原因我们可以查明而且也有可能纠正。

②绘制因果关系图的作用。

绘制因果关系图，是为了帮助调查人员组织和交流在调查过程中收集的情况。

“因果图”按顺序地描述导致事故发生的事件。

给调查小组提供了一种方法对事件进行分析，找出根本原因而不是责备。

③因果关系图。

帮助发现所有引起事故的潜在原因。

形象化地展示所有可能引起事故的原因之间的关系。

确定讨论的重点。

帮助建立改进行动方案。

④如何建立因果关系图。

由小组集体进行，依据目前为止调查所收集到的情况。

把发生的事故放在圆圈里边，见图 15－2。

事故：即在圆圈里解释为什么进行这次事故调查。

图 15－2　因果关系图制作步骤（一）

把导致事故发生的所有事件按顺序放在方格中，见图 15－3。

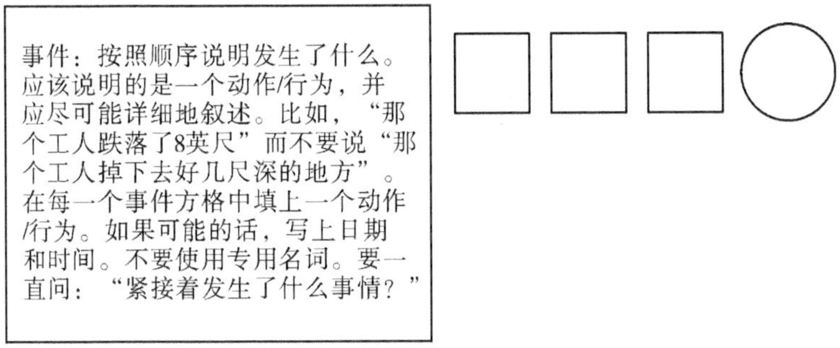

图 15－3　因果关系图制作步骤（二）

把事件用箭头连接起来，见图 15－4。

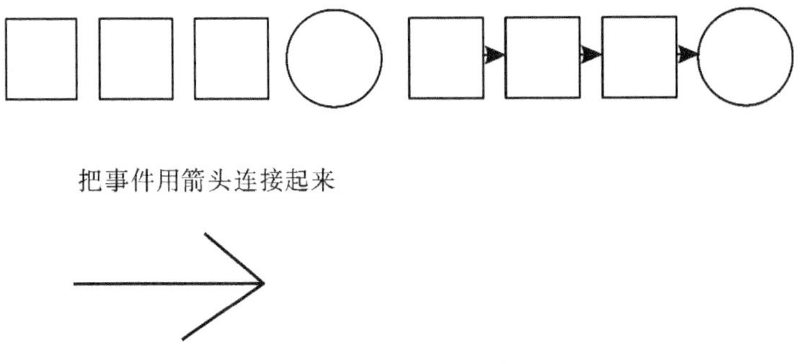

图 15－4　因果关系图制作步骤（三）

把导致每一事件发生的有关原因或客观情况写在椭圆形圈里，见图 15－5。

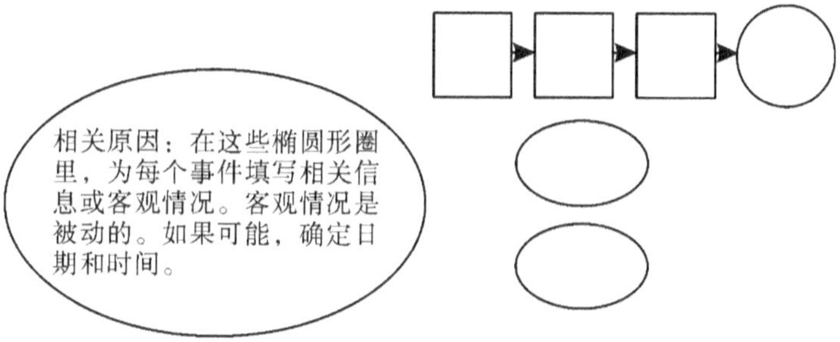

图 15－5　因果关系图制作步骤（四）

用线条将客观情况和相关的事件连接起来，见图 15－6。

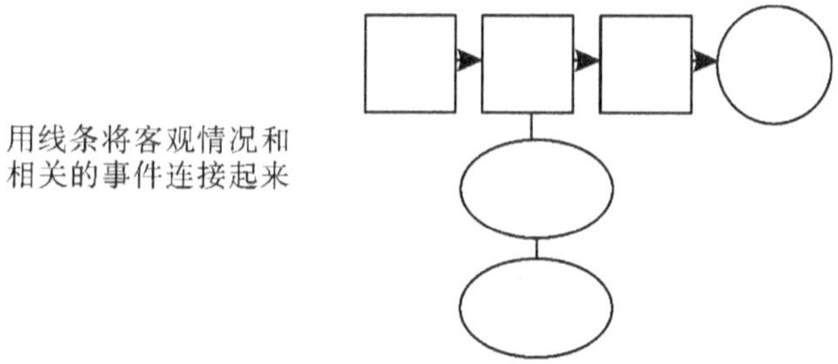

图 15－6　因果关系图制作步骤（五）

回顾一下并用三角形标记标出造成事故的有关原因，见图 15－7。

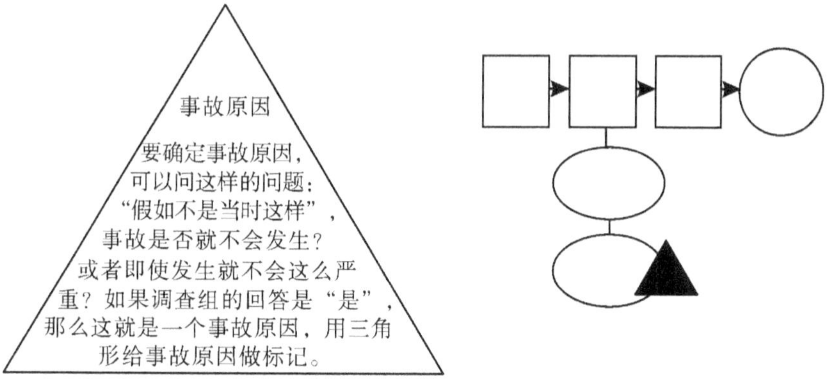

图 15－7　因果关系图制作步骤（六）

⑤确定事故原因总结。

确保因果关系图包含尽可能多的细节信息。

不要存在任何信息缺失。

如果因果图很长，从事故开始，向前倒推。

在确定造成事故的原因时，问这样的问题：“这种客观情况或这个事件是否增加了事故发生的机会或导致了事故的发生?”

如果回答“是的,”就可以确定这是一个引起事故的原因，用三角形做个标记。

一旦所有造成事故的原因都确认以后，就可开始进行根本原因的分析。

（2）确定事故的根本原因。

根本原因：指引起事故基本的、最根本的原因。这些原因可以查明，而且也有可能改进。

事故根本原因，如果不发现，还会增加事故发生的可能性。

根本原因分析会提供改进的机会。

在任何事故分析中，调查的重点都应该是确定事故的根本原因，而不是分析事故。

任何事故发生之后都应该做根本原因分析，无论事故多么小。这么做可以防微杜渐，防止造成大事故。

鱼刺形图解如下：

根本原因分析：使用鱼刺形图解和有关原因对根本原因进行分析。

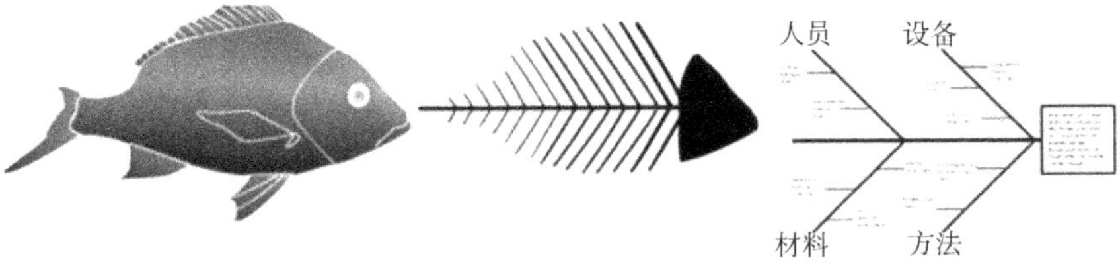

图 15－8　鱼刺形图

①在“鱼头”的位置放上引起事故原因，作为问题说明，然后画出“鱼刺”的主骨。

图 15－9　鱼刺形图制作步骤（一）

②将引起事故的主要原因分类。在鱼主轴骨上一般是将人员、设备、材料及处理方法作为主要分类。

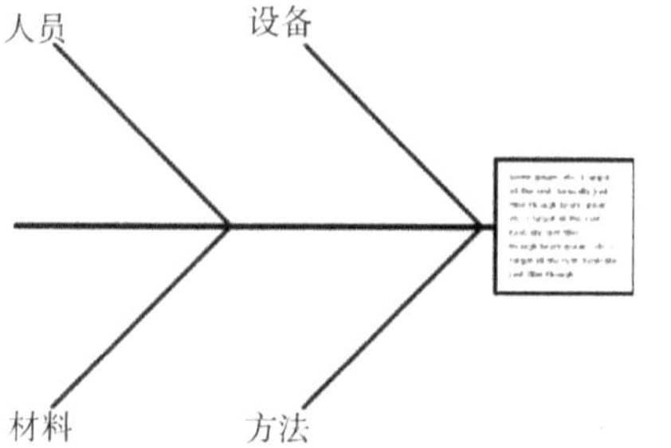

图 15－10　鱼刺形图制作步骤（二）

③反复提问“为什么”来确定进一步的原因，并在鱼的主骨上画出鱼刺骨来标出这些进一步的原因。

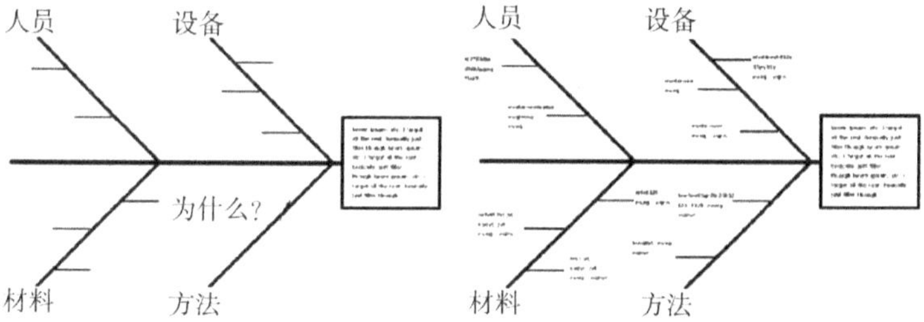

图 15－11　鱼刺形图制作步骤（三）

④发重复上述步骤，画出每一个引起事故的原因。

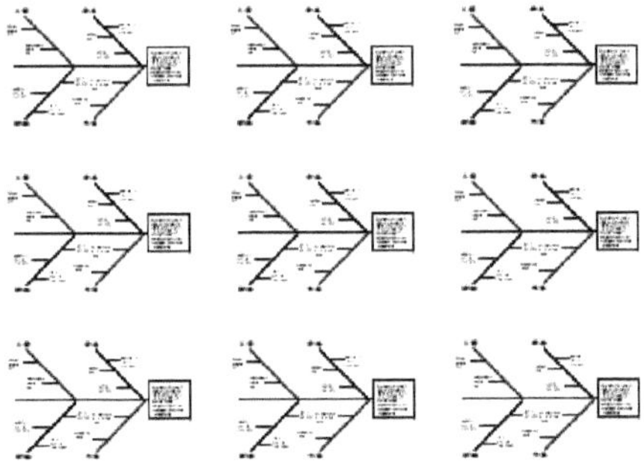

图 15－12　鱼刺形图制作步骤（四）

如何确定事故根本原因：

一旦鱼刺图建立起来，就要确定各种影响因素以及制定导致将来可能发生事故的因素的改进措施。

会产生很大影响并容易发生的原因评定等级为①；会产生很大影响但不容易发生的原因评定等级为②；不会产生大的影响但比较容易发生的原因评定等级为③；不会产生大的影响也不容易发生的原因评定等级为④。

关键		执行	
		容易	不容易
影响	大	①	②
	不大	③	④

图 15－13　改进措施矩阵

最先考虑的应该是可能导致事故有很大影响的原因，也就是第④项和第②项；影响不大的那些原因，如第③项和第④项，应该后考虑。

鱼刺形图解分析：

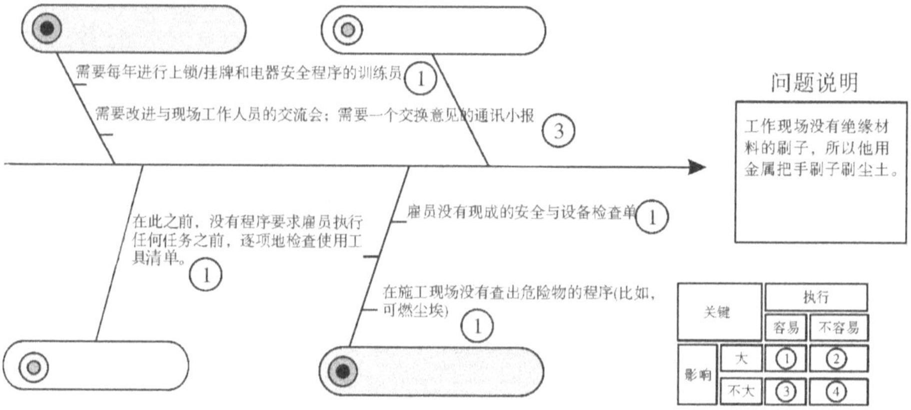

图 15－14　导致事件的原因分析图

第五节　事件（事故）调查报告

一、事件（事故）调查报告的内容

事故调查组在最终完成事故调查时，应当形成一份完整的事故调查报告，事故调查报告的编制应当是严谨科学的。

（一）法规对事件（事故）报告的要求

《生产安全事故报告和调查处理条例》规定事故调查报告应当包括下列内容：

（1）事故发生单位概况。

（2）事故发生经过和事故救援情况。

（3）事故造成的人员伤亡和直接经济损失。

（4）事故发生的原因和事故性质。

（5）事故责任的认定以及对事故责任者的处理建议。

（6）事故防范和整改措施。

（二）通常事故调查报告中主要的信息

1. 背景信息

（1）事故企业的基本情况。

（2）事故发生的时间和地点。

（3）事故涉及的人员及其他情况。

(4) 职工伤亡事故登记表。
(5) 操作人员及证人。
(6) 事故应急救援情况。
2. 事故描述
(1) 事故发生的顺序。
(2) 破坏的程度。
(3) 人员伤亡及经济损失情况。
(4) 事故的类型。
(5) 事故的性质。
(6) 承载物或能量(能量或有害物质)。
3. 事故原因
(1) 直接原因。
(2) 间接原因。
4. 事故教训及预防事故发生的建议
预防事故再发生的建议,包括立即采取的措施以及长期的行动规划。
5. 对事故责任人的处理建议
6. 事故调查组的成员名单
7. 其他需要说明的事项

(三) 企业简易事件(事故)调查报告

一般由企业自行调查的事件(事故)相对轻微,但调查方法和流程与严重事故应是一致的,企业可根据内部事件调查程序规定,根据事件实际损失及潜在风险大小,将公司内事件分类,划分不同调查等级,并进行相应调查和做出繁简适度的调查报告。企业简易事件(事故)调查报告见表15-2。

表15-2 企业简易事件(事故)调查报告

发起人: 编号:

1、事件确认				
事件标题				
事件日期时间	部门	发生地点	目击者	报告日期
□ 人员		□ 环境	□ 产品	□ 工厂或设备

（续上表）

<table>
<tr><td>伤者姓名</td><td>受伤部位</td><td rowspan="3">涉及的物料和数量</td><td rowspan="3">产品类别和数量</td><td rowspan="3">涉及设备/装置</td></tr>
<tr><td>岗位及其年限</td><td>损失工作日天数</td></tr>
<tr><td>年龄</td><td>伤时从事的活动</td></tr>
<tr><td colspan="2">引起损失的物体/设备/物质：</td><td colspan="2">估计潜在可能的损失：</td><td>实际损失：</td></tr>
<tr><td colspan="5">事件描述：（详述事故发生过程，观察到的问题，如有人员受伤简述受伤情况）</td></tr>
<tr><td colspan="5"></td></tr>
<tr><td colspan="5">2、立即采取的纠正措施</td></tr>
<tr><td colspan="5"></td></tr>
<tr><td colspan="3">填写人：</td><td colspan="2">日期：</td></tr>
<tr><td colspan="5">3、损失评估</td></tr>
<tr><td colspan="5">实际损失评估：
□无实际后果　□轻微（1）　□中等（2）　□严重（3）
□重大（4）　□灾难（5）</td></tr>
</table>

潜在损失严重性（G）	再次发生的可能性（P）	接触的频度（R）	潜在危险程度（C = G + P + R）
□ 特大（8） □ 重大（6） □ 严重（4） □ 较小（2） □ 轻微（0）	□ 高（+1） □ 中等（0） □ 低（-1）	□ 高（3） □ 中等（2） □ 低（1）	□C ≥ 8 不可接受 □6 ≤ C < 8 高度 □4 ≤ C < 6 中等 □C < 4 可接受的

（续上表）

评估人：	日期：
4、调查	
□ 事故树分析并附报告（潜在损失 C ≥ 8） □ 小组讨论（潜在损失 6 ≤ C ＜ 8） □ 部门经理主管的意见（潜在损失 4 ≤ C ＜ 6） □ 无须调查（潜在损失 C ＜ 4）	
4.1　直接原因类别	
不安全行为	不安全状态
□1. 未有设备操作资格许可	□1. 警戒或护栏不充分
□2. 未能提醒	□2. 防护设备不充分或不合适
□3. 未有安全措施	□3. 使用有缺陷的工具、设备或材料
□4. 操作速度不合适	□4. 操作时拥挤或受限制
□5. 安全设备不能工作	□5. 警示系统不合适
□6. 安全设备被移出	□6. 火灾和爆炸危害
□7. 使用有缺陷的设备	□7. 清洁卫生差、杂乱
□8. 使用设备不当	□8. 有害的环境条件如气体、烟尘、蒸汽
□9. 未正确使用个体防护设备	□9. 接触噪音
□10. 装载不合适	□10. 接触辐射
□11. 放置不合适	□11. 接触极端温度
□12. 举升不合适	□12. 照明不足或过度
□13. 工作的位置不合适	□13. 通风不充分
□14. 维护操作中设备	□14. 没有警示系统或其是不合适或错误的
□15. 嬉笑打闹	□15. 没有程序/指令或其是不合适或错误的
□16. 因饮酒和使用其他毒品的影响	
□ 其他，请描述：	

（续上表）

4.2　根本原因分类	
个人原因	工作原因
□1. 能力不足	□1. 领导、监督不足
□2. 缺乏知识	□2. 工程设计不合适
□3. 缺乏技能	□3. 采购设备不合适
□4. 紧张	□4. 维护不充分
□5. 动机不正确	□5. 设备、工具不合适
□ 其他，请描述：	□6. 工作标准不合适
	□7. 磨损和损坏
	□8. 滥用或误用
	□9. 沟通不足
4.3　管理原因分类	
□1. 策划不足	
□2. 标准不足	
□3. 遵守不足	
参加人/日期：	

（续上表）

<table>
<tr><td colspan="5">5、纠正/预防措施方案</td></tr>
<tr><td>确定的原因</td><td>措施</td><td>负责人</td><td>期限</td><td>完成日期</td></tr>
<tr><td></td><td></td><td></td><td></td><td></td></tr>
<tr><td></td><td></td><td></td><td></td><td></td></tr>
<tr><td></td><td></td><td></td><td></td><td></td></tr>
<tr><td></td><td></td><td></td><td></td><td></td></tr>
<tr><td></td><td></td><td></td><td></td><td></td></tr>
<tr><td></td><td></td><td></td><td></td><td></td></tr>
<tr><td colspan="2">提案人：</td><td colspan="3">提案日期：</td></tr>
<tr><td colspan="5">6、处理意见</td></tr>
<tr><td colspan="5">HSE 主管意见</td></tr>
<tr><td colspan="5">签字/日期</td></tr>
<tr><td colspan="5">技术经理意见

签字/日期</td></tr>
<tr><td colspan="5">审批结论

审批人：</td></tr>
</table>

（续上表）

7. 纠正/预防措施有效性的确定

确认人：	日期：
8、关闭 CRI 报告	
结论（有效或有任何问题，回到第五步调查） 关闭　　□ 是　　□ 否	
安全环保工程师 HSE Engineer：	日期 Date：

注：“1. 事件确定”和“2. 立即采取的纠正措施”由发起人填写，同时作为事故/事件通告的内容。通告时应将所有姓名隐去。

二、纠正/预防措施和跟踪

采取纠正/预防措施以控制已识别的原因是事故调查中最重要的部分，国家相关法规虽然未对该部分作细致规定，但企业内部的事件调查程序规定应明确纠正/预防措施的制定、跟踪完成及效果核实等整个流程。

以下为企业内部事件调查程序对该部分的规定样版：

（1）纠正/预防措施由 HSE 工程师制定，并由 HSE 经理及事故调查组组长审定。

（2）纠正/预防措施必须定义期限和负责人。

（3）事件（事故）发生区域的直接主管负责按照纠正/预防措施和跟踪表中的项目内容来跟踪纠正/预防措施。

（4）实施了纠正/预防措施，事件（事故）发生区域直接主管审核纠正预防和措施的充分性，并在纠正/预防措施跟踪表上做好记录。

（5）对于一定级别以上的事件（事故），纠正/预防行动完成后，HSE 部门负责核实该纠正/预防行动的效果。如果纠正/预防行动不能达到预期的效果或解决现有的问题，责任主管或工程师应按照本程序重新进行调查分析。

（6）必要时可在每周管理层会议或月度 HSE 会议上对事故预防和执行措施的实施情况以及充分性进行交流沟通。

三、事件（事故）信息沟通

事件（事故）调查的目的是防止类似事故再次发生，并警示教育员工减少事故发生，因此事件（事故）调查相关信息的及时沟通在企业内部尤为重要。

以下为企业内部事件调查程序对该部分的规定样版：

（1）所有重大事故或高潜在危险的事故/准事故（B 级以上）的调查回顾会议应由中层运作经理以上人员主持，在不迟于下一个工作日举行，参加人员包括调查组负责人、各部门主管/经理。会议讨论的事项和决议，包括事故经验教训要详细记录并发放给各部门主管/经理及相关人员，以提示他们在各自负责的区域要关注这类事故并立即采取措施防止类似事故发生。

（2）对下列事件的初步信息应在不迟于第二个工作日以前以书面声明的形式通知组织内的中层管理者及其他相关人员：①所有重大或高潜在危害的人员伤害/疾病事故；②所有重大或高潜在危害的火灾或其他财产损失事故；③所有重

大或高潜在危害的环境事件；④其他高潜在危害的准事故。

（3）有关准事故/事故情况的信息由 HSE 经理在每周的管理会议汇报。

（4）HSE 经理/安全值班经理按照集团事故/准事故报告要求将有关事故/准事故信息报告给总部安全值班经理。

（5）对法规要求上报的事故，由总经理/工厂经理授权后，HSE 经理/安全值班经理根据法规要求报告给相关政府部门。

（6）发生的事件/事故经调查和分析，并且相应的纠正/预防行动确定并被同意后，HSE 部门应该总结有益的信息或从中获取的教训，并以有效的方式传达给工厂所有人员，包括合同商。

（7）当事故/准事故发生后，应对相关员工的个人培训需求进行重新评审。

第十六章　应急准备与响应

第一节　应急管理概述

本文中讨论的应急管理，仅针对企业内部管理及其业务的合理延伸，并不涉及政府、社会层面的“应急响应预案”。应急管理在很多企业经常被称为“应急准备和响应”，此时的应急管理偏重于紧急事件的应对和处理。

完整意义上，应急管理的内涵，包括预防、预备、响应和恢复四个阶段。尽管在实际情况中，这些阶段往往是重叠的，但他们中的每一部分都有自己单独的目标，并且成为下个阶段内容的一部分。应急管理就是在突发事件的事前预防、事发应对、事中处置和善后管理过程中，通过建立必要的应对机制，采取一系列必要措施，保障生命财产安全，将损失降至最低。

一、概念和定义

（一）应急

“应急”的“急”指的是紧急情况。在一般 EHS 管理范畴内，紧急情况是指“可能导致死亡/伤害或环境污染或财产损失的意外事件，如火灾、爆炸、严酷的天气等”。更广义的“紧急情况”还可包括出乎意料突然发生的、需要立即采取措施避免有害结果的人为的动乱，如游行示威、罢工、骚乱等；企业在生产经营过程中常常会遇到各类紧急情况，如火灾、爆炸、危险品事故等。紧急情况往往会造成伤亡事故，如中断生产经营活动、造成物质或环境损失、威胁企业的财力、损坏企业公共形象等。

顾名思义，应急是应对紧急情况，是指需要立即采取某些超出正常工作程序的行动，以避免事故发生或减轻事故后果的状态，有时也称为“紧急状态”，同时也泛指立即采取超出正常工作程序的行动。

应急状态是由于某种干扰而导致企业运行状态偏离正常的情形。这种情形往往给企业带来损失，造成企业运营的停顿，严重的甚至影响到企业之外的社区乃至外国。应急状态通常是由于管理控制不善而引发，但也有不可抗力导致的特例。

（二）应急管理

应急管理是对重大事故的全过程管理，贯穿于事故发生前、中、后的各个过程，充分体现了“预防为主，常备不懈”的应急思想。应急管理是一个动态的过程，包括预防、准备、响应和恢复四个阶段。尽管在实际情况中，这些阶段往往是交叉的，但每一阶段都有自己明确的目标，并且每一阶段又是构筑在前一阶段的基础之上。因而，预防、准备、响应和恢复的相互关联，构成了重大事故应急管理的循环过程。本文中讨论的应急管理，仅针对企业内部管理及其业务的合理延伸，并不涉及政府、社会层面的“应急预案”。尽管重大事故的发生具有突发性和偶然性，但重大事故的应急管理不只限于事故发生后的应急救援行动。

应急管理的基本目标：企业和组织在面临风险和意外事故的情形下能够维持生存，风险管理方案应使企业和组织能够在面临损失的情况时得到持续发展。实现这一目标，意味着通过风险管理的种种努力，能够使企业、员工乃至社会避免受到灾害损失的打击。因此，维持组织及成员的生存是损失后风险管理的首要目标。

以下介绍应急管理的“预防、准备、响应、恢复”四个阶段：

1. 应急预防

在应急管理中预防有两层含义：一是事故的预防工作，即通过安全管理和安全技术等手段，尽可能地防止事故的发生，实现本质安全；二是在假定事故必然发生的前提下，通过预先采取的预防措施，来达到降低或减缓事故的影响或后果严重程度，如加大建筑物的安全距离、工厂选址的安全规划、减少危险物品的存量、设置防护墙，以及开展公众教育等。从长远观点来看，低成本、高效率的预防措施，是减少事故损失的关键。

2. 应急准备

根据 AQ/T 9002－2006《生产经营单位安全生产事故应急预案编制导则》（以下简称《导则》），“应急准备”是指：针对可能发生的事故，为迅速、有序地开展应急行动而预先进行的组织准备和应急保障。应急准备是应急管理过程中一个极其关键的过程。它是针对可能发生的事故，为迅速有效地开展应急行动而预先所做的各种准备，包括应急体系的建立，有关部门和人员职责的落实，预案的编制，应急队伍的建设，应急设备（施）、物资的准备和维护，预案的演习，与外部应急力量的衔接等，其目标是保持重大事故应急救援所需的应急能力。

3. 应急响应

根据《导则》，“应急响应”是指事故发生后，有关组织或人员采取的应急行动。包括事故的报警与通报、人员的紧急疏散、急救与医疗、消防和工程抢险措施、信息收集与应急决策和外部救援等，其目标是尽可能地抢救受害人员、保护可能受威胁的人群，尽可能控制并消除事故。应急响应可划分为两个阶段，即初级响应和扩大应急。

初级响应是在事故初期，企业应用自己的救援力量，使事故得到有效控制。但如果事故的规模和性质超出本单位的应急能力，则应请求增援和扩大应急救援活动的强度，以便最终控制事故。

4. 应急恢复

根据《导则》，“应急恢复”是指事故的影响得到初步控制后，为使生产、工作、生活和生态环境尽快恢复到正常状态而采取的措施或行动。恢复工作应该在事故发生后立即进行，它首先使事故影响区域恢复到相对安全的基本状态，然后逐步恢复到正常状态。要求立即进行的恢复工作包括事故损失评估、原因调查、清理废墟等，在短期恢复中应注意的是避免出现新的紧急情况。长期恢复包括厂区重建和受影响区域的重新规划和发展，在长期恢复工作中，应吸取事故和应急救援的经验教训，开展进一步的预防工作和减灾行动。

（三）应急救援

根据《导则》，“应急救援”是指在应急响应过程中，为消除、减少事故危害，防止事故扩大或恶化，最大限度地降低事故造成的损失或危害而采取的救援措施或行动。应急救援的基本任务：立即组织营救受害人员，组织撤离或者采取其他措施保护危险危害区域的其他人员；迅速控制事态，并对事故造成的危险、危害进行监测、检测，测定事故的危害区域、危害性质及维护程度；消除危害后果，做好现场恢复；查明事故原因，评估危害程度。

应急救援的对象是突发性和后果与影响严重的公共安全事故、灾害与事件。这些事故、灾害或事件主要来源于如下领域：工业事故、自然灾害、城市生命线、重大工程、公共活动场所、公共交通等突发事件。各类事故、灾害或事件具有突发性、复杂性、不确定性。

应急救援的特点是迅速、准确和有效。

（四）应急预案

根据《导则》，“应急预案”是指针对可能发生的事故，为迅速、有序地开展应急行动而预先制定的行动方案。很多企业也称其为“应急准备与响应程序”。企业的应急预案分为三类：

1. 综合应急预案

综合应急预案是从总体上阐述事故的应急方针、政策，应急组织结构及相关应急职责，应急行动、措施和保障等基本要求和程序，是应对各类事故的综合性文件。生产经营单位风险种类多、可能发生多种事故类型的，应当组织编制本单位的综合应急预案。综合应急预案应当包括本单位的应急组织机构及其职责、预案体系及响应程序、事故预防及应急保障、应急培训及预案演练等主要内容。

2. 专项应急预案

专项应急预案是针对具体的事故类别（如煤矿瓦斯爆炸、危险化学品泄漏、特种设备等事故）、危险源和应急保障而制定的计划或方案，是综合应急预案的组成部分，应按照综合应急预案的程序和要求组织制定，并作为综合应急预案的附件。专项应急预案应制定明确的救援程序和具体的应急救援措施。

3. 现场处置方案

有的企业也称其为应急行动指南或检查表。现场处置方案是针对具体的装置、场所或设施、岗位所制定的应急处置措施。现场处置方案应具体、简单、针对性强。现场处置方案应根据风险评估及危险性控制措施逐一编制，做到事故相关人员应知应会、熟练掌握，并通过应急演练，做到迅速反应、正确处置。

应急预案应形成体系，相互联系呼应，针对各级各类可能发生的事故和所有危险源制订专项应急预案和现场应急处置方案，并明确事前、事发、事中、事后的各个过程中相关部门和有关人员的职责。生产规模小、危险因素少的生产经营单位，综合应急预案和专项应急预案可以合并编写。

（五）重大危险源

《安全生产法》第九十六条规定：

重大危险源，是指长期地或者临时地生产、搬运、使用或者储存危险物品，且危险物品的数量等于或者超过临界量的单元（包括场所和设施）。

有了上述危险源的概念，我们也可以将“重大危险源（Major Hazards）”理解为超过一定量的危险源。另外，从重大危险源另一英文定义“Major Hazard Installations”来看，还直接引用了国外“重大危险设施”的概念。确定重大危险源的核心因素是危险物品的数量是否等于或者超过临界量。所谓临界量，是指对某种或某类危险物品规定的数量。若单元中的危险物品数量等于或者超过该数量，则该单元应定为重大危险源。具体危险物质的临界量，由危险物品的性质决定。重大危险源应登记建档、进行评估监控，并制定应急预案。

二、应急管理的重要性

工业企业是预防各类生产安全、环境污染事故的主体。建立、健全工业企业内部快速防止或降低事故灾害的体系，科学、迅速地对生产过程中的紧急状况或突发事故实施处理，将事故损失减少到最低限度，是企业安全管理工作面临的新课题、新任务。近年来，我国政府相继颁布了一系列法律法规，如《安全生产法》、《关于特大安全事故行政责任追究的规定》、《危险化学品安全管理条例》、《特种设备安全监察条例》、《生产安全事故应急预案管理办法》、《危险化学品重大危险源监督管理暂行规定》等，对危险化学品、重大危险源、特种设备、特大安全事故等应急救援工作提出了强制执行的规定和要求。《安全生产法》第三十三条规定：

生产经营企业对重大危险源应当登记建档，进行定期控测、评估、监控，并制定应急预案，告知从业人员和相关人员在紧急情况下应当采取的应急措施。

这些法律法规都明确要求各级地方政府和工业企业必须结合生产实际制定本身的重特大事故应急处理预案。无论从企业安全管理面临的形势任务，还是从国家法制化的层面，都明确强调了企业制定事故应急预案与急救措施的必要性和重要性。

应急管理不但是法律法规的要求，也应该是企业积极主动去进行的，因为行之有效的应急管理能够帮助企业防患于未然，减少损失，实现以下目标：

（1）提高对实际紧急情况反应的有效性。

（2）预防/减少紧急情况下的员工伤亡。

（3）减少财产损失。

（4）缩短恢复正常工作所必需的时间。

第二节　应急救援体系

一、常用救援器材

常用救援器材见表 16 - 1。

表 16 - 1　常用救援器材

名称	配置地点	负责部门
拆除设备设施： 破土设备、叉车、推土机、金属切割机、电焊机	现场自备	后勤保障组
高空抢险设备设施： 起重提升设备—塔吊、单绳卷扬机、多绳卷扬机；登高车、梯子、安全绳、缓降器、救生气垫	施工现场自备	后勤保障组
建筑抢险设备设施： 挖掘机、推土机、装载机、工程运输车、清障车、行车信号工具等设备	施工现场自备	后勤保障组、运输站段、分局调度指挥室
地下救治设备设施： 强光照明、防护装备、通风机、发电机	施工现场自备	后勤保障组
消防设备设施、器材： 输水装置软管、喷头、便携式灭火器、抽水泵、照明车、指挥车、高压水枪、登高车	消防部门、施工现场	后勤保障组
个人防护设备： 氧气呼吸器、防毒面具、防护服、救生衣	应急救援队伍自备	抢险抢修组
医疗支持设备： 救护车、担架、夹板、氧气、急救箱	应急救援队伍自备	医疗救护组
通信联络设备： 对讲机、移动电话、电话、传真机、电报等	现场自备	指挥部办公室

二、常见的几种应急救援的方法

在生产过程中，由于危险因素的影响，会使人发生一些伤害事故，遇有伤害事故时，必须迅速采取急救措施，否则就会使事故扩大，造成严重后果。

（一）过热

过热处理主要是防止缺水。每班冲洗水位表，检查所显示的水位是否正确。定期清理旋塞及连通管，防止堵塞。定期维护检查水位警报器或超温警报设备，保持灵敏可靠。严密监视水位，万一发生严重缺水，绝对禁止向锅炉内进水。

（二）缺水事故的处理

（1）先校对各水位表所指示的水位，正确判断是否缺水。在无法确定缺水还是满水时，可开启水位表放水旋塞，若无锅水流出，表明是缺水事故，否则便是满水事故。

（2）按照以下程序进行“叫水”：先开启水位表放水旋塞，再关闭汽连管旋塞，然后缓慢关闭放水旋塞，观察水位表内是否有水位出现。此时，水位表的上部没有压力，只要水位不低于水连管孔，借助锅筒内的气压就能将水位表内的水位升高，以至能够看到，表明是轻微缺水。如果经过“叫水”水位表内仍无水位出现，表明是严重缺水。必须注意的是，“叫水法”不适用于水位表的水连管孔口低于最高火界的卧式锅炉，因为即使叫出了水，锅炉内的实际水位仍在最高火界以下，这是非常危险的。

（3）锅炉轻微缺水时，应减少燃料和送风，减弱燃烧，并且缓慢地向锅炉进水，同时要迅速查明缺水的原因，例如，给水管、炉管、省煤器管是否漏水或阀门是否开错等。待水位逐渐恢复到最低安全水位线以上后，再增加燃料和送风，恢复正常燃烧。锅炉严重缺水，钢板（管）已经过热，甚至烧红，如果盲目进水，使灼热的金属突然受到冷却，由于温差极大，先遇水的部位急剧收缩而撕裂，当即发生爆炸事故。

（三）满水事故的处理

（1）先校对各水位表所指示的水位，正确判断是否缺水。在无法确定缺水还是满水时，可开启水位表放水旋塞，若有锅水流出，表明是满水事故，否则便是缺水事故。

（2）按照以下程序进行“叫水”：先关闭水位表水连管旋塞，再开启放水旋塞，观察水位表内是否有水位出现。如果看到水位从玻璃管（板）的上边下降，表明是轻微满水。如果只看到水向下流，而没有水位下降，表明是严重满水。

（3）锅炉轻微满水时，应将给水自动调节器改为手动；部分或全部关闭给水阀门，减少或停止给水；并且相应减少燃料和送风，减弱燃烧；必要时可开启排污阀，放出少量锅水，使水位降到正常水位线，然后恢复正常运行。锅炉严重满水时，应采取紧急停炉措施。

（四）爆管事故的处理

1. 炉管爆管的处理

（1）炉管轻微破裂，如水位尚能维持，故障不会迅速扩大时，可短时间减负荷运行，至备用锅炉升火后再停炉。

（2）炉管爆破后，不能维持水位和气压时，应紧急停炉。特别要注意的是，当水位表中已看不到水位，炉膛温度又很高时，切不可给水，以免导致更大事故发生。但引风机必须继续运行，待排尽炉烟和蒸汽后方可停止。

（3）如有数台锅炉并列供汽，应将故障锅炉与蒸汽母管隔断。

2. 省煤器爆管的处理

（1）对于沸腾式省煤器，如能维持锅炉正常水位时，可加大给水量，并且关闭所有的放水阀门和再循环管阀门，以维持短时间运行，待备用锅炉投入运行后再停炉检修。如果事故扩大，不能维持水位时，应紧急停炉。

（2）对于非沸腾式省煤器，应开启旁路烟道挡板，关闭主烟道挡板，暂停使用省煤器。同时开启省煤器旁路水管阀门，继续向锅炉进水。

（3）如省煤器烟气进出口挡板很严密，省煤器被隔绝后，可不停炉进行检修。

（4）锅炉在隔绝有故障省煤器运行时，排烟温度不应超过引风机铭牌的规定，否则应降低负荷运行。

（五）二次燃烧与烟气爆炸事故的处理

（1）立即停止向炉内供给燃料，停止送风、引风，严密关闭烟道门。必要时，可向烟道内喷入蒸汽，或者使用二氧化碳灭火器灭火。

（2）事故消除后，认真检查设备，如确认可以继续运行，必须先开启引风机 10 ~15 分钟后，方可按操作规程重新点火运行。

（3）如果一次点火未成功，不可连续点火，只有在经过一段时间的通风，确认炉膛和烟道内没有积存可燃物时，方可重新点火。

（4）如果炉墙倒塌或有其他损坏，影响锅炉正常运行时，应紧急停炉。

（六）紧急停炉

（1）立即停止给煤，并将炉排前面剩余的煤扒出。停止送风机，打开翻灰板和渣斗门。

（2）将炉排速度开至最大，使炉排上的燃煤全部落入渣斗，并用水浇灭。

（3）打开各风室风门，停止引风机，使锅炉自然通风。

（4）继续转动炉排，直到炉排冷却为止。

（七）锅炉事故的处理

（1）锅炉一旦发生事故，司炉人员一定要保持镇静，不要惊慌失措。判断事故原因和处理事故时要“稳、准、快”。重大事故应保持现场，并及时报告有关领导人员。

（2）司炉人员一时查不清事故原因时，应迅速报告上级，不得盲目处理。在事故未妥善处理之前，不得擅离岗位。

（3）事故后，应将发生事故的部位、时间、经过及处理方法等情况详细记录，并根据具体情况进行分析，找出主要原因，从中吸取教训，防止类似事故再次发生。

（4）发生锅炉爆炸和重大事故的单位，应尽快将事故情况、原因及改进措施用书面报告主管部门和当地质量技术监督部门。

第三节　企业应急预案的建立

通过建立及演练实施企业的应急预案来建立、完善企业的应急管理体系；同时，应急预案也是企业实施应急管理的重要工具和手段。因此，应急预案质量决定企业应急管理的水平，建立完整的应急预案体系成为企业应急管理的一项重要工作。

企业的应急预案分为三类：一是综合应急预案；二是专项应急预案；三是现场处置方案。应急预案应便于使用者快捷、准确地实施应急措施，因此相关文件/程序在编写时，应注意考虑以下方面：①定义清晰；②语言通俗、简练、无歧义；③图表化；④步骤化。

应急预案应形成体系，相互联系呼应，针对各级各类可能发生的事故和所有危险源制订专项应急预案和现场应急处置方案，并明确事前、事发、事中、事后的各个过程中相关部门和有关人员的职责。生产规模小、危险因素少的生产经营单位，综合应急预案和专项应急预案可以合并编写。

一、企业综合应急预案的制定过程

（一）确定应急管理目标

对所有应急对象，首先应建立适当的管理目标。在目标确定的前提下，应急预案才有针对性。应急管理的基本目标是：企业和组织在面临风险和意外事故的情形下能够维持生存，风险管理方案应使企业和组织能够在面临损失的情况时得到持续发展。实现这一目标，意味着通过风险管理的种种努力，能够使企业、员工乃至周围社区避免或减少受到灾害损失的打击。因此，维持企业及成员的生存是损失后风险管理的首要目标。

（二）响应分级

对于不同的紧急情况，所需调动的应急资源和响应步骤都是有所差别的。为了使有限的应急资源得到充分的利用，就需要对紧急情况的严重程度进行分类，从而对响应做对应的“分级”，这就是响应分级的意义。

一般来说，响应可以分为若干级别。例如，根据突发事件影响生产运营的状态分级，影响范围仅限于车间或部门运营的，为三级应急状态，三级状态实行两天一报；影响到整个工厂运营的，为二级应急状态，二级状态实行一天一报；而影响到整个集团公司运营的应急情况为一级，一级状态实行半天一报。对应每个级别的应急状态，应该分别建立相应的警情专报机制。专报机制启动后，总部下属的各企业必须按照规定的时间报告。

（三）应急预案的制定

一个良好的书面应急预案应该包括以下内容：

（1）确定危害。

（2）对于资源的高效率、有效的使用，制定合适的规定。

（3）与外部资源如警察与消防部门、急救人员、医院和泄漏物处理部门合作。

（4）提高对实际的紧急情况的反应的有效性。

（5）预防紧急情况下的员工伤亡。

（6）减少财产损失。

（7）缩短恢复正常工作所必需的时间。

1. 预案的组成结构

（1）概述。

概述是为了便于管理人员的理解，简要介绍应急预案的概况，包括预案的目标、应急管理方针，预案的权威性和核心人员的职责，潜在的紧急情况，应急响应行动地点等。

（2）应急管理要素。

企业应急管理的核心要素包括指挥与控制、通讯、生命安全、财产保护、社区安全、恢复与重建、行政与后勤等。核心要素的目的是保护生命、财产和环境。它是企业应急救援行动和应急响应程序的基础，各项要素应明确各功能实现具体的原则和目标，以及部门之间的分工与合作。

（3）应急响应程序。

应急响应程序说明了企业如何开展应急响应工作。为了便于高层管理人员、部门领导、响应人员和普通员工迅速采取行动，预案应尽可能制定应急响应程序检查表。需要制定程序的行动包括现状评估；保护员工、客户、来访者、设备、重要记录和其他财产，尤其是事发的前三天内的记录和财产；恢复生产经营等。有很多的紧急情况，如火灾爆炸或自然灾害时，需要制定下列具体的行动程序，即警告员工和客户、与职员和社区沟通、企业内全员疏散、响应活动管理、启动并运行应急行动中心、消防、行动终止、保存重要记录、恢复行动等。

（4）支持文件。

紧急情况下所需要的支持文件可能包括应急电话通讯录、建筑物与现场和风险情况地图、资源清单等。有些企业应该制定应急疏散程序并明确线路，关键作业的终止或运行程序，员工、来访者和合同方疏散后工作程序，救援与医疗责任，紧急情况报告程序，核心人员与部门等。

2. 制定过程

（1）撰写预案。

确定具体的工作目标和时间段性工作时间表。制定工作任务清单，落实到具体的人员和时间。根据脆弱性分析，确定解决问题的资源和存在的问题。确定预案总体和各章节的最佳结构。将预案按章节分配给每一位编写组成员。制定各项具体工作的时间进度表。

（2）与外部机构协调一致。

会见地方政府和社区机构。将企业已经开始制定应急预案的情况通知相关的地方政府部门。即使官方没有提出具体要求，他们的建议和信息可能会非常有益。将省和地方政府对紧急情况通报的要求纳入企业应急程序。确定需要与外部机构沟通的内容，包括企业应急响应的通道；向谁汇报、如何汇报；企业如何与外部机构和人员沟通；应急响应活动负责人；在紧急情况下，哪些权力部门应该进入现场等。

（3）评审、培训和修订。

将第一稿发放给各编写组成员审校，必要时修订。在第二次审校时，开展桌面演习，包括公司管理人员和应急管理人员。在一间会议室内，设计一个事故场景，各位参与人员讨论各自的职责，针对事故场景做出反应。充分讨论之后，找出并修订交代不清或重复的内容。

（4）批准和发布。

经会议讨论后，向最高领导和高层管理人员汇报，经批准后发布预案。将预案装订好并逐一编号，发放并签收预案。注意应急响应核心人员家中应备份应急预案。

3. 应急预案的内容

（1）总则。

说明编制预案的目的、工作原则、编制依据、适用范围等。

（2）组织指挥体系及职责。

明确各组织机构的职责、权利和义务；以突发事故应急响应全过程为主线，明确事故发生、报警、响应、结束、善后处理处置等环节的主管部门与协作部门；以应急准备及保障机构为支线，明确各参与部门的职责。

（3）预警和预防机制。

包括信息监测与报告、预警预防行动、预警支持系统、预警级别及发布（建议分为四级预警）。

（4）应急响应。

包括分级响应程序（原则上按一般、较大、重大、特别重大四级启动相应预案），信息共享和处理，通讯，指挥和协调，紧急处置，应急人员的安全防护，群众的安全防护，社会力量动员与参与，事故调查分析、检测与后果评估，新闻报道，应急结束等 11 个要素。

（5）后期处置。

包括善后处置、社会救助、保险、事故调查报告和经验教训总结及改进建议。

（6）保障措施。

包括通信与信息保障，应急支援与装备保障，技术储备与保障，宣传、培训和演习，监督检查等。

（7）附则。

包括有关术语、定义；预案管理与更新；国际沟通与协作；奖励与责任；制定与解释部门；预案实施或生效时间等。

（8）附录。

包括相关的应急预案、预案总体目录、分预案目录、各种规范化格式文本、相关机构和人员通讯录等。

二、企业综合应急预案的主要内容

（一）总则

1. 编制目的

简述应急预案编制的目的、作用等。

2. 编制依据

简述应急预案编制所依据的法律法规、规章，以及有关行业管理规定、技术规范和标准等。

3. 适用范围

说明应急预案适用的区域范围，以及事故的类型、级别。

4. 应急预案体系

说明本单位应急预案体系的构成情况。

5. 应急工作原则

说明本单位应急工作的原则，内容应简明扼要、明确具体。

（二）生产经营单位的危险性分析

1. 生产经营单位概况

主要包括单位地址、从业人数、隶属关系、主要原材料、主要产品、产量等内容，以及周边重大危险源、重要设施、目标、场所和周边布局情况。必要时，可附平面图进行说明。

2. 危险源与风险分析

主要阐述本单位存在的危险源及风险分析结果。

（三）组织机构及职责

1. 应急组织体系

明确应急组织形式、构成单位或人员，并尽可能以结构图的形式表示出来。

2. 指挥机构及职责

明确应急救援指挥机构总指挥、副总指挥、各成员单位及其相应职责。应急救援指挥机构根据事故类型和应急工作需要，可以设置相应的应急救援工作小组，并明确各小组的工作任务及职责。

（四）预防与预警

1. 危险源监控

明确本单位对危险源监测监控的方式、方法，以及采取的预防措施。

2. 预警行动

明确事故预警的条件、方式、方法和信息的发布程序。

3. 信息报告与处置

按照有关规定，明确事故及未遂伤亡事故信息报告与处置办法。

（1）信息报告与通知。明确 24 小时应急值守电话、事故信息接收和通报程序。

（2）信息上报。明确事故发生后向上级主管部门和地方人民政府报告事故信息的流程、内容和时限。

（3）信息传递。明确事故发生后向有关部门或单位通报事故信息的方法和程序。

（五）应急响应

1. 响应分级

针对事故危害程度、影响范围和单位控制事态的能力，将事故分为不同的等级。按照分级负责的原则，明确应急响应级别。

2. 响应程序

根据事故的大小和发展态势，明确应急指挥、应急行动、资源调配、应急避险、扩大应急等响应程序。

3. 应急结束

明确应急终止的条件。事故现场得以控制，环境符合有关标准，导致次生、衍生事故隐患消除后，经事故现场应急指挥机构批准后，现场应急结束。应急结束后，应明确以下内容：

（1）事故情况上报事项。

（2）需向事故调查处理小组移交的相关事项。

（3）事故应急救援工作总结报告。

（六）信息发布

明确事故信息发布的部门、发布原则。事故信息应由事故现场指挥部及时准确向新闻媒体通报事故信息。

（七）后期处置

主要包括污染物处理、事故后果影响消除、生产秩序恢复、善后赔偿、抢险过程和应急救援能力评估及应急预案的修订等内容。

（八）保障措施

1. 通信与信息保障

明确与应急工作相关联的单位或人员通信联系方式，并提供备用方案。建立信息通信系统及维护方案，确保应急期间信息通畅。

2. 应急队伍保障

明确各类应急响应的人力资源，包括专业应急队伍、兼职应急队伍的组织与保障方案。

3. 应急物资装备保障

明确应急救援需要使用的应急物资和装备的类型、数量、性能、存放位置、管理责任人及其联系方式等内容。

4. 经费保障

明确应急专项经费来源、使用范围、数量和监督管理措施，保障应急状态时生产经营单位应急经费的及时到位。

5. 其他保障

根据本单位应急工作需求而确定的其他相关保障措施（如交通运输保障、治安保障、技术保障、医疗保障、后勤保障等）。

（九）培训与演练

1. 培训

明确对本单位人员开展的应急培训计划、方式和要求。如果预案涉及社区和居民，要做好宣传教育和告知等工作。

2. 演练

明确应急演练的规模、方式、频次、范围、内容、组织、评估、总结等内容。

（十）奖惩

明确事故应急救援工作中奖励和处罚的条件和内容。

（十一）附则

1. 术语和定义

对应急预案涉及的一些术语进行定义。

2. 应急预案备案

明确本应急预案的报备部门。

3. 维护和更新

明确应急预案维护和更新的基本要求，定期进行评审，实现可持续改进。

4. 制订与解释

明确应急预案负责制订与解释的部门。

5. 应急预案实施

明确应急预案实施生效的具体时间。

三、企业专项应急预案的主要内容

（一）事故类型和危害程度分析

在危险源评估的基础上，确定其可能发生的事故类型和可能发生的季节及事故严重程度。

（二）应急处置基本原则

明确处置安全生产事故应当遵循的基本原则。

（三）组织机构及职责

1. 应急组织体系

明确应急组织形式、构成单位或人员，并尽可能以结构图的形式表现出来。

2. 指挥机构及职责

根据事故类型，明确应急救援指挥机构总指挥、副总指挥以及各成员单位或人员的具体职责。应急救援指挥机构可以设置相应的应急救援工作小组，明确各小组的工作任务及主要负责人职责。

（四）预防与预警

1. 危险源监控

明确本单位对危险源监测监控的方式、方法，以及采取的预防措施。

2. 预警行动

明确具体事故预警的条件、方式、方法和信息的发布程序。

（五）信息报告程序

主要包括以下内容：

（1）确定报警系统及程序。

（2）确定现场报警方式，如电话、警报器等。

（3）确定24小时与相关部门的通讯、联络方式。

（4）明确相互认可的通告、报警形式和内容。

（5）明确应急反应人员向外求援的方式。

（六）应急处置

1. 响应分级

针对事故危害程度、影响范围和单位控制事态的能力，将事故分为不同的等级。按照分级负责的原则，明确应急响应级别。

2. 响应程序

根据事故的大小和发展态势，明确应急指挥、应急行动、资源调配、应急避险、扩大应急等响应程序。

3. 处置措施

针对本单位事故类别和可能发生的事故特点、危险性，制定的应急处置措施，如煤矿瓦斯爆炸、冒顶片帮、火灾、透水等事故应急处置措施，危险化学品火灾、爆炸、中毒等事故应急处置措施。

（七）应急物资与装备保障

明确应急处置所需的物质与装备数量、管理内容和正确维护和使用的方法等。

四、企业应急现场处置方案的主要内容

（一）事故特征

主要包括以下内容：

（1）危险性分析，可能发生的事故类型。

（2）事故发生的区域、地点或装置的名称。

（3）事故可能发生的季节和造成的危害程度。

（4）事故前可能出现的征兆。

（二）应急组织与职责

主要包括以下内容：

（1）基层单位应急自救组织形式及人员构成情况。

（2）应急自救组织机构、人员的具体职责，应同单位或车间、班组人员工

作职责紧密结合，明确相关岗位和人员的应急工作职责。

（三）应急处置

主要包括以下内容：

（1）事故应急处置程序。根据可能发生的事故类别及现场情况，明确事故报警、各项应急措施启动、应急救护人员的引导、事故扩大及同企业应急预案的衔接的程序。

（2）现场应急处置措施。针对可能发生的火灾、爆炸、危险化学品泄漏、坍塌、水患、机动车辆伤害等，从操作措施、工艺流程、现场处置、事故控制，人员救护、消防、现场恢复等方面制定明确的应急处置措施。

（3）报警电话及上级管理部门、相关应急救援单位联络方式和联系人员，事故报告基本要求和内容。

（四）注意事项

主要包括以下内容：

（1）佩戴个人防护器具方面的注意事项。

（2）使用抢险救援器材方面的注意事项。

（3）采取救援对策或措施方面的注意事项。

（4）现场自救和互救方面的注意事项。

（5）现场应急处置能力确认和人员安全防护等事项。

（6）应急救援结束后的注意事项。

（7）其他需要特别警示的事项。

五、应急预案附件

（一）有关应急部门、机构或人员的联系方式

列出应急工作中需要联系的部门、机构或人员的多种联系方式，并不断进行更新。

（二）重要物资装备的名录或清单

列出应急预案涉及的重要物资和装备名称、型号、存放地点和联系电话等。

（三）规范化格式文本

信息接报、处理、上报等规范化格式文本。

（四）关键的路线、标识和图纸

主要包括以下内容：

（1）警报系统分布及覆盖范围。

（2）重要防护目标一览表、分布图。

（3）应急救援指挥位置及救援队伍行动路线。

（4）疏散路线、重要地点等的标识。

（5）相关平面布置图纸、救援力量的分布图纸等。

（五）相关应急预案名录

列出与本应急预案相关的或相衔接的应急预案名称。

（六）有关协议或备忘录

与相关应急救援部门签订的应急支援协议或备忘录。

六、专项应急预案举例

（一）火灾、爆炸应急预案

1. 火灾、爆炸类型

（1）按照发生火灾的区域可分为五种：

①居民区火灾。

②工业区火灾。

③野外火灾。

④办公区火灾。

⑤爆炸事件。

（2）按照火势的大小可分为两种：

①烈火：已经看到有浓烟，对局部产生较大损失或旁边有危险品的。

②星火：指局部可直接扑灭的或着火周围没有其他物件，是孤立的，且火势不会随风蔓延的。

2. 应急措施

（1）报警。

发现星火，不要慌，直接就近取灭火器进行扑灭，如附近没有灭火工具，则请附近的居民或人员配合进行扑灭，必要时直接与开发区管理委员会联系，请求支援。发现烈火，同样不要慌，立即打119报警，向消防队详细说明发生火灾的地点、附近概况（是在居民区、工业区、野外、办公区等）、火势大小等。

（2）应急小组组成。

当接到报警后，环境管理委员会主任立即责令副主任、安全干事组织义务消防队、救援小组、抢救小组、保卫队、疏散小组等组织成立应急小组立即赶到现场。

现场最高指挥人员立即安排停电，保证灭火工作的顺利展开。

（3）现场救险。

①疏散组立即对现场无关人员、围观人员和无救护能力的人员进行疏散，保持现场足够的消防空间和随时的消防和救护通道。

②义务消防队，穿好防护用品（有化学品区域必须使用防毒用具），拿好灭火器材在安全干事的指挥下进行灭火，安全干事协助消防支队进行消防灭火，提供必要的灭火支持。

③抢救组穿好防护用品（有化学品区域必须使用防毒用具），在安全副主任的指挥下进行人员和财产抢救，抢救出来的人员和财产，立即转移到安全敞风处，交救护人员救护和保卫队进行看管。

④保卫队对抢救出来的人员和财产进行现场保护，防止人员意外和财产丢失。同时保卫人员必须防止有不冷静的人冲入火灾现场。

⑤卫生救护组立即对抢救出来的人员进行救护，对皮外伤人员即刻进行包扎；如大量出血，则简单处理后立即送附近医院进行抢救；对昏迷的人员，立即转移至敞风处，并判断其是中毒或烟熏或是体力不支导致，如中毒则一般脸色发黑，口吐白沫，如烟熏或是体力不支者脸色发白。对中毒者立即送附近医院抢救，对烟熏或是体力不支者应于通风处放置一段时间，如果脸色异常严重则进行人工呼吸。对情绪不稳者，进行安抚，使其平息紧张的心理。

⑥如果现场存在化学品，化学救援组立即对化学品进行隔离，同时组织化学品转移，并报告现场最高消防指挥，做好预防，减少消防事故损失。

⑦EHS 判断着火现场情况，检查环境设施状况，当出现大量化学品泄漏或爆炸时立即与附近环境组织、企业、居民联系，做好防范工作，使危害范围降到最低。

（4）现场清理。

消防救援结束，义务消防队和保卫队立即对现场进行全面检查，查看是否有未扑灭的火星或易燃物存在于火灾现场，若有则应当立即清理。同时清理现场是否有可用物，若有则应当同样及时清理。

清理现场同时注意火灾发生点，为原因分析做准备。

（二）化学品、农药泄漏应急预案

1. 化学品、农药泄漏的原因分析

化学品和农药生产工厂不当使用化学品导致泄漏。

2. 应急措施

（1）报告。

生产工厂发现泄漏后立即报告开发区环境管理委员会 EHS，报告人不要慌张，应当详细介绍泄漏的物质名称、浓度、数量、范围、对周围的污染情况、工厂名称、地址等。

（2）应急小组组成。

当接到报告后，EHS 立即向 EHS 经理报告，同时组成以化学救援组为主，保卫队、卫生救援组、抢救组、疏散组配合的小组，同时请环保局派专家配合支持。

（3）现场救险。

①应急小组到达现场后，立即穿戴专业防护衣帽和鞋，对人员和财产进行抢救。

②化学救援小组采取紧急措施，切断化学品、农药泄漏扩充范围。

③疏散组立即对现场人员进行疏散，保证工作区域和通道畅通，同时为救援人员提供方便。

④保卫队对抢救出来的人员和财产进行现场保护，防止人员意外和财产丢失。同时保卫人员必须防止有不冷静的人冲入灾害现场。

⑤卫生救护组立即对抢救出来的人员进行救护，对皮外伤人员即刻进行包扎；如大量出血，则简单处理后应立即送附近医院进行抢救；对中毒人员应立即送医院进行抢救。

⑥在环保专家的帮助下，进一步深入处理泄漏物质。对情绪不稳者，进行安抚，使其平息紧张的心理。

⑦EHS 立即通报周边居民和企业了解环境污染的注意事项，同时针对受到污染的区域和人员采取措施，及时使污染区域和人员恢复正常的工作和生活。

（4）现场清理。

化学品、农药泄漏救援结束，化学救援小组和保卫队立即对现场进行全面检查，查看是否有泄漏扩散现象，是否有危险品继续泄漏的可能，是否有人员仍然滞留在现场。同时清理现场是否有可用物，有同样及时清理。

清理现场同时注意泄漏事故发生点的检查，为原因分析做准备。

（三）污水排放超标应急预案

1. 污水排放超标的可能

（1）工厂化学品泄漏。

（2）工厂没有对工业废水进行任何处理直接排放。

（3）暴风雨对自然破坏或对工厂的破坏导致的。

2. 应急措施

（1）报告。

污水处理厂对进场水化验时的发现，及时向 EHS 进行通报；环境检查时发现或其他人发现，及时报告 EHS。

（2）应急小组组成。

EHS 接到报告后，立即组织化学救援小组赶赴现场。

（3）现场救险。

①分析污水排放的来源，切断排放入口。

②立即联系该区域或工厂负责人，并责令其立即赶赴现场，停止生产或进行现场处理，直到水排放检测符合标准要求。

（4）现场清理。

对受到污染的水，先进行处理，化验达到排放标准才可排放。同时对受到影响的相关方进行通报。

参考文献

[1] Robbins. S. R. & Decenzo D. A. *Fundamentals of Management: Essential Conlepts and Applications*. Peking: Peking Universily Press, 2006.

[2] 方振邦. 管理学基础. 北京：中国人民大学出版社，2008.

[3] [美] 卢西尔. 管理学基础：概念、应用与技能提高（第4版）. 北京：北京大学出版社，2011.

[4] 张小红. 管理学基础. 北京：经济科学出版社，2009.

[5] 陈卫中. 管理学基础. 北京：北京理工大学出版社，2009.

[6] [美] 罗宾斯，库尔特. 管理学（第9版）. 孙健敏等译. 北京：中国人民大学出版社，2008.

[7] 李维刚，白瑗峥. 管理学原理. 北京：清华大学出版社，2007.

[8] 张永良. 管理学基础. 北京：北京理工大学出版社，2010.

[9] 魏江，严进. 管理沟通：成功管理的基石（第2版）. 北京：机械工业出版社，2010.

[10] 徐显国. 冲突管理. 北京：北京大学出版社，2006.

[11] 单凤儒. 管理学基础. 北京：高等教育出版社，2000.

[12] 徐艳梅. 管理学原理. 北京：北京工业大学出版社，2000.

[13] 乔瑞中，刘广斌. 企业管理学. 哈尔滨：哈尔滨工业大学出版社，2004.

[14] 汪解. 管理学原理. 上海：上海交通大学出版社，2000.

[15] 许洁虹. 管理学教程. 广州：中山大学出版社，2005.

[16] 苏照新. 管理学教程. 广州：暨南大学出版板社，2005.

[17] 莫寰，邹艳春. 新编管理学. 北京：清华大学出版社，2005.

[18] 王凯，宋维明，董金岭. 管理学基础. 北京：高等教育出版社，2000.

[19] [美] 普蒂，韦里奇，孔茨. 管理学精要：亚洲篇. 丁慧平，孙先锦

译．北京：机械工业出版社，1999.

［20］郭咸纲．西方管理思想史．北京：经济管理出版社，1999.

［21］徐康宁．现代企业竞争战略：新的规则下的企业竞争．南京：南京大学出版社，2001.

［22］周三多等．管理学：原理与方法．上海：复旦大学出版社，1999.

［23］彭剑峰．现代管理制度程序·方法·范例全集：组织设计与组织运作卷．北京：中国人民大学出版社，1996.

［24］王玉．企业战略管理教程．上海：上海财经大学出版社，2000.

［25］王利平．管理学原理．北京：中国人民大学出版社，2000.

［26］李海波，刘学华．企业管理概论．上海：立信会计出版社，2001.

［27］李启明．现代企业管理．北京：高等教育出版社，2003.

［28］汤发良．管理学原理．广州：广东高等教育出版社，2005.

［29］吴金法．现代企业管理学．北京：电子工业出版社，2003.

［30］周三多．管理学．北京：高等教育出版社，2003.

［31］［美］斯蒂芬·P．罗宾斯等．管理学原理．毛蕴诗译．沈阳：东北财经大学出版社，2004.

［32］［美］哈罗德·孔茨等．管理学（第10版）．张晓君等．北京：经济科学出版社，1998.

［33］芮明杰．管理学教程．北京：首都经济贸易大学出版社，2004.

［34］徐国华等．管理学．北京：清华大学出版社，1998.

［35］郑社教．石油EHS管理教程．北京：石油工业出版社，2010.

［36］包冬冬．“防”的问题是根源——孟燕华教授谈《职业病防治法》修改．现代职业安全，2011（1）.

［37］陈年辉．试论用人单位在职业病防治中的法律责任．中国职业医学，2005，32（4）.

［38］郑玄．《作业场所职业健康监督管理暂行规定》解读．安全，2010（6）.

［39］陈伟超．职业病防治的制度之痛．现代职业安全，2010（4）.

［40］边安．企业职业病防治工作要点．劳动保护，2010（4）.

［41］范朝文．职业病防治法修改拟杜绝开胸验肺事件．职业卫生，2011（2）.

［42］张敏．《用人单位职业病防治指南》解读．劳动保护，2011（3）.

[43] 赵小玲．职业健康监护档案的建立与运行．职业卫生与应急救援，2009，27（2）．

[44] 杜小宁，林向华，蔡源源，宛玲，王秀荣，吴琦．我国职业健康监护工作现状与对策．中国公共卫生管理，200——24（1）．

[45] 茅蓉，姚耿东．我国职业健康监护现状．浙江预防医学，2010，22（2）．

[46] 苏兰欣，周刚．浅析职业健康监护．中国水电医学，2006（5）．

[47] 伍郁静．职业性健康监护及其在劳动卫生领域的应用．职业与健康，2000，16（4）．

[48] 王维佳．职业性健康监护及其在职业卫生领域中的应用．中国城乡企业卫生，2009（4）．

[49] 邵卫卫．杜邦：工作时比在家里安全．现代职业安全，2008（12）．

[50] 吴渝隆．杜邦安全　中国之鉴．中国石油石化，2010（9）．

[51] 周键霖．建立适应企业职业健康安全管理体系．价值工程，2011（14）．

[52] 杜邦安全理念．电力信息化，2006（9）．

[53] 苏国胜，李文波，边敏．杜邦安全管理给我们的启示．安全健康和环境，2004（9）．

[54] 林华．杜邦的“安全攻略”．企业导报，2003（4）．

[55] 董正亮，王方宁，郭启明，景国勋，张军波，崔启笔．杜邦安全文化与企业本质安全．安全与环境工程，2008，15（1）．

[56] 古力．杜邦安全200年的秘籍．湖南安全与防灾，2009（10）．

[57] 古力．缔造200年的传奇：杜邦公司守护安全之道．现代职业安全，2009（6）．

[58] 罗方．安全系于“有感领导”——访杜邦安全管理咨询大中国区总经理邹飚博士．中国石油石化，2010（12）．

[59] 许文辉．美国“杜邦”安全生产的启示．安全与健康，2008（12）．

[60] 杜邦中国集团有限公司公共事业部．杜邦＝安全．中国远洋航务公告，2003（3）．

[61] 程兴仁，黄贺荣．个人劳动防护装备的分析与探讨．中国劳动防护用品，1999（3）．

[62] 沈慧芳．个人防护用品：生命的外衣．现代职业安全，2009（8）．

［63］ 余彬．个人防护用品概述．现代预防医学，2009，36（1）．

［64］ 周永平，何兵．对《作业场所职业健康监督管理暂行规定》的理解．职业卫生与应急救援，2009，27（6）．

［65］ 张平，吴强恩，常秀丽，周志俊．职业危害评价方法简介．工业卫生与职业病，2008，34（6）．

［66］ 黄升，高恩革，刘江，管丽艳．生产经营单位职业危害现状评价的探讨．职业与健康，2011，27（7）．

［67］ 陈卫红，陈镜琼，史廷明．职业危害与职业健康安全管理．北京：化学工业出版社，2005．

［68］ 傅梅绮，张良军．职业卫生．北京：化学工业出版社，2008.8．

［69］ 中国疾病预防控制中心职业卫生与中毒控制所组织编写．用人单位职业病防治实用指南．北京：中国科学技术出版社，2006．

［70］ 李德鸿，江朝强，王祖兵．职业健康监护指南．上海：东华大学出版社，2007．

［71］ 杨乐华，罗普泉，何滔．建设项目职业病危害评价案例分析．北京：化学工业出版社，2006．

［72］ 陈沅江等．职业卫生与防护．北京：机械工业出版社，2009．

［73］ 徐文婷．企业职业病防治法律制度的比较研究．上海：华东政法大学出版社，2010．

［74］ 沈宗灵．法理学．北京：北京大学出版社，2003．

［75］ 张文显．法理学．北京：高等教育出版社，2003．

［76］ 李龙．法理学．武汉：武汉大学出版社，1996．

［77］ 金瑞林．环境法学．北京：北京大学出版社，1999．

［78］ 蔡守秋．环境资源法学．北京：高等教育出版社，2004．

［79］ 蔡守秋，常纪文．国际环境法学．北京：法律出版社，2004．

［80］ 王灿发．环境法学教程．北京：中国政法大学出版社，1997．

［81］ 王曦．国际环境法．北京：法律出版社，1998．

［82］ 吕忠梅．环境法新视野．北京：中国政法大学出版社，2000．

［83］ 汪劲．中国环境法原理．北京：北京大学出版社，2000．

［84］ 蔡守秋．环境资源法学教程．武汉：武汉大学出版社，2000．

［85］ 汪劲．环境法律的理念与价值追求．北京：法律出版社，2000．